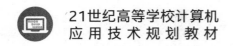

21世纪高等学校计算机
应用技术规划教材

XML基础
及实践开发教程
（第2版）

◎ 唐 琳 刘彩虹 主 编
　 肖大薇 张 坤 副主编

清华大学出版社
北京

内 容 简 介

本书系统地介绍 XML 基本语法及相关技术。

全书共分四部分 13 章：第一部分为 XML 基础，包括 XML 入门、在 XML 中使用 DTD、命名空间、在 XML 中使用 Schema、Schema 高级技术；第二部分为 XML 的显示技术，包括 XML 的显示技术之 CSS、XPath、XSLT；第三部分为 XML 的检索及其应用，包括 XQuery 基础、XQuery 应用；第四部分为基于 Java 的 XML 文档解析技术，包括 DOM、SAX、JDOM 和 DOM4J。

本书可作为高等院校计算机、电子商务以及信息等相关专业的教材，也可作为 IT 从业人员的自学参考书。

本书封面贴有清华大学出版社防伪标签，无标签者不得销售。
版权所有，侵权必究。举报: 010-62782989, beiqinquan@tup.tsinghua.edu.cn。

图书在版编目(CIP)数据

XML 基础及实践开发教程/唐琳，刘彩虹主编. —2 版. —北京: 清华大学出版社，2018(2024.12重印)
(21 世纪高等学校计算机应用技术规划教材)
ISBN 978-7-302-47412-8

Ⅰ. ①X… Ⅱ. ①唐… ②刘… Ⅲ. ①可扩展标记语言－程序设计－高等学校－教材 Ⅳ. ①TP312

中国版本图书馆 CIP 数据核字(2017)第 127081 号

责任编辑: 魏江江　王冰飞
封面设计: 刘　键
责任校对: 时翠兰
责任印制: 宋　林

出版发行: 清华大学出版社
网　　址: https://www.tup.com.cn, https://www.wqxuetang.com
地　　址: 北京清华大学学研大厦 A 座　　邮　编: 100084
社 总 机: 010-83470000　　邮　购: 010-62786544
投稿与读者服务: 010-62776969, c-service@tup.tsinghua.edu.cn
质量反馈: 010-62772015, zhiliang@tup.tsinghua.edu.cn
课件下载: https://www.tup.com.cn, 010-83470236

印 装 者: 三河市铭诚印务有限公司
经　　销: 全国新华书店
开　　本: 185mm×260mm　　印　张: 22.25　　字　数: 545 千字
版　　次: 2013 年 10 月第 1 版　2018 年 1 月第 2 版　印　次: 2024 年 12 月第 7 次印刷
印　　数: 15401~16200
定　　价: 49.50 元

产品编号: 067478-01

出版说明

随着我国改革开放的进一步深化,高等教育也得到了快速发展,各地高校紧密结合地方经济建设发展需要,科学运用市场调节机制,加大了使用信息科学等现代科学技术提升、改造传统学科专业的投入力度,通过教育改革合理调整和配置了教育资源,优化了传统学科专业,积极为地方经济建设输送人才,为我国经济社会的快速、健康和可持续发展以及高等教育自身的改革发展做出了巨大贡献。但是,高等教育质量还需要进一步提高以适应经济社会发展的需要,不少高校的专业设置和结构不尽合理,教师队伍整体素质亟待提高,人才培养模式、教学内容和方法需要进一步转变,学生的实践能力和创新精神亟待加强。

教育部一直十分重视高等教育质量工作。2007年1月,教育部下发了《关于实施高等学校本科教学质量与教学改革工程的意见》,计划实施"高等学校本科教学质量与教学改革工程(简称'质量工程')",通过专业结构调整、课程教材建设、实践教学改革、教学团队建设等多项内容,进一步深化高等学校教学改革,提高人才培养的能力和水平,更好地满足经济社会发展对高素质人才的需要。在贯彻和落实教育部"质量工程"的过程中,各地高校发挥师资力量强、办学经验丰富、教学资源充裕等优势,对其特色专业及特色课程(群)加以规划、整理和总结,更新教学内容、改革课程体系,建设了一大批内容新、体系新、方法新、手段新的特色课程。在此基础上,经教育部相关教学指导委员会专家的指导和建议,清华大学出版社在多个领域精选各高校的特色课程,分别规划出版系列教材,以配合"质量工程"的实施,满足各高校教学质量和教学改革的需要。

本系列教材立足于计算机公共课程领域,以公共基础课为主、专业基础课为辅,横向满足高校多层次教学的需要。在规划过程中体现了如下一些基本原则和特点。

(1) 面向多层次、多学科专业,强调计算机在各专业中的应用。教材内容坚持基本理论适度,反映各层次对基本理论和原理的需求,同时加强实践和应用环节。

(2) 反映教学需要,促进教学发展。教材要适应多样化的教学需要,正确把握教学内容和课程体系的改革方向,在选择教材内容和编写体系时注意体现素质教育、创新能力与实践能力的培养,为学生的知识、能力、素质协调发展创造条件。

(3) 实施精品战略,突出重点,保证质量。规划教材把重点放在公共基础课和专业基础课的教材建设上;特别注意选择并安排一部分原来基础比较好的优秀教材或讲义修订再版,逐步形成精品教材;提倡并鼓励编写体现教学质量和教学改革成果的教材。

(4) 主张一纲多本,合理配套。基础课和专业基础课教材配套,同一门课程可以有针对不同层次、面向不同专业的多本具有各自内容特点的教材。处理好教材统一性与多样化,基本教材与辅助教材、教学参考书,文字教材与软件教材的关系,实现教材系列资源配套。

(5) 依靠专家,择优选用。在制定教材规划时依靠各课程专家在调查研究本课程教材建设现状的基础上提出规划选题。在落实主编人选时,要引入竞争机制,通过申报、评审确定主题。书稿完成后要认真实行审稿程序,确保出书质量。

繁荣教材出版事业,提高教材质量的关键是教师。建立一支高水平教材编写梯队才能保证教材的编写质量和建设力度,希望有志于教材建设的教师能够加入到我们的编写队伍中来。

21世纪高等学校计算机应用技术规划教材

联系人:魏江江 weijj@tup.tsinghua.edu.cn

前言

XML(eXtensible Markup Language,可扩展标记语言)作为一种优秀的数据存储形式、数据交换方式被广泛接受和应用。本书较全面地介绍了 XML 语言及其相关技术,介绍知识的同时更注重实际的应用。

本书共分为四部分 13 章。

第一部分　XML 基础(XML 语法、DTD 和 Schema)

第 1 章　XML 入门:介绍 XML 的基础知识、XML 的语法知识,并介绍 XML 的相关知识。

第 2 章　在 XML 中使用 DTD:介绍 DTD 的基础知识、DTD 的引入方法、DTD 的语法组成,重点讲解 DTD 中元素、属性、实体和符号的语法,最后介绍 DTD 存在的问题。

第 3 章　命名空间:介绍命名空间的基本概念,命名空间的作用和意义,命名空间的声明、作用范围,最后介绍带有命名空间的情况下对 DTD 的影响。

第 4 章　在 XML 中使用 Schema:介绍 Schema 的基本概念,Schema 对于命名空间的支持。通过对 Schema 语法详细的讲解,使读者学会编写和使用 Schema。

第 5 章　Schema 高级技术:对 Schema 的高级特性进行讲解,主要包括三部分内容,分别是 Schema 的高级特性、Schema 的复用和 Schema 的简单实践技巧。

第二部分　XML 显示技术(CSS 和 XSLT)

第 6 章　XML 的显示技术之 CSS:介绍 XML 的显示技术 CSS 和 XSL 的基本概念,重点讲解在 XML 中如何使用 CSS 作为其显示技术,并介绍 CSS 的语法知识。

第 7 章　XPath:介绍 XPath 的基础知识,重点讲解 XPath 的完整路径结构,轴、节点测试和谓词。对实际应用中经常使用的简化路径进行了深入的讲解。

第 8 章　XSLT:介绍 XSLT 的基础知识,掌握 CSS 与 XSLT 的区别。重点讲解 XSLT 的语法知识,最后介绍 XSLT 的复用以及在 XSLT 中使用脚本语言。

第三部分　XML 的检索及其应用

第 9 章　XQuery 基础:介绍 XQuery 的基础知识、XQuery 的处理过程,重点讲解 XQuery 的基本语法。

第 10 章　XQuery 应用:讲解 XQuery 的应用,包括在 Java 及数据库中的应用,并以 Oracle Berkeley DB XML 为例进行讲解。

第四部分　基于 Java 的 XML 文档解析技术(DOM、SAX、JDOM 和 DOM4J)

第 11 章　DOM:介绍 XML 文档解析技术,重点讲解 DOM,并基于 JAXP 讲解如何使用 DOM 对文档进行解析。

第 12 章　SAX:介绍 SAX 的基础知识、SAX 的工作机制,重点讲解 JAXP 中的 SAX 接口和类,最后一节对常用的接口和类的使用方法进行实践。

第 13 章 JDOM 和 DOM4J：介绍 JDOM 和 DOM4J 的基础知识，后面的章节分别介绍使用 JDOM 和 DOM4J 对 XML 文档进行解析、创建和修改的具体方法。

本书的特点

1. 案例驱动

本书是基于校企合作的教材，每个知识点都通过案例进行说明，帮助读者更深刻地理解知识点。贴近于行业应用，保证了教材内容理论与实际的有机结合，既能符合学校教育的要求，又能够反映企业岗位特征及企业生产技术的特点，注重知识的实用性与实效性，结合市场导向，注重培养学生实践技能。

2. 注重实践能力

通过案例提升读者解决实际问题的能力。

3. 练习充分

每一章均配有习题，帮助读者进一步理解本章的内容。

本书的编写分工如下：刘彩虹负责编写第 1、2、4 章；张坤负责编写第 3 章；肖大薇负责编写第 6 章；其他章节由唐琳编写。

本书可以作为高等院校计算机、电子商务以及信息等相关专业的教材，也可作为 IT 从业人员的自学参考书。

由于时间仓促，不妥之处欢迎读者批评指正。

编　者

2017 年 10 月

目 录

第 1 章 XML 入门 1
1.1 了解 XML 1
1.1.1 第一个 XML 文档 1
1.1.2 XML 的发展历史 2
1.1.3 XML 与其他标记语言相比较 3
1.1.4 XML 编辑工具 5
1.2 XML 的语法基础 7
1.2.1 XML 的文档分类 7
1.2.2 XML 的文档组成 11
1.2.3 XML 的基本语法规则 16
1.3 XML 的元素构成 17
1.3.1 元素的形式 17
1.3.2 元素的内容 18
1.4 XML 相关技术及不同用途下的类似技术 21
1.4.1 XML 的相关技术 21
1.4.2 XML 的类似技术 24
1.5 本章小结 30
习题 1 30

第 2 章 在 XML 中使用 DTD 32
2.1 DTD 介绍 32
2.1.1 DTD 概述 32
2.1.2 DTD 的基本语法 33
2.1.3 引入 DTD 的方式 36
2.1.4 使用 XMLSpy 创建 DTD 38
2.2 DTD 中的元素 40
2.2.1 元素定义语法 40
2.2.2 元素类型 41
2.3 DTD 中的属性 47
2.3.1 属性定义语法 47
2.3.2 属性类型 48
2.4 DTD 中的实体和符号 51

2.4.1 实体 ··· 51
2.4.2 符号 ··· 58
2.5 使用 XMLSpy 做 DTD 与 XML 转换 ··· 58
2.5.1 根据 XML 文件产生 DTD ··· 58
2.5.2 根据 DTD 文件产生 XML ··· 61
2.6 DTD 的优缺点 ··· 63
2.7 本章小结 ··· 64
习题 2 ··· 64

第 3 章 命名空间 ··· 67

3.1 命名空间概述 ··· 67
3.2 命名空间作用域 ··· 70
3.3 元素对命名空间的使用 ··· 71
3.4 属性对命名空间的使用 ··· 72
3.5 DTD 对命名空间的支持 ··· 73
3.6 本章小结 ··· 74
习题 3 ··· 74

第 4 章 在 XML 中使用 Schema ··· 76

4.1 Schema 概述 ··· 76
4.1.1 Schema 基础知识 ··· 76
4.1.2 第一个 Schema 文件 ··· 77
4.2 Schema 的引用方法 ··· 78
4.3 Schema 的语法结构 ··· 81
4.3.1 元素 ··· 81
4.3.2 属性 ··· 85
4.3.3 注释 ··· 87
4.4 Schema 的数据类型 ··· 88
4.4.1 内置数据类型 ··· 89
4.4.2 用户自定义数据类型 ··· 100
4.5 本章小结 ··· 115
习题 4 ··· 115

第 5 章 Schema 高级技术 ··· 117

5.1 Schema 的高级特性 ··· 117
5.1.1 元素的替换 ··· 117
5.1.2 抽象元素和抽象类型 ··· 118
5.1.3 限制替换元素和限制派生类型 ··· 120
5.1.4 限制替换类型 ··· 124

    5.1.5 元素和属性的约束 ································· 126
  5.2 Schema 的复用 ··· 128
    5.2.1 使用 include 元素复用 Schema ··············· 128
    5.2.2 使用 redefine 元素复用 Schema ············· 131
    5.2.3 使用 import 元素复用 Schema ················ 133
  5.3 Schema 实践技巧——空元素的表示 ················ 135
  5.4 本章小结 ·· 136
  习题 5 ··· 137

第 6 章　XML 的显示技术之 CSS ····························· 138

  6.1 XML 的显示技术 ··· 138
  6.2 在 XML 中引入 CSS ······································ 139
  6.3 CSS 的基本语法 ·· 141
    6.3.1 CSS 语法 ··· 141
    6.3.2 CSS 属性 ··· 142
    6.3.3 CSS 单位 ··· 144
    6.3.4 CSS 选择器 ··· 145
    6.3.5 CSS 实践 ··· 145
  6.4 本章小结 ·· 147
  习题 6 ··· 148

第 7 章　XPath ··· 149

  7.1 XPath 概述 ·· 149
  7.2 XPath 结点 ·· 149
  7.3 XPath 路径 ·· 151
    7.3.1 轴 ··· 153
    7.3.2 XPath 结点测试 ·································· 156
    7.3.3 谓词 ··· 160
    7.3.4 简化路径 ·· 162
  7.4 XPath 运算符 ·· 164
  7.5 XPath 函数 ·· 165
  7.6 表达式 ·· 171
  7.7 本章小结 ·· 173
  习题 7 ··· 173

第 8 章　XSLT ·· 175

  8.1 XSLT 概述 ··· 175
    8.1.1 XSLT 的基本概念 ······························· 175
    8.1.2 使用 XMLSpy 工具创建 XSLT ············ 176

8.1.3　第一个 XSLT …… 178
8.2　在 XML 中引用 XSLT …… 181
8.3　XSLT 的转换模式 …… 182
8.4　XSLT 的基本语法 …… 184
　　8.4.1　XSLT 文档结构 …… 184
　　8.4.2　output 标签 …… 185
　　8.4.3　模板及模板调用 …… 187
　　8.4.4　转换为 HTML 文档常用标记 …… 197
　　8.4.5　转换为 XML 文档常用标记 …… 202
8.5　XSLT 的复用 …… 206
8.6　XSLT 进阶 …… 210
　　8.6.1　多 XML 文档输入 …… 211
　　8.6.2　多 XML 文档输出 …… 214
　　8.6.3　自定义函数 …… 215
　　8.6.4　分组重排 …… 217
　　8.6.5　字符串处理 …… 221
　　8.6.6　XSLT 其他常用标记 …… 223
8.7　本章小结 …… 226
习题 8 …… 226

第 9 章　XQuery 基础 …… 228

9.1　XQuery 介绍 …… 228
9.2　第一个 XQuery …… 229
　　9.2.1　路径表达式 …… 229
　　9.2.2　FLWOR 表达式 …… 230
9.3　XQuery 的处理过程 …… 232
9.4　XQuery 基本语法 …… 237
　　9.4.1　基本表达式 …… 237
　　9.4.2　比较表达式 …… 237
　　9.4.3　条件表达式 …… 240
　　9.4.4　逻辑表达式 …… 241
　　9.4.5　构造器 …… 241
　　9.4.6　FLWOR …… 243
　　9.4.7　量化表达式 …… 245
　　9.4.8　序列表达式及其操作 …… 246
　　9.4.9　类型相关表达式 …… 247
　　9.4.10　运算表达式 …… 250
习题 9 …… 251

第 10 章　XQuery 应用 …… 253

10.1　在 Java 中使用 XQuery …… 253
10.1.1　XQJ 介绍 …… 253
10.1.2　使用 Saxon 编程 …… 254

10.2　XQuery 在 XML 数据库中的应用 …… 260
10.2.1　XML 数据库介绍 …… 260
10.2.2　原生 XML 数据库中的 BDB XML 介绍 …… 260
10.2.3　XQuery 在 BDB XML 中的应用实例 …… 262

习题 10 …… 265

第 11 章　DOM …… 266

11.1　XML 文档解析技术 …… 266
11.1.1　XML 文档解析技术概述 …… 266
11.1.2　DOM 与 SAX 相比较 …… 267
11.1.3　JAXP …… 268

11.2　使用 DOM 解析 XML 文档 …… 268

11.3　DOM 接口及其应用 …… 271
11.3.1　DOM 的核心概念——结点 …… 271
11.3.2　使用 JAXP 通过 DOM 解析 XML 文档 …… 273
11.3.3　使用 JAXP 通过 DOM 输出 XML 文档 …… 278
11.3.4　使用 JAXP 通过 DOM 修改 XML 文档 …… 281

11.4　本章小结 …… 284

习题 11 …… 285

第 12 章　SAX …… 286

12.1　SAX 概述 …… 286
12.1.1　SAX 基础知识 …… 286
12.1.2　第一个 SAX 程序 …… 288

12.2　使用 SAX 解析 XML 文档 …… 291
12.2.1　XMLReader 和 XMLReaderFactory …… 291
12.2.2　SAXParser 和 SAXParserFactory …… 294

12.3　SAX 接口及其应用 …… 294
12.3.1　ContentHandler 接口 …… 294
12.3.2　Attributes 和 Attributes2 接口 …… 302
12.3.3　ErrorHandler 接口 …… 304
12.3.4　DTDHandler 和 DeclHandler 接口 …… 311
12.3.5　EntityResolver 和 EntityResolver2 接口 …… 311
12.3.6　LexicalHandler 接口 …… 313

12.4　DefaultHandler 和 DefaultHandler2 类开发实践 …………………… 318
12.5　本章小结 ………………………………………………………………… 324
习题 12 ………………………………………………………………………… 324

第 13 章　JDOM 和 DOM4J ……………………………………………… 326

13.1　JDOM 和 DOM4J 概述 ………………………………………………… 326
　　13.1.1　JDOM 基础知识 ………………………………………………… 326
　　13.1.2　DOM4J 基础知识 ……………………………………………… 327
　　13.1.3　DOM4J 与 JDOM 相比较 ……………………………………… 328
13.2　使用 JDOM 对 XML 文档进行操作 …………………………………… 328
　　13.2.1　使用 JDOM 解析 XML 文档 …………………………………… 328
　　13.2.2　使用 JDOM 创建 XML 文档 …………………………………… 330
　　13.2.3　使用 JDOM 修改 XML 文档 …………………………………… 332
13.3　使用 DOM4J 对 XML 文档进行操作 ………………………………… 334
　　13.3.1　使用 DOM4J 解析 XML 文档 ………………………………… 334
　　13.3.2　使用 DOM4J 创建 XML 文档 ………………………………… 338
　　13.3.3　使用 DOM4J 修改 XML 文档 ………………………………… 340
13.4　本章小结 ………………………………………………………………… 342
习题 13 ………………………………………………………………………… 342

参考文献 ……………………………………………………………………… 343

第 1 章 XML入门

本章学习目标
- 了解 XML 的发展历史
- 掌握 XML 的文档结构
- 熟练掌握 XML 的基本语法
- 掌握 XML 的用途及相关技术

本章先向读者介绍 XML 的基础知识，重点讲解 XML 的语法知识，最后介绍 XML 的其他相关的知识。

1.1 了解 XML

1.1.1 第一个 XML 文档

XML 的全称是 eXtensible Markup Language，即可扩展标记语言，它提供了一套跨平台、跨网络、跨程序语言的数据描述方式。XML 是一个简单的、基于文本格式表示的结构化信息（包括文件、数据、配置、书籍、交易、发票等）。XML 文档本身是非常简单、易于理解的。下面来看一个 XML 文档实例，见代码 1-1。

代码 1-1　简单的 XML 文档

```xml
<?xml version="1.0" encoding="UTF-8"?>
<个人信息>
    <姓名>田诗琪</姓名>
    <生日>2011-04-11</生日>
    <性别>女</性别>
    <身高>83cm</身高>
</个人信息>
```

将该文档保存为扩展名为 .xml 的文件，可以使用浏览器查看该文件。浏览器显示 XML 文档的原理，实际上是将该文档转换为文档树结构并显示出来。在此使用 IE 浏览器显示，如图 1-1 所示。

虽然我们目前还没有学习 XML，但是查看上面的文档即可了解到，该文档包含了一个人的个人基本信息，通过标记将内容信息有条理地保存下来。代码 1-1 主要包括两个部分，即文档声明和文档内容。

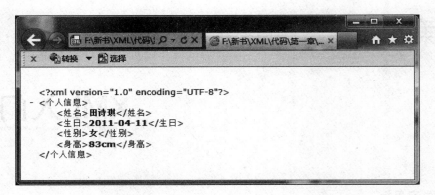

图 1-1　XML 文档显示结果页面

文档声明是一个 XML 文档所必需的，必须位于文档的第一行，形如<?xml version="1.0" encoding="UTF-8"?>。这一行代码会告诉解析器或浏览器，这个文件应该按照 XML 规则进行解析。当前文档声明信息包括使用的是 XML 1.0 版本，所使用的编码方式为 UTF-8。

文档内容根据实际内容的不同而不同，内容是通过标记有序地展现出来的，标记是用来描述内容结构的元数据，不能包含内容。

（1）每个标记都必须包括开始和结束标记，开始标记以"<"开头，并以">"结束，中间为元素名称；结束标记以"</"开头，并以">"结束，开始标记和结束标记之间的内容为标记内容。

（2）开始标记和结束标记中间的内容为元素名称，名称大小写敏感。对于文档中标记的名称，用户可以根据实际需要自己定义。例如<姓名>这个标记的名字，就是由编者来定义的，在编写的时候也可以使用<名字>或< name >等，但开始标记和结束标记的元素名称必须相同，如图 1-2 所示。

图 1-2　XML 文档元素

（3）一个 XML 文档有且只能有一个根标记，其他所有标记必须嵌套在当前标记内部，本文档的根标记为<个人信息>。标记必须合理嵌套，一个 XML 文档中所有的标记会形成文档树结构，本文档的文档树结构如图 1-3 所示。

1.1.2　XML 的发展历史

在 20 世纪 80 年代早期，IBM 公司提出在各文档之间共享一些相似的属性，例如字体大小和版面。IBM 设计了一种文档系统，文档中能够明确地将标识和内容分开。所有文件

图 1-3　XML 文档树结构

的标识使用同一种方法，IBM把这种标识语言称为通用标记语言（Generalized Markup Language），即GML。

经过若干年的发展，1984年国际标准化组织（ISO）开始对其提案进行讨论，并于1986年正式发布了为标准化文档而定义的标记语言标准（ISO 8879），成为新的标准通用标记语言，即SGML。SGML的功能非常强大，是可以定义标记语言的元语言。但是它过于严谨的文件描述法，导致其难以理解和学习，影响了它的推广和应用。

一个非常成功的SGML应用就是HTML。HTML作为SGML的子集，关注的是数据的显示，而不是数据本身。HTML限制定义新的标签，显然已经背离了SGML的思想，但是在实际应用中取得了成功。HTML使因特网迅速走出了实验室，成为人人皆可使用的工具，使Web几乎成为因特网的全部内涵。随着因特网的日趋成熟，新的需求已经形成，需要一种语言能满足更复杂和更大规模的用途。

1998年2月，W3C发布了XML 1.0标准，后来又修订了4次，2007年11月发布了XML 1.0第5版。其目的是在Web上能以现有的超文本标记语言（HTML）的使用方式提供、接收和处理通用的SGML。XML是SGML的一个简化子集，它以一种开放的、自我描述的方式定义了数据结构，在描述数据内容的同时能突出对结构的描述，从而体现出数据与数据之间的关系。W3C组织于2004年2月4日发布了XML 1.1的推荐标准，后来又于2006年8月发布了第2版，这是最新的XML版本。不过，目前大多数的应用还是基于XML 1.0的推荐标准。

XML正式规范1.0中阐述了XML的10个设计目标：

(1) XML应该可以直接用于因特网。
(2) XML应该支持广泛的、多样化的应用程序。
(3) XML应该与SGML兼容。
(4) XML文档的处理程序应该容易编写。
(5) XML中的可选项应尽可能少，在理想状态下应为零。
(6) XML文档应该清晰明了、可读性强。
(7) XML应易于设计。
(8) XML的设计应该正式而且简洁。
(9) XML文档应该易于创建。
(10) XML标记的间接性应在保证前面所有目标要求的前提下予以重视。

注意：W3C是万维网联盟（World Wide Web Consortium）英文的缩写，万维网联盟成立于1994年10月，以开放论坛的方式来促进开发互通技术（包括规格、指南、软件和工具），开发网络的全部潜能。万维网联盟（W3C）从1994年成立以来，已发布了90多份Web技术规范，领导着Web技术向前发展。W3C认为自身不是官方组织，因此将它正式发布的规范称为推荐（建议）标准，意思是进一步标准化的建议，但是由于该组织自身的权威性往往成为事实上的标准。

1.1.3 XML与其他标记语言相比较

在将XML与其他标记语言比较之前，我们先来了解一下什么是标记语言。标记语言

(Markup Language)指用一系列约定好的标记对电子文档进行标记,以实现对电子文档的语义、结构及格式的定义。标记语言包括很多种语言,它们的发展及相互关联如图1-4所示。

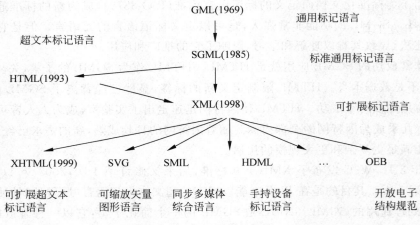

图1-4 标记语言的发展

XML 与 HTML 是标记语言体系中最成功的两种标记语言,因为它们的结构有些相似,常被人们拿来作比较。但是它们处于不同层次,对于新闻、网络日记、论坛留言等大部分短期数据,HTML 仍是在 Web 上快速"出版"数据的最简单的方法。如果数据要长期使用,并且需要更多的一些结构,我们推荐使用 XML。

HTML 与 XML 的主要区别如表1-1所示。

表1-1 HTML 与 XML 的区别

	HTML	XML
功能	用于数据显示	用于描述数据和保存数据
标记	标记是固定不变的	没有固定标记,根据实际需要进行定义,XML 本身是一种元语言
语法	语法要求很宽松	有严格的语法要求

SGML、HTML 和 XML 之间又是什么关系呢?SGML 在 Web 发明之前就早已存在,它是一种定义标记语言的元语言。HTML 和 XML 都是从 SGML 发展而来的标记语言,因此,它们有一些共同点,例如相似的语法和标记的使用。不过 HTML 是在 SGML 定义下的一种描述性语言,是 SGML 的一个应用,其 DTD 作为标准被固定下来,而 XML 是 SGML 的一个简化版本,是 SGML 的一个子集。从严格意义上来说,XML 仍然是 SGML。

HTML 不能用来定义新的应用,而 XML 可以。例如 RDF 和 CDF 都是使用 XML 定义的应用,事实上 XML 和 SGML 是兼容的,但又没有 SGML 那么复杂。XML 规范的定义者之一 Tim Bray 说,XML 的设计出发点是取 SGML 的优点,取出复杂的部分使其保持轻巧,可以在 Web 上工作。

HTML、SGML 和 XML 将继续用于其适合的地方,它们的任何一个都不会使其他一个废弃。不同于 HTML 和 XML,SGML 可能永远不会在因特网上被广泛接受,因为它不是为某个网络协议而设计的,也从来没有为某个网络协议的需求而优化过。对于高端的、复杂结构的出版应用，SGML 将继续应用。

1.1.4　XML 编辑工具

XML 的文档编辑都是纯文本的，它的编辑工具比较多，在实际编辑 XML 时用户可以选择适当的开发工具，下面介绍一些常见的 XML 编辑工具。

1. Notepad 记事本

Notepad 记事本是一种最简单、最方便的 XML 文档编辑工具，这种工具单纯地处理文本，能很方便地进行 XML 文档的编辑，保存时仅需要将文档的扩展名设置为 .xml 即可。但是这种工具不具备 XML 错误检查功能，对于大量的 XML 文档编辑效率较低。

2. UltraEdit

UltraEdit 是一种功能强大的文本编辑器，可以编辑文本、十六进制、ASCII 码，完全可以取代记事本，其内建英文单词检查功能，可同时编辑多个文件，而且即使开启很大的文件速度也不会慢。该工具附有标签颜色显示、搜寻替换以及无限制还原功能，但是不具备 XML 错误检查功能。

3. XMLSpy

XMLSpy 是 XML 编辑器，支持 WYSWYG、支持 Unicode、多字符集，支持格式良好的和有效的两种类型 XML 文档，支持 NewsML 等多种标准 XML 文档的所见即所得的编辑，同时提供了强有力的样式表设计。

最新发布的 XMLSpy 会让 XML 代码的处理更容易，还会有助于这个产品成为最主要的 XML 编辑器。XMLSpy 是符合行业标准的 XML 开发环境，专门用于设计、编辑和调试企业级的应用程序，包括 XML、XML Schema、XSL/XSLT、SOAP、WSDL 和互联网服务技术，是 Java EE、.NET 和数据库开发人员不可缺少的高性能的开发工具。

读者可以从 http://www.xmlspy.com 下载该软件的试用版。本书所有案例均在该软件 XMLSpy 2017 企业版中进行编辑。

在该软件安装成功后打开，其主界面如图 1-5 所示。

使用 XMLSpy 创建一个 XML 文档，需要首先选择 File 中的 New 命令，或者按快捷键 Ctrl+N。此时会弹出一个对话框，如图 1-6 所示。

选择 "xml　Extensible Markup Language" 选项并单击 OK 按钮，会创建一个 XML 文档，但同时会弹出一个对话框。该对话框询问操作者是否需要使用 DTD 或 Schema，如果需要通过单选按钮选择所用的方式，并单击 OK 按钮；如果不需要直接单击 Cancel 按钮，如图 1-7 所示。

在此单击 Cancel 按钮，会出现如图 1-8 所示的界面，该界面即为使用 XMLSpy 工具创建的 XML 文档。在编辑区中（中间的区域即为编辑区），用户可以根据需要编辑所创建的 XML 文档，编辑结束后保存该文档即可。

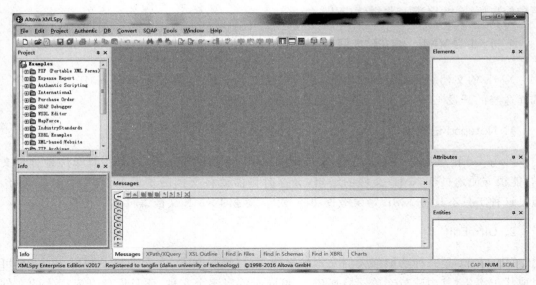

图 1-5　XMLSpy 2017 主界面

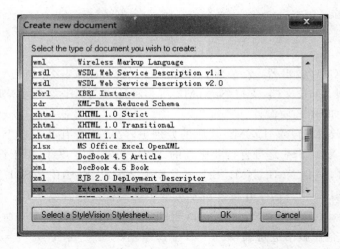

图 1-6　使用 XMLSpy 创建新文档时弹出的对话框

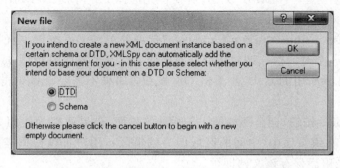

图 1-7　弹出对话框询问是否需要使用 DTD 或 Schema

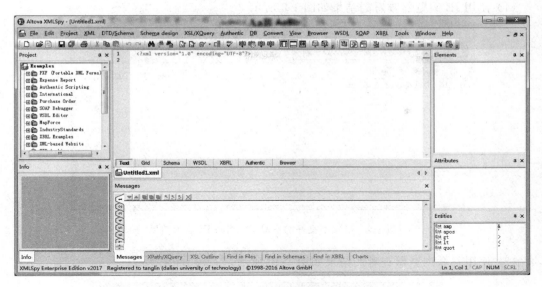

图 1-8　创建的新 XML 文档的主界面

1.2　XML 的语法基础

1.2.1　XML 的文档分类

XML 文档可以分成三类：格式不良好的 XML 文档、格式良好的 XML 文档和有效的 XML 文档。

1. 格式不良好的 XML 文档

格式不良好的 XML 文档指没有完全遵守 XML 文档语法规则的文档（XML 文档语法规则参考"1.2.3　XML 的基本语法规则"一节）。下面是一个格式不良好的 XML 文档，该文档中开始标记<姓名>没有对应的结束标记，见代码 1-2。

代码 1-2　格式不良好的 XML 文档

```
<?xml version = "1.0" encoding = "UTF-8"?>
<个人信息>
<姓名>田诗琪
<生日>2011-04-11</生日>
<性别>女</性别>
<身高>83cm</身高>
</个人信息>
```

对于格式不良好的 XML 文档，如果使用浏览器查看，无法显示文档的实际内容，具体显示结果会因浏览器的不同而不同。

（1）使用 IE 浏览器查看的结果如图 1-9 所示。

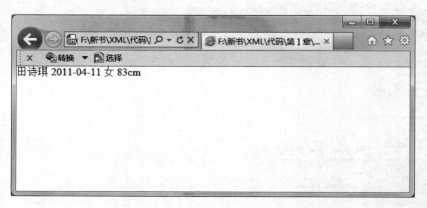

图 1-9　格式不良好的 XML 文档的 IE 显示结果

（2）使用谷歌浏览器查看的结果如图 1-10 所示。

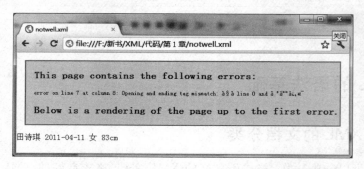

图 1-10　格式不良好的 XML 文档的谷歌浏览器显示结果

2．格式良好的 XML 文档

如果一个 XML 文档有且只有一个根元素，符合 XML 元素的嵌套规则，满足 XML 规范中定义的所有正确性约束，并且在文档中直接或间接引用的每一个已分析实体都是格式正确的，我们称这个文档是一个格式良好的 XML 文档。

格式良好的 XML 非常重要，在实际应用中可以使用 XML 文档进行数据交换，为了进一步减少文档的大小，可以创建没有语义约束的 XML 文档，以便于利用 XML 文档进行数据的交换。XML 的处理器可以做得很小很快，从而应用于手持设备。其实际应用场合如 PDA、手机等存储容量较小的设备中。

3．有效的 XML 文档

如果 XML 文档是一个格式良好的文档，同时其语法符合 DTD 的定义或者 Schema 规定，那么就称该文档是一个有效的 XML 文档。在实际应用中，大多数 XML 文档都是有效的 XML 文档。下面为一个有效的 XML 文档，内容见代码 1-3，其中加粗的部分为内置 DTD 约束，XML 标记符合该约束定义的内容。

代码 1-3　有效的 XML 文档

```
<?xml version = "1.0" encoding = "UTF - 8"?>
<!DOCTYPE 个人信息 [
<!ELEMENT 个人信息（姓名，生日，性别，身高）>
<!ELEMENT 姓名（#PCDATA）>
<!ELEMENT 生日（#PCDATA）>
<!ELEMENT 性别（#PCDATA）>
<!ELEMENT 身高（#PCDATA）>
]>
<个人信息>
<姓名>田诗琪</姓名>
<生日> 2011 - 04 - 11 </生日>
<性别>女</性别>
<身高> 83cm </身高>
</个人信息>
```

使用 IE 浏览器查看该文档，如图 1-11 所示。

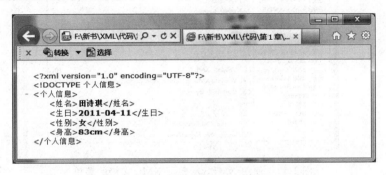

图 1-11　有效的 XML 文档的 IE 显示结果

格式不良好的 XML 文档、格式良好的 XML 文档和有效的 XML 文档三者之间具有一定的关系，如果一个文档不完全遵守 XML 语法要求，则该文档是一个格式不良好的 XML 文档，否则该文档是一个格式良好的 XML 文档；如果一个格式良好的 XML 文档同时使用 DTD 或 Schema 进行语义约束，并符合其语义约束，则该文档是一个有效的 XML 文档。对于此关系可以形象地用图 1-12 表示出来。

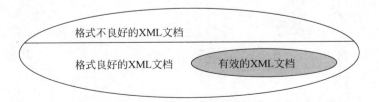

图 1-12　各类 XML 文档的关系

从该图中读者可以明确地看出，如果一个文档是格式不良好的 XML 文档，则该文档就不能是格式良好的 XML 文档；如果一个文档是一个有效的 XML 文档，则该文档一定是一个格式良好的 XML 文档。

无论判断一个 XML 文档是格式良好的 XML 文档，还是格式不良好的 XML 文档，或者如果该文档是一个格式良好的 XML 文档希望进一步判断该文档是否是一个有效的 XML 文档,都可以使用 XMLSpy 工具直接判断。

- 判断该文档是否是格式良好的 XML 文档,可以使用 XML 中的 Check Well-Formedness 命令或者快捷键 F7。
- 判断该文档是否是有效的 XML 文档,可以使用 XML 中的 Validate XML 命令或者快捷键 F8。

验证 XML 文档的菜单如图 1-13 所示。

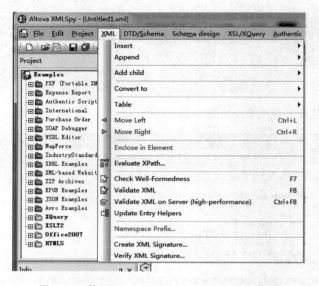

图 1-13　使用 XMLSpy 验证 XML 文档的菜单

在此使用该工具验证一个格式不良好的 XML 文档,即代码 1-2 的内容,验证结果会在工具下方显示出来,如果检查出错误会在中间部分下面的 Messages 选项卡中显示,读者可以明显地看到一个红叉的图标,后面有详细的错误信息,如图 1-14 所示。

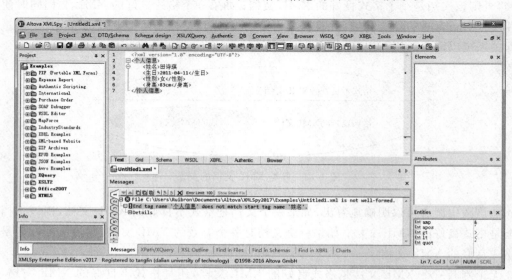

图 1-14　XMLSpy 验证格式不良好的 XML 文档

如果将该文档修改为格式良好的 XML 文档,则验证结果会显示一个黄色对号的图标,如图 1-15 所示。

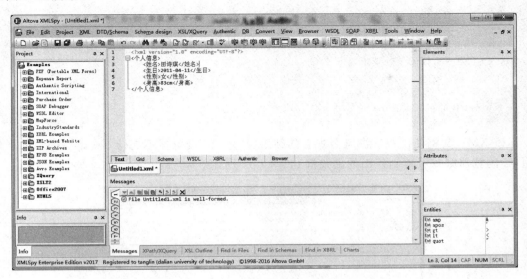

图 1-15　XMLSpy 验证格式良好的 XML 文档

如果被验证的文档是有效的 XML 文档,则验证结果会显示一个绿色对号的图标,如图 1-16 所示。

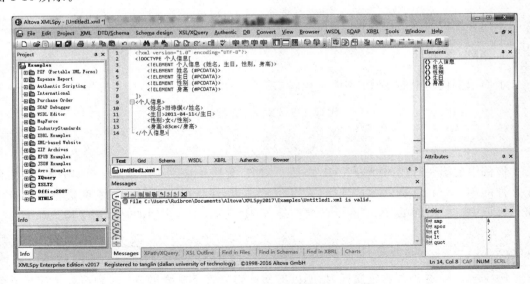

图 1-16　XMLSpy 验证有效的 XML 文档

1.2.2　XML 的文档组成

XML 文档在逻辑上主要由以下 5 个部分组成:XML 声明、文档类型声明、处理指令、注释、元素。下面是一个包含这 5 个部分的简单的 XML 文档,见代码 1-4。

代码1-4　XML文档

```
<?xml version = "1.0" encoding = "UTF-8"?>
<!-- 上面的代码是 XML 声明,我是注释:) -->
<!-- 下面一行代码是 DTD 声明 -->
<!DOCTYPE china SYSTEM "mydtd.dtd">
<!-- 下面一行代码是处理指令 -->
<?xml-stylesheet type = "text/css" href = "mycss.css" ?>
<!-- 下面一行是元素 -->
<china>我的祖国</china>
```

该XML文档使用谷歌浏览器查看的结果(注意,IE浏览器不支持outline样式,如果使用IE浏览器则查看不到外面的虚线框)如图1-17所示。

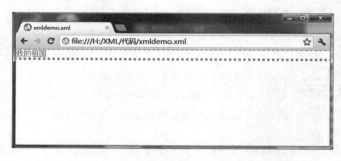

图1-17　XML文档的谷歌浏览器显示结果

下面详细说明这些内容:

1. XML 声明

上面示例代码中的XML声明见代码1-5。

代码1-5　XML文档声明

```
<?xml version = "1.0" encoding = "UTF-8"?>
```

该例中的第一行代码即为XML声明。XML文档总是以一个XML声明开始,必须位于文件的第一行;总是以"<?"开始,并以"?>"结束,注意以上"?"的左、右两边都不能有空格。标记中"<?"后面的"xml"表示此文档是XML文档,文档声明的具体语法格式如下:

```
<?xml version = "1.0|1.1" [encoding = "编码方式"] [standalone = "yes|no"]?>
```

- version:必须包含该属性,指明以下文档遵循哪个版本的XML规范。该属性必须放在其他属性之前,属性的合法值为1.0或1.1。
- encoding:该属性可以省略,指明文档中要采用的字符编码方式。当省略该属性时,属性的默认值为UTF-8。
- standalone:该属性可以省略,指定该XML文档是否和一个外部文档配套使用。该属性为yes时说明当前XML文档是一个独立的XML文档,与外部文件无关联,否则相反。当省略该属性时,属性的默认值为yes。

2. 文档类型声明

上面示例代码中的文档类型声明见代码1-6。

代码1-6　文档类型声明

```
<!DOCTYPE china SYSTEM "mydtd.dtd">
```

该例中使用了一个外部DTD文件,该DTD文件与当前XML文件位于同一文件夹下面,DTD文件的内容见代码1-7。

代码1-7　文档mydtd.dtd

```
<?xml version = "1.0" encoding = "UTF-8"?>
<!ELEMENT china (#PCDATA)>
```

上述代码也可以不引用外部DTD文件,直接在XML文档中给出DTD,即使用代码1-8替换代码1-6。

代码1-8　内部DTD声明

```
<!DOCTYPE china [
<!ELEMENT china (#PCDATA)>
]>
```

DTD的全称为Document Type Definition,XML从SGML继承了用于定义语法规则的DTD机制,但DTD本身不要求遵循XML规则。几乎所有的XML应用都是使用DTD定义的,HTML就有一个标准的DTD文件,所以其组织结构和所有的标签都是固定的。DTD文件也是一个文本文件,通常用".dtd"作为其扩展名。

对于更多关于文档类型声明的内容,请参考"2.1.3　引入DTD的方式"一节。

3. 处理指令

上面示例代码中的处理指令见代码1-9。

代码1-9　处理指令

```
<?xml-stylesheet type = "text/css" href = "mycss.css" ?>
```

代码1-9的含义是通知XML引擎,应用CSS文件"mycss.css"显示XML文档的内容。其中,mycss.css文件的内容见代码1-10。

代码1-10　文件mycss.css

```
china
{
background-color: #ffffff;
color: red;
outline: #00ff00 dotted thick;
}
```

处理指令(Processing Instructions,PI)允许文档中包含由应用程序来处理的指令。在 XML 文档中,可能会包含一些非 XML 格式的数据,XML 处理器无法处理这些数据,此时可以通过处理指令通知其他应用程序来处理这些数据。

处理指令(PI)的语法和 XML 声明类似,以"<?"开始,并以"?>"结束。常见的使用样式表单的处理指令见代码 1-11。

代码 1-11　常见的处理指令

```
<?xml-stylesheet href="hello.css" type="text/css"?>
<?xml-stylesheet href="hello.xsl" type="text/xsl"?>
```

在开始标记"<?"后面的第一个字符串"xml-stylesheet"称为处理指令的目标,它必须标识要用到的应用程序。用户要注意的是,对于其他的非 W3C 定义的处理指令不能以字符串"XML"和"xml"开头。其余部分是传递给应用程序的字符数据,应用程序从处理指令中取得目标和数据,执行要求的动作。处理指令的目标可以是要使用程序的名字,或者是一个类似于 xml-stylesheet 的名字,还可以是很多程序可以识别的通用标识符。

不同的应用程序支持不同的处理指令,对于不识别的处理指令,大多数应用程序采用忽略的方式进行处理。xml-stylesheet 处理指令总是放在 XML 声明之后,第一个元素之前。其他处理指令可以放在除标记内部和 XML 声明之前的任何位置。

注意:虽然 XML 声明和处理指令的语法形式类似,但 XML 声明并不是处理指令,XML 处理程序对 XML 声明和处理指令采用的是不同的处理方式。

处理指令与 XML 声明的区别:XML 声明必须位于程序的第一行,而处理指令无位置上的要求;一个 XML 文档中必须包含一个 XML 声明,而处理指令则不一定有,也有可能包含多个处理指令。

4. 注释

在 XML 文档中,注释可以出现在文档中其他标记之外的任何位置。另外,它们还可以在文档类型声明中语法(grammar)允许的地方出现。代码 1-4 所示示例中多处出现了 XML 的注释,见代码 1-12。

代码 1-12　注释

```
<!-- 上面的代码是 XML 声明,我是注释：) -->
<!-- 下面一行代码是 DTD 声明 -->
<!-- 下面一行代码是处理指令 -->
<!-- 下面一行代码是文档主题,文档主题仅包含一个元素 -->
```

XML 的注释和 HTML 的注释类似,都是以"<!--"开始,以"-->"结束,位于"<!--"和"-->"之间的数据将被 XML 处理器忽略,例如<!--This is a comment-->。注释对文档内容起一个说明作用,在使用注释时用户要注意以下几点。

(1) 注释不能出现在 XML 声明之前,XML 声明必须是文档最前面的部分。代码 1-13 的情况是不允许的。

代码 1-13　错误的注释 1

```
<!-- Author :tanglin -->
<?xml version = "1.0"?>
```

(2) 注释不能出现在标记中,代码 1-14 是非法的。

代码 1-14　错误的注释 2

```
< greeting <!-- Begin greet -->> Hello,world!</greeting>
```

(3) 注释可以包围和隐藏标记,但在添加注释之后,要保证剩余文本仍然是一个结构完整的 XML 文档,代码 1-15 是非法的。

代码 1-15　错误的注释 3

```
<?xml version = "1.0"?>
< greeting >
<!--
< title > This is a greeting example --></title>
< content > Hello,world!</content>
</greeting>
```

当将注释部分去掉的时候,文档结构是不完整的,代码 1-16 为去掉注释后的 XML 文档。

代码 1-16　错误的去掉注释后的 XML 文档代码

```
<?xml version = "1.0"?>
< greeting ></title>
< content > Hello,world!</content>
</greeting>
```

(4) 字符串"--"(双连字符)不能在注释中出现,代码 1-17 是非法的。

代码 1-17　错误的注释 4

```
<!-- This is a greet example -- Hello,world -->
```

这意味着,我们在注释中书写程序代码的时候,不能出现类似于 i--或--i 的代码。

(5) 在 XML 中,不允许注释以"--->"结尾,代码 1-18 是非法的。

代码 1-18　错误的注释 5

```
<!-- This is a greet example --->
```

5. 元素

本例中的文档主体十分简单,仅包含一个元素,具体代码见代码 1-19。

代码 1-19　XML 文档元素

```
<china>我的祖国</china>
```

关于元素将在 1.3 节进行详细说明。

1.2.3　XML 的基本语法规则

由于 HTML 文档的格式非常松散，导致了 HTML 文档解析的复杂性，也造成了浏览器兼容的问题。所以，XML 从一开始就对文档的格式制定了非常严格的标准，凡是符合这一标准的 XML 文档就是格式良好的 XML 文档(Well-Formed XML Documents)。其具体标准如下：

(1) 在 XML 中，可以包含双标记和单标记两种形式，无论哪种形式都必须关闭标签。双标记的开始标记为<tag>，结束标记为</tag>；单标记为<tag/>。

(2) 所有标签都区分大小写，例如<Tag>和<tag>被视为不同的标记。

(3) 所有标签都必须符合标签的命名规则，XML 标签中允许使用中文。常用的英文标记命名规则：字母大小写敏感；标记中部可以包含空格；字符串不能以"XML" 3 个字母开头(无论大小写)，该字符串预留给 XML 系统；字符串可以以字母、下画线(_)开始，后面可以是字母、下画线(_)、数字、点号(.)或者连接线(-)。

(4) 在实际命名时，读者应该有较好的命名习惯，需要注意名字应该具有描述性，单词与单词之间可以使用下画线连接，但名称应该比较简洁；在标记名称中间尽量避免使用"-"、"."、":"，否则容易造成歧义；非英语的字母比如 éòá 也是合法的 XML 元素名，但要避免使用，因为某些软件不支持这些特殊字符。

(5) 所有标签都必须合理嵌套，在 XML 中所有标签必须以巢装方式嵌套，例如<tag><subtag>content</subtag></tag>。<subtag>标记嵌套在<tag>标记中，则<tag>标记要先于<subtag>标记开始，结束标记刚好相反，</subtag>要先于</tag>标记结束。

(6) 所有标签的属性值必须用双引号(")或者单引号(')括起来，两者不能混合使用。例如<Tag a='aValue">是错误的。XML 文档中所有的属性值都必须加引号，具体使用时既可以使用双引号也可以使用单引号，例如<tag attr1="value1" attr2='value2'>content</tag>。

(7) XML 有且只能有一个根元素，XML 文档必须有且只有一个元素作为其他元素的父元素，该元素称为根元素，见代码 1-20。

代码 1-20　XML 文档元素嵌套

```
<tag>
<subtag>content</subtag>
<subtag1>content1</subtag1>
</tag>
```

上述代码中<tag>为根元素，<subtag>和<subtag1>都嵌套在<tag>元素中。

1.3 XML 的元素构成

在学习元素构成之前,先解释一下比较容易混淆的概念:标记、元素和属性。

标记是由<>包含的对象,例如< tag >就是一个标记。标记通常包括两种:开始标记和结束标记。开始标记形如< tag >,结束标记形如</tag >。判断是结束标记还是开始标记,就是看在"<"后面是否有"/",如果有就是结束标记,否则就是开始标记。标记中有一种特殊形式称为单标记,形如< tag/>。该标记本身已经闭合,无需相应的结束标记。

元素通常由开始标记、结束标记以及标记的内容构成,是文件的基本对象,是通过标记进行定义的,例如< tag > aaa </tag >。元素和标记两个词具有不同的含义,元素指开始标签、结束标签以及两者之间的一切内容,包括属性、文本、注释以及子元素。标记是一对尖括号(<>)和两者之间的内容,包括元素名和所有属性。例如< font color="blue">是一个标记,</font >也是一个标记;而< font color="blue"> Hello World </font >则是一个元素。

属性是元素的附加信息,总是以"属性名="属性值""的形式给出。属性总是在元素的开始标签中进行定义,例如< tag id="1"> aaa </tag >中的 id="1"就是该元素的属性。

1.3.1 元素的形式

在 XML 中,元素有两种形式,分别是空元素和非空元素,下面来详细了解这两种元素形式。

1. 空元素

空元素即内容为空的元素,在编写时空元素中既不能包含内容也不能包含子元素。空元素的写法有两种,分别如下:

(1) 单标记的形式,这种方式比较常见,也是建议使用的方式。

```
< student/>
```

(2) 双标记的形式,这种方式不建议使用。

```
< student ></student >
```

由于空元素可以写成双标记的形式,因此常见以下两种错误:

(1) 开始标记和结束标记中间有空格,此时不再是空标记。在下列代码中,标记中间已经包含内容,其内容为空格。

```
< student > </student >
```

(2) 由于格式化的原因,开始标记和结束标记位于不同行,此时不再是空标记。在下列代码中,标记中间包含了内容,其内容为换行符。

```
< student >
</student >
```

空元素中可以包含属性,且属性的个数没有限制。例如:

```
< student name = "张三" age = "18"/>
```

2. 非空元素

所有的非空元素都是双标记的,开始标记和结束标记约定了元素的范围。非空元素包括以下三类:

(1) 带有文本内容的元素,该内容位于开始标记和结束标记中间。例如:

```
< student >张三</student >
```

(2) 带有子元素的元素,元素中可以嵌套子元素,而且嵌套的层数没有限制。子元素也是有顺序的。子元素是相对于父元素而言的,如果子元素中还嵌套了其他元素,那么它同时也是父元素。例如:

```
< students >
< student >
    < name >张三</name >
    < age > 18 </age >
</student >
</students >
```

(3) 同时带有子元素和文本内容的元素,这种类型的元素不建议使用。

1.3.2　元素的内容

元素的内容可以包含子元素、字符数据、字符引用和实体引用、CDATA 段、空白处理、行尾处理、语言标识。对于子元素已经在上一节中介绍过了,本节详细介绍元素内容可能出现的其他形式。

1. 字符数据

在一个元素的内容中,字符数据可以是不包含任何标记的起始定界符和 CDATA 段的结束定界符的任意字符串。也就是说,在元素的内容中,字符数据不能有和号(&)和小于号(<),也不能有字符串"]]>"。例如:

```
< tag > abc </tag >
```

上面示例代码中的元素内容为 abc,它是一个典型的字符数据。但是在实际应用中,元素内容有可能需要包含一些特殊字符以及字符数据中不能包含的字符,例如:

```
<?xml version = "1.0" encoding = "UTF - 8"?>
< tag > abc <</tag >
```

上面示例中元素的内容包含了"<"这个字符,该字符不合法,则使用浏览器查看时无法显示预期的结果。图1-18所示为使用谷歌浏览器查看的结果。

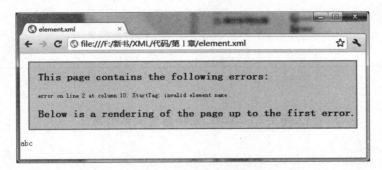

图1-18 XML文档的谷歌浏览器显示结果

对于上述问题应该如何解决呢?在实际应用中可以采用字符引用和CDATA段两种方法进行解决。

2. 字符引用和实体引用

在字符数据中,不能有和号(&)和小于号(<)等字符。因为未经处理的和号(&)与小于号(<)这样的字符在XML文本中往往被解释为标记的起始定界符(例外情况见下面要介绍的CDATA段)。

在XML中提供了5个预定义的实体引用,分别引用XML文档中的5个特殊字符,即小于号(<)、大于号(>)、双引号(")、单引号(')、和号(&),这5个特殊字符也可以通过字符引用的方式去引用。

使用字符引用来修改上面的错误,修改后的代码见代码1-21。

代码1-21 XML文档包含字符引用

```
<?xml version = "1.0" encoding = "UTF - 8"?>
< tag > abc&#60;</tag >
```

使用实体引用来修改上面的错误,修改后的代码见代码1-22。

代码1-22 XML文档包含实体引用1

```
<?xml version = "1.0" encoding = "UTF - 8"?>
< tag > abc&lt;</tag >
```

字符引用和实体引用都是以一个和号(&)开始并以一个分号(;)结束。如果采用的是字符引用,需要在和号(&)之后加上一个井号(#),之后是所需字符的十进制代码或十六进制代码(ISO/IEC 10646字符集中字符的编码);如果采用的是实体引用,在和号(&)之后写上字符的助记符,如表1-2所示。

表 1-2 XML 预定义的字符引用和实体引用

字符	字符引用 （十进制代码）	字符引用 （十六进制代码）	预定义实体引用
<	&#60;	&#x3c;	&lt;
>	&#62;	&#x3e;	&gt;
"	&#34;	&#x22;	&quot;
'	&#39;	&#x27;	&apos;
&	&#38;	&#x26;	&amp;

例如代码 1-23。

代码 1-23 XML 文档包含实体引用 2

```
<?xml version = "1.0"?>
<test id = "abc&quot;dd &quot;ee">&lt;&gt;&quot;&apos;&amp;</test>
```

除了内置的这些实体可以被引用之外，在 XML 文档元素中还可以引用自定义的实体内容，关于自定义的实体及其引用将在 DTD 和 Schema 两章中着重介绍。

3. CDATA 段

CDATA 段以字符串"<![CDATA["开始，以字符串"]]>"结束，中间包含的都是纯字符数据，但字符数据可以是不包含 CDATA 段的结束定界符的任意字符串。在字符数据可以出现的任何地方都可以使用 CDATA 段。

CDATA 段主要用于需要将整个文本解释为字符数据而不是标记的情况下。CDATA 段中的内容不被 XML 处理器分析，所以可以在其中包含任意的字符。例如，在 XML 文档中需要包含 Java 代码，而 Java 代码中可能存在小于号(<)、大于号(>)、双引号(")、单引号(')、和号(&)等特殊字符，这个时候 CDATA 段就派上用场了，见代码 1-24。

代码 1-24 XML 文档包含 CDATA 段

```
<?xml version = "1.0"?>
<java>
<![CDATA[
    if(a > b && c < b)
        max = a;
]]>
</java>
```

4. 空白处理

在 XML 规范中，空白包括空格、制表符和空行。XML 处理器总是将文档中不是标记的所有字符都传递给应用程序，一个进行有效性验证的 XML 处理器会通知应用程序这些字符中的哪一些组成了出现在元素内容中的空白。

在 XML 文档中，可以在元素中使用一个特殊的属性"xml:space"来通知应用程序保留此元素中的空白。xml:space 属性接受 default 和 preserve 两个值。
- default：此值允许应用程序根据需要处理空白。如果不包含 xml:space 属性,结果与使用 default 值相同。
- preserve：此值表示应用程序按原样保留空白,空白可能有含义。

在有效文档中这个属性和其他任何属性一样,在使用时必须声明,不需要声明 XML 命名空间,因为 XML 规范保留了该命名空间。xml:space 属性被定义为 Enumerated(枚举)类型,它的值必须是"default"和"preserve"二者之一。

如果一个元素使用了 xml:space 属性,将适用于该元素内容中的所有元素,除非被另一个 xml:space 属性的实例所覆盖。因为许多 XML 应用程序不识别 xml:space 属性,所以使用该属性只是一个建议。

5. 行尾处理

XML 数据经常以文本的方式保存在计算机文件中,以行来分隔。然而,不同的计算机系统采用的行分隔符是不同的。在 XML 空白字符中,有两个标准的 ASCII 码行尾控制字符,即回车(CR,♯xD)和换行(LF,♯xA)。回车是将光标移动到当前行的开头,换行是将光标"垂直"移动到下一行(并不移动到下一行的开头,即不改变光标的水平位置)。
- 在 Windows 平台下,采用♯xD♯xA 的组合作为行分隔符。
- 在 Linux、UNIX 系统下,采用♯xA 作为行分隔符。
- 在 Mac OS 下,采用♯xD 作为行分隔符。

为了简化应用程序的工作,XML 处理器在解析前,要将所有的两个字符序列♯xD♯xA 以及单独的♯xD 字符转换成单个的♯xA 字符。

6. 语言标识

在文档处理中,标识其内容所使用的自然或人工语言常常是很有用的,可以在文档中插入一个特殊的属性 xml:lang 来指出 XML 文档中任何元素的内容和属性值所使用的语言。在有效的文档中,这个属性和其他任何属性一样,在使用时必须声明。

xml:lang 属性的用法如下:

```
<content xml:lang="en">This is English</content>
```

1.4 XML 相关技术及不同用途下的类似技术

1.4.1 XML 的相关技术

1. 检查 XML 语义的相关技术

XML 是一种简单、灵活易用的标记语言。但是在实际应用中,作为网络数据交换的载体,XML 除了要遵守语法要求外,还需要增加语义约束。DTD 和 Schema 都是对 XML 语义约束和验证的方法。

1) DTD

DTD 即文档类型定义。它是 W3C 推荐的验证 XML 文档的正式规范。一个 XML 文档只有同时遵守语法和 DTD 的语义规定,才能保证 XML 文档的易读性,才能更好地、更准确地描绘数据。

DTD 可以指定 XML 文件中哪些元素、哪些属性是必需的,以及元素与元素之间的先后关系、嵌套关系和出现的次数等。

2) Schema

Schema 即 XML 模式,也被称为 XML 模式定义(XML Schema Definition,XSD)。它与 DTD 一样是用于验证 XML 文档有效性的方法。Schema 本身也是一个 XML 文档,与 DTD 相比而言,DTD 对 XML 命名空间支持不好,而 Schema 对 XML 命名空间支持较好。

2. 生成、解析和检索 XML 文档的相关技术

1) DOM

DOM(Document Object Model,文档对象模型)是基于树结构的程序,用于访问和维护 HTML 和 XML 文档的应用程序接口(Application Program Interface,API)。它以用户要求的方式处理 XML 文档信息,应用程序或编程语言可以通过结点树访问文档。DOM 定义了文档的逻辑结构,给出了访问和处理文档的方法。在 DOM 中,XML 文档具有类似于树的逻辑结构,其中,树的结点表示的是对象而不是数据结构。利用 DOM,程序开发人员可以动态地创建文档,便于在文档结构中增加、修改或删除元素,以及修改文档内容和改变文档的显示方式等。

DOM 几乎可以完成所有的 XML 操作任务,同时它又是与语言无关的接口,这就导致了 DOM 的 API 庞大而又复杂。

2) JDOM

JDOM 是 Java Document Object Model 的缩写,即 Java 文档对象模型。为了给 Java 程序员提供一套简单易用的操作 XML 的 API,Java 技术专家 Jason Hunter 和 Brett McLaughlin 创建了 JDOM。

3) DOM4J

DOM4J 是一个 Java 的 XML API,类似于 JDOM,它是用来读/写 XML 文件的 API。DOM4J 是一个非常优秀的 Java XML API,具有性能优异、功能强大和易于使用的特点,同时它也是一个开放源代码的软件,无论性能、功能和易用性方面都是非常出色的。现在,越来越多的 Java 软件都在使用 DOM4J 读/写 XML。

4) SAX

SAX 是 Simple API for XML 的缩写,由 XML-DEV 邮件列表的成员开发,是事实上的工业标准。使用 SAX 解析器向应用程序报告解析事件流来告知应用程序文档的内容。SAX 是基于事件的 API,一旦事情开始发生,用户将不需要调用解析器,而是解析器调用程序。与 DOM 相比,SAX 不要求将整个 XML 文件一起装入内存,因此对于内存要求较低。

5) Digester

Digester 本来是 Jakarta Struts 中的一个工具,用于处理 struts-config.xml 配置文件。显然,将 XML 文件转换成相应的 Java 对象是一项很通用的功能。这个工具理应具有更广泛的用途，所以很快它就在 Jakarta Commons 项目（用于提供可重用的 Java 组件库）中有了一席之地。如今 Digester 随着 Struts 的发展以及公用性被提到 Commons 中独自立项，是 Apache 的一个组件 Apache commons-digester.jar，它可以很方便地从 XML 文件生成 Java 对象。

6）XQuery

XQuery 即 XML Query，它是 W3C 所制定的一套标准，用来从类 XML 文档中提取信息。类 XML 文档可以理解成一切符合 XML 数据模型和接口的实体，它们可能是文件，也可能是 RDBMS。XQuery 对于 XML 文件的作用，等同于 SQL 对于数据库的作用。

3. 显示 XML 文档的相关技术

显示 XML 文档有多种途径，Web 上的 XML 文档资源可以通过浏览器直接显示，也可以使用 XSL 样式表将 XML 文档转换为浏览器所能处理的文档类型，例如转换为 HTML 文档。

1）CSS

CSS 是 Cascading Style Sheet 的缩写，即层叠样式表。它是一种用来表现 HTML 或 XML 等文件样式的计算机语言。CSS 目前的最新版本为 CSS3，它是一种能够真正做到网页表现与内容分离的样式设计语言。相对于传统 HTML 的表现而言，CSS 能够对网页中对象的位置排版进行像素级的精确控制，支持几乎所有的字体、字号、样式，拥有对网页对象盒模型的能力，并能够进行初步交互设计，是目前基于文本展示最优秀的表现设计语言。

2）XSLT

XSLT 是扩展样式表转换语言（eXtensible Stylesheet Language Transformation）的简称，它是一种对 XML 文档进行转化的语言。XSLT 中的 T 代表英语中的"转换"（transformation）。XSLT 是 XSL（eXtensible Stylesheet Language）规范的一部分，用于将一种 XML 文档转换为另外一种 XML 文档，或者转换为可以被浏览器识别的其他类型的文档，例如 HTML 和 XHTML。通过 XSLT，用户可以对输出文件、添加或移除元素和属性，还可以重新排列元素、执行测试并决定隐藏或显示哪个元素。描述转化过程的一种通常说法是 XSLT 把 XML 源树转换为 XML 结果树。

与 CSS 相比较，CSS 虽然能够很好地控制输出的样式，例如色彩、字体、大小等，但是有严重的局限性，具体包括：①CSS 不能重新排序文档中的元素；②CSS 不能判断和控制哪个元素被显示，哪个不被显示；③CSS 不能统计计算元素中的数据。换句话说，CSS 只适用于输出比较固定的最终文档。CSS 的优点是简洁，消耗的系统资源少；而 XSLT 虽然功能强大，但因为要重新索引 XML 结构树，所以消耗的内存比较多。将它们结合起来使用，如在服务器端用 XSLT 处理文档，在客户端用 CSS 来控制显示，可以减少响应时间。

4. XML 的命名空间

在复杂的大型 XML 文档中，用户不可避免地会遇到标记名称相同，但代表的意义不同的问题。命名空间就是解决这类问题的方法，它通过在元素名前增加独特的标识符指定元素的有效空间。

1.4.2　XML 的类似技术

XML 语言常被用于数据交换,具体的功能主要包括:①异构系统之间数据的交互;②系统内部程序与程序之间的交互。

1. 异构系统之间数据的交互

除了 XML 以外,JSON 也是一种非常流行的方法,JSON 是一种轻量级的数据交换格式。JSON 是基于 JavaScript 的一个子集,采用完全独立于语言的文本格式,但是也用了类似于 C 语言家族的习惯。这些特性使 JSON 成为理想的数据交换语言,JSON 最突出的优点是易于阅读和编写,且易于计算机解析和生成。

XML 和 JSON 都使用结构化方法来标记数据,下面来做一个简单的比较。

用 XML 表示中国部分省市数据,见代码 1-25。

代码 1-25　XML 文件内容

```xml
<?xml version="1.0" encoding="utf-8"?>
<country>
    <name>中国</name>
    <province>
        <name>黑龙江</name>
        <citys>
            <city>哈尔滨</city>
            <city>大庆</city>
        </citys>
    </province>
    <province>
        <name>广东</name>
        <citys>
            <city>广州</city>
            <city>深圳</city>
            <city>珠海</city>
        </citys>
    </province>
</country>
```

用 JSON 表示同样的信息,见代码 1-26。

代码 1-26　JSON 内容

```
{
    name:"中国",
    province:[
        {
            name:"黑龙江",
            citys:{
                city:["哈尔滨","大庆"]
            }
```

```
            },
            {
                name:"广东",
                citys:{
                        city:["广州","深圳","珠海"]
                }
            }
    ]
}
```

在编码的可读性方面,XML 具有明显的优势,毕竟人类的语言更接近这样的说明结构。JSON 读起来更像一个数据块,比较费解。不过人类读起来费解的语言,恰恰适合计算机阅读,所以通过 JSON 的索引 province[0].name 就能够读取"黑龙江"这个值。

从编码的手写难度来说,XML 好写一些,不过同样的功能用 JSON 写出来的字符明显少很多,如果去掉空白制表以及换行,JSON 就是密密麻麻的有用数据,而 XML 却包含很多重复的标记字符。

2. 系统内部程序与程序之间的交互

除了 XML 以外,Annotation 也是一种非常流行的方法,即大家平时提到的基于零配置的方式。Annotation 被翻译为注解,是 JDK 5.0 及以后版本引入的,它只能用于 Java 语言。但是其用途非常广泛,可以用于创建文档、跟踪代码中的依赖性、执行基本编译时检查。注解以"@注解名"存在于代码中,没有独立的文件。

例如 Struts 2 框架中用户输入验证的一个简单例子,基于配置方式下的用户输入验证,除了需要编写 RegistAction 类文件外,还需要对该文件增加用户输入验证配置文件 RegistAction-validation.xml。

1)基于 XML 配置实现

RegistAction 文件的代码见代码 1-27。

代码 1-27　RegistAction.java 文件的源代码

```java
package com.study.erp.action;
import java.util.Date;
import com.opensymphony.xwork2.ActionSupport;
import com.opensymphony.xwork2.validator.annotations.*;
public class RegistAction extends ActionSupport{
    private String username;
    private String password;
    private String repassword;
    private Integer age;
    private Date birthdate;
    private String mail;
//此处省略所有属性的 getX××和 setX××方法
...
    public String execute(){
```

```
            return "success";
    }
}
```

RegistAction-validation.xml 文件的代码见代码 1-28。

代码 1-28 验证的配置文件

```xml
<!DOCTYPE validators PUBLIC
    "-//Apache Struts//XWork Validator 1.0.3//EN"
    "http://struts.apache.org/dtds/xwork-validator-1.0.3.dtd">
<validators>
    <field name="username">
        <field-validator type="requiredstring">
            <message>用户名不能为空.</message>
        </field-validator>
        <field-validator type="regex">
        <param name="expression"><![CDATA[([a-zA-Z0-9*)]]></param>
            <message>用户名包括了字符或数字以外的非法字符.</message>
        </field-validator>
    </field>
    <field name="password">
        <field-validator type="requiredstring">
            <message>密码不能为空.</message>
        </field-validator>
        <field-validator type="stringlength" short-circuit="true">
            <param name="minLength">6</param>
            <param name="maxLength">12</param>
            <message>密码长度应在6到12位之间.</message>
        </field-validator>
    </field>
    <field name="repassword">
        <field-validator type="requiredstring">
            <message>确认密码不能为空.</message>
        </field-validator>
        <field-validator type="stringlength" short-circuit="true">
            <param name="minLength">6</param>
            <param name="maxLength">12</param>
            <message>确认密码长度应在6到12位之间.</message>
        </field-validator>
    </field>
    <field name="age">
        <field-validator type="conversion" short-circuit="true">
            <message>年龄必须是一个数字.</message>
        </field-validator>
        <field-validator type="required" short-circuit="true">
            <message>年龄不能为空.</message>
        </field-validator>
        <field-validator type="int">
            <param name="min">25</param>
```

```xml
            <param name="max">60</param>
            <message>年龄必须在${min}至${max}范围内.</message>
        </field-validator>
    </field>
    <field name="birthdate">
        <field-validator type="conversion" short-circuit="true">
            <message>生日不是一个合法日期.</message>
        </field-validator>
        <field-validator type="required" short-circuit="true">
            <message>生日不能为空.</message>
        </field-validator>
        <field-validator type="date">
            <param name="min">1960-01-01</param>
            <param name="max">2010-01-01</param>
            <message>生日不在合法范围内.</message>
        </field-validator>
    </field>
    <field name="mail">
        <field-validator type="requiredstring" short-circuit="true">
            <message>邮箱不能为空.</message>
        </field-validator>
        <field-validator type="email">
            <message>邮箱格式不正确.</message>
        </field-validator>
    </field>
    <validator type="expression">
        <param name="fieldName">password</param>
        <param name="expression">password == repassword</param>
        <message>密码和确认密码不一致</message>
    </validator>
</validators>
```

如果将上述方式修改为基于注解方式下的用户输入验证,只需要在RegistAction文件中增加相应的配置,而无须单独地配置文件。

2)基于注解方式实现

基于注解方式的Action代码见代码1-29。

代码1-29 基于注解方式下RegistAction.java文件的源代码

```java
package com.study.erp.action;
import java.util.Date;
import com.opensymphony.xwork2.ActionSupport;
import com.opensymphony.xwork2.validator.annotations.*;
public class RegistAction extends ActionSupport{
    private String username;
    private String password;
    private String repassword;
    private Integer age;
    private Date birthdate;
```

```java
    private String mail;
    public String getUsername() {
        return username;
    }
    @RequiredStringValidator(
            type = ValidatorType.FIELD,
            message = "用户名不能为空."
    )
    @RegexFieldValidator(message = "用户名包括了字符或数字以外的非法字符.", expression =
"<![CDATA[([a-zA-Z0-9*)]]>")
    public void setUsername(String username) {
        this.username = username;
    }
    public String getPassword() {
        return password;
    }
    @RequiredStringValidator(
    type = ValidatorType.FIELD,
    message = "密码不能为空."
    )
    @StringLengthFieldValidator(
        type = ValidatorType.FIELD,
        minLength = "6",
        maxLength = "12",
        message = "密码长度必须在 6 到 12 位之间."
    )
    public void setPassword(String password) {
        this.password = password;
    }
    public String getRepassword() {
        return repassword;
    }
    @RequiredStringValidator(
            type = ValidatorType.FIELD,
            message = "确认密码不能为空."
    )
    @StringLengthFieldValidator(
            type = ValidatorType.FIELD,
            minLength = "6",
            maxLength = "12",
            message = "确认密码长度必须在 6 到 12 位之间."
    )
    public void setRepassword(String repassword) {
        this.repassword = repassword;
    }
    public Integer getAge() {
        return age;
    }
    @ConversionErrorFieldValidator(message = "年龄必须是一个数字", shortCircuit = true)
    @RequiredFieldValidator(
```

```java
        type = ValidatorType.FIELD,
        message = "年龄不能为空.",
        shortCircuit = true
    )
    @IntRangeFieldValidator(message = "年龄必须在 ${min}至 ${max}范围内", min = "25", max = "60")
    public void setAge(Integer age) {
        this.age = age;
    }
    public Date getBirthdate() {
        return birthdate;
    }
    @ConversionErrorFieldValidator(message = "生日不是一个合法日期", shortCircuit = true)
    @RequiredFieldValidator(
        type = ValidatorType.FIELD,
        message = "生日不能为空.",
        shortCircuit = true
    )
    @DateRangeFieldValidator(message = "生日不在合法范围内", min = "1960/01/01", max = "2010-01-01")
    public void setBirthdate(Date birthdate) {
        this.birthdate = birthdate;
    }
    public String getMail() {
        return mail;
    }
    @RequiredStringValidator(
        type = ValidatorType.FIELD,
        message = "邮箱不能为空."
    )
    @EmailValidator(message = "邮箱格式不正确")
    public void setMail(String mail) {
        this.mail = mail;
    }
    @Validations(
        expressions = {
            @ExpressionValidator(message = "密码和确认密码不一致", shortCircuit = true, expression = "password == repassword")
        }
    )
    public String execute(){
        return "success";
    }
}
```

  两种方式比较而言，基于XML的方式将配置和编码相分离，将功能分开，更加清晰易读，但代码相对来说更加繁复。在基于注解方式下，代码更加简洁，但程序可读性差。

1.5 本章小结

本章第一节从第一个 XML 文档的编辑和查看开始讲解 XML 文档,通过 XML 的发展历史开始了解,对相关的 HTML、XML 和 SGML 进行区分,深入了解 XML。在介绍 XML 开发时对常用的编辑工具进行了介绍,重点介绍了高端工具 XMLSpy,这个工具也是本书案例中使用的工具。XML 本身只是用于存储数据,之所以现在如此流行,就在于和它相关的一系列技术。

本章第二节对 XML 的文档分类及其语法进行了详细的讲解。

本章第三节对 XML 的相关技术从几个方面进行了解:用于定义 XML 语义的 DTD 和 Schema;用于显示的 CSS 和 XSLT;用于构建、解析、检索的技术 DOM、JDOM、DOM4J 和 SAX,以及后来发展起来的 Digester 和 XQuery。

最后一节从 XML 的用途角度介绍了与 XML 技术有竞争力的一些技术,为读者区分了这些技术各自的特点,可以更好地指引读者使用最合适的技术。

习题 1

1. 编写一个 XML 文档,用于保存"静夜思"这首诗的标记、内容及作者信息。

    静夜思
    李白
    床前明月光
    疑是地上霜
    举头望明月
    低头思故乡

2. 判断下列元素的内容是否合法:

```
<data>&</data>
<data>/</data>
<data/></data>
<data><</data>
<data>]]></data>
```

3. 指出并修改下列程序中的错误:

```
<?xml version="1.0"?>
<java>
    <![CDATA[
        if(array[a[i]]>0){
            fun();}
    ]]>
</java>
```

4. 将如图 1-19 所示的数据表中的数据转化为 XML 文档。

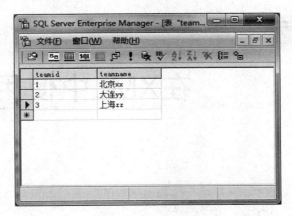

图 1-19　数据表

5. XML 文档如何分类？
6. 简述 XML 文档的逻辑构成，并简述各部分内容。

第2章

在XML中使用DTD

本章学习目标
- 了解 DTD
- 掌握引入 DTD 的方法
- 熟练掌握 DTD 的语法结构
- 掌握 DTD 中的元素、属性、实体和符号
- 了解 DTD 存在的问题

本章首先向读者介绍 DTD 的基础知识,接下来重点讲解 DTD 的引入方法、语法组成,重点讲解 DTD 中元素、属性、实体和符号的语法,最后介绍 DTD 中存在的问题。

2.1 DTD 介绍

2.1.1 DTD 概述

当一个 XML 文档独立存在时,该文档仅需要满足基本的语法规则,那么 XML 中的元素可以由用户随意定义。但实际应用中,XML 文档往往会因某个具体场合而需要。例如:XML 经常被用作框架技术的配置文件,该配置文件的作用是使程序员编写的文件能够有效地与框架中的程序相结合。此时,配置文件不再由程序员随意定义,而需要与框架技术进行统一的约定。DTD 为 XML 文档的编写者和提供者提供了共同遵循的原则,使得与文档相关的各种工作有了统一的标准。

下面来看一个使用 DTD 进行语义约束的 XML 文档,见代码 2-1。

代码 2-1 有效的 XML 文档

```
<?xml version = "1.0" encoding = "UTF-8"?>
<!DOCTYPE 根元素名称 [
    <!ELEMENT 根元素名称 (第一个子元素,第二个子元素)>
    <!ELEMENT 第一个子元素 (#PCDATA)>
    <!ELEMENT 第二个子元素 (#PCDATA)>
    <!ATTLIST 第一个子元素 属性一 CDATA #REQUIRED>
]>
```

```
<根元素名称>
    <第一个子元素 属性一 = "任意内容">
        文本内容 1
    </第一个子元素>
    <第二个子元素>
        文本内容 2
    </第二个子元素>
</根元素名称>
```

代码中的 DTD 约束了 XML 中的内容,具体约束如下:

(1) 根据 XML 文档中 DTD 定义的<!ELEMENT>标记可以知道,XML 文档内一共包含 3 个元素,分别是根元素名称、第一个子元素和第二个子元素。

(2) 根据 XML 文档中 DTD 定义的<!DOCTYPE 根元素名称[…]>可以知道,当前 XML 文档的根标记为<根元素名称>。

(3) 根据 XML 文档中 DTD 定义的<!ELEMENT 根元素名称(第一个子元素,第二个子元素)> 可以知道,<根元素名称>标记内嵌了两个子标记,分别为<第一个子元素>和<第二个子元素>,由于 DTD 的定义中这两个子标记的名称中间使用了逗号间隔,因此这两个子元素是有序的。由于没有进行次数的约束,默认方式下<第一个子元素>和<第二个子元素>都只能出现一次。

(4) 根据 XML 文档中 DTD 定义的<!ELEMENT 第一个子元素(#PCDATA)> 可以知道,<第一个子元素>内容为文本,同样<第二个子元素>内容也为文本。

(5) 根据 XML 文档中 DTD 定义的<!ATTLIST 第一个子元素 属性一 CDATA #REQUIRED>可以知道,在<第一个子元素>中包含了一个属性名为"属性一"的属性;定义中指定属性的内容类型为 CDATA,表示属性的内容为文本类型;定义该属性时指定了#REQUIRED,表示该属性是必需的。

有了以上 DTD 约束,该 XML 文档的内容正确与否就有了检查的依据和标准。XML 如果没有按照 DTD 定义的约束编写,就能够被检查出来,这样一来避免了很多 XML 的语义错误。这里仅仅是 DTD 的一个非常简单的例子,就反映出了 DTD 的意义。

DTD 在 XML 标准中,描述了如何创建 DTD,以及如何将它与根据它的规则所编写的 XML 文档相关联,并且定义了 XML 处理器应该如何对 DTD 进行处理,有了 DTD 就可以检查 XML 文档的结构是否正确。

DTD 在实际应用中的作用如下:

- 可以验证 XML 文档数据的有效性。
- 可以为某类 XML 文档提供统一的格式和相同的结构。
- 可以保证在一定范围内 XML 文档数据的交流和共享。
- 一个程序设计人员根据 DTD 就能够知道对应的 XML 文档逻辑结构,从而编写出相应的处理应用程序。

2.1.2 DTD 的基本语法

DTD 中包含了对 XML 文档所使用的元素、元素之间的关系、元素出现的次数、元素中可以使用的属性以及可以使用的实体和符号的定义规则。一个DTD由若干个元素、属性、实体和符号的定义和声明的语句的集合所组成,在DTD中所有的关键字都是大写的。

DTD内部可以包含下列语句:

- 元素类型声明语句<!ELEMENT …>
- 属性列表声明语句<!ATTLIST …>
- 实体声明语句<!ENTITY …>
- 符号声明语句<!NOTATION …>
- 注释语句<!-- -->

一个DTD既可以是独立的文档,该文档的扩展名为.dtd。DTD也可以存在于XML文档内部,如果存在于XML文档内部,则DTD的内容放置于<!DOCTYPE […]>的中括号之中。

下面是一个DTD被定义为单独文件的例子,该文档被命名被demodtd.dtd,具体代码见代码2-2。

代码2-2 demodtd.dtd 文档

```
<?xml version = "1.0" encoding = "UTF-8"?>
<!-- root 元素中包含了两个子元素 -->
<!ELEMENT root (sub1,sub2)>
<!ELEMENT sub1 (#PCDATA)>
<!ELEMENT sub2 (#PCDATA)>
<!ATTLIST root param1 NOTATION (Jpeg|Png) #REQUIRED
                param2 CDATA #IMPLIED>
<!ENTITY NAME "ENTITY VALUE">
<!NOTATION Jpeg SYSTEM "Image/jpeg">
<!NOTATION Png SYSTEM "Image/png">
```

上述代码中首先出现的是XML必要说明,这个必要说明可以省略。接下来代码中出现了一个注释信息,即<!--root元素中包含了两个子元素-->,该注释信息只起到了说明的作用,对于程序没有任何影响。3个<!ELEMENT…>定义了元素root、sub1、sub2,指明了其嵌套关系为root元素内嵌套了sub1和sub2两个子元素,这两个子元素是有序的,只能出现一次,sub1和sub2的数据类型均为#PCDATA,即字符类型。接下来的<!ATTLIST…>是属性列表定义,该元素定义的属性为root元素的属性,属性名分别是param1和param2,需要读者注意的是属性是无序的。param1类型为NOTATION,属性值只能从Jpeg和Png中选择其一,约束#REQUIRED表示属性是必需的;param2是CDATA即字符类型,约束是#IMPLIED,表示属性可以被省略。<!ENTITY…>定义了实体,其名为NAME,对应的是文本内容。<!NOTATION…>定义了两个符号分别代表两种类型图片,符号名称Jpeg代表了Image/jpeg类型图片,另外一个符号名称Png代表了Image/png类型图片。

上述DTD文档要约束XML文档时,需要在XML文档中通过<!DOCTYPE…>元素引入,具体代码如下所示:

```
<?xml version = "1.0" encoding = "UTF-8"?>
<!DOCTYPE root SYSTEM "demodtd.dtd">
< root param1 = "Jpeg">
    < sub1 > &NAME;</sub1 >
    < sub2 > any word</sub2 >
</root >
```

使用 DTD 文档必须使用 XML 的文档类型声明标记,本例中引用的是在外部自定义的 DTD 文档,因此,文档类型声明为<!DOCTYPE root SYSTEM "demodtd.dtd">,该声明中除了指出被引用的 DTD 文档外,还指出了文档的根标记为 root 标记。

当前的 XML 文档完全符合 DTD 的语义约束,值得注意的是,实体在引用时,实体名称前加"&"、实体名称后加";"。

该 XML 文档使用 XMLSpy 工具的浏览器查看的结果如图 2-1 所示。

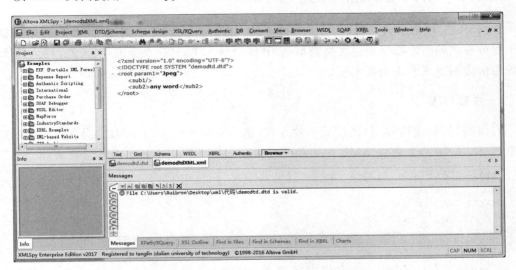

图 2-1　XML 文档通过 XMLSpy 工具查看的结果

从结果中可以看出,浏览器将 XML 文档解析为树结构,并把解析实体的内容解析出来,在结果中看到的是实际的实体内容,未解析实体直接显示名称。

该 DTD 文档的内容还可以直接内置于 XML 文档中,修改上述文档为内置 DTD 文档,则代码见代码 2-3。

代码 2-3　demodtdXML2. xml 文档

```
<?xml version = "1.0" encoding = "UTF-8"?>
<!DOCTYPE root[
<!-- root 元素中包含了两个子元素 -->
<!ELEMENT root (sub1,sub2)>
<!ELEMENT sub1 (#PCDATA)>
<!ELEMENT sub2 (#PCDATA)>
<!ATTLIST root param1 CDATA #REQUIRED
          param2 CDATA #IMPLIED >
```

```
<!ENTITY NAME1 "ENTITY VALUE">
<!ENTITY PIC SYSTEM "Sunset.jpg" NDATA jpr>
<!NOTATION jpr SYSTEM "mspaint.exe">
]>
< root param1 = "PIC">
    < sub1 > &NAME1;</sub1 >
    < sub2 > any word </sub2 >
</root >
```

修改为内置 DTD 后，DTD 代码位于<!DOCTYPE root[…]>中省略号的位置。该 DTD 内容中不能够出现<?xml version＝"1.0" encoding＝"UTF-8"？>，其余内容与外部 DTD 完全一致，显示结果与外部 DTD 文档的方式也是相同的。

2.1.3 引入 DTD 的方式

在 XML 文档中引入 DTD 的方式包括 3 种，分别是内部 DTD、外部 DTD 和公用 DTD。无论哪种方式的引入都是通过文档类型声明（即<!DOCTYPE…>标记）引入的，只是具体标记的用法会因方式的不同而不同。

1. 内部 DTD

内部 DTD 是使用 DTD 的最简单的方式，是指将语义约束与 XML 文档的内容放在同一个 XML 文档中，紧跟在 XML 声明和处理指令之后，以"<!DOCTYPE["开始，以"]>"结束。其语法格式如下：

```
<!DOCTYPE 根元素名称 [
    元素描述
]>
```

对于内部 DTD 的例子，大家可以回顾 2.1.1 节中"代码 2-1 有效的 XML 文档"。在 XML 文档中定义 DTD 的优点是比较直观，修改也比较方便，而且不用担心 XML 处理器找不到 DTD。但是它也有一些缺点，例如在文档中定义 DTD 会导致文档本身长度增加，在传输数据时，即使不需要验证文档的有效性，这些声明也会随着文档一起传输，如果多个 XML 文档要共用同一个 DTD，则需要在每一个文档中加入 DTD，这是相当烦琐的。

2. 外部 DTD

外部 DTD 的引用需事先已有一个 DTD 文件，将 DTD 的约束写到文件中，然后在 XML 文档中按以下语法格式添加：

```
<!DOCTYPE (根元素名称) SYSTEM "外部 DTD 的 URI 地址">
```

SYSTEM 关键字表示文档使用的是私有 DTD 文件，外部 DTD 的 URI 可以是相对 URI 也可以是绝对 URI，相对 URI 是相对于当前 XML 文档的位置。外部 DTD 的 URI 也被称为系统标识符（system identifier）。

下面是使用外部 DTD 的例子：

(1) 如果不同位置的多个 XML 文档要使用同一个 DTD，可以使用绝对 URI 来指明 DTD 文件的地址。假定 hello.dtd 位于 http://city.dlut.edu.cn/xml/dtds/hello.dtd，可以在文档声明中使用此 URI：

```
<!DOCTYPE greeting SYSTEM "http://city.dlut.edu.cn/xml/dtds/hello.dtd">
```

(2) 如果引用 DTD 的 XML 文档与 DTD 文件在同一个 Web 服务器上，也可以使用相对 URI：

```
<!DOCTYPE greeting SYSTEM "/xml/dtds/hello.dtd">
<!DOCTYPE greeting SYSTEM "/dtds/hello.dtd">
<!DOCTYPE greeting SYSTEM "../hello.dtd">
<!DOCTYPE greeting SYSTEM "hello.dtd">
```

2.12 节中代码 2-2 即为使用外部 DTD 的例子。

3. 公用 DTD

公用 DTD 与外部 DTD 类似，引用公用 DTD 的语法格式如下：

```
<!DOCTYPE (根元素名称) PUBLIC "DTD 的标识名" "公用 DTD 的 URL 地址">
```

公共 DTD 名称要遵循一些约定，如果一个 DTD 是 ISO 标准，它的名字要以字符串"ISO"开始；如果是由标准组织批准的 DTD，它的名字以"＋"开始；如果不是标准组织批准的 DTD，它的名字以连字符"-"开始。这些开始字符或字符串后面接//和 DTD 所有者的名字，之后是另一个双斜杠和 DTD 描述的文档类型和版本，然后是一个双斜杠后接 ISO 639 语言标识符，如 EN 表示英语，ZH 表示中文。

例如自定义的学生 DTD 可以采用下面的命名：

```
-//tanglin //DTD STUDENT1.0/ZH
```

连字符(-)表示该 DTD 不是由任何标准组织批准的，为 tanglin 所有，描述学生管理 1.0 版本，且用中文编写。完整的文档类型声明如下：

```
<!DOCTYPE HR PUBLIC "-//tanglin //DTD STUDENT1.0/ZH" "http://city.dlut.edu.cn/xml/dtds/student.dtd">
```

例如 HTML 网页的文档类型声明如下：

```
<!DOCTYPE HTML PUBLIC "-//W3C//DTD HTML4.0.1//EN" "http://www.w3.org/TR/html4/strict.dtd">
```

在 Servlet 中部署描述文件 web.xml 的文档类型声明如下：

```
<!DOCTYPE web-app PUBLIC "-//Sun Microsystems, Inc.//DTD Web Application 2.3//EN"
    "http://java.sun.com/dtd/web-app_2_3.dtd">
```

前面提到,如果文档不依赖于外部文档,在 XML 声明中可以通过 standalone="yes"来声明这个文档是独立的文档。如果文档依赖于外部文档,可以通过 standalone="no"来声明。当我们使用外部 DTD 文档时,需要将属性 standalone 的值设置为 no。在实际应用中,很少使用 standalone 属性,它的主要用途是作为 XML 处理器和其他应用程序的标志,表示是否需要获取外部内容。如果文档依赖于外部文档,即使我们不使用 standalone 属性,XML 处理器也能够很好地进行处理。

2.1.4 使用 XMLSpy 创建 DTD

使用 XMLSpy 创建 DTD 文档,需要选择 File 中的 New 命令,然后在弹出的如图 2-2 所示的对话框中选择"dtd Document Type Definition"选项,单击 OK 按钮。

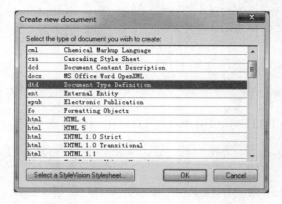

图 2-2 选择创建的文档类型

在创建的 DTD 文档中,生成了两行代码。第一行为 XML 必要声明,第二行为模板代码,这一行代码操作者需要根据实际情况进行修改。生成的 DTD 文档如图 2-3 所示。

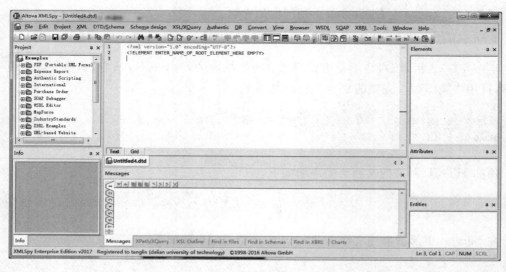

图 2-3 DTD 文档

在当前文档中可以编写具体的内容,例如编写代码 2-2 的内容,编写完毕后保存为 demodtd.dtd 文档,如图 2-4 所示。

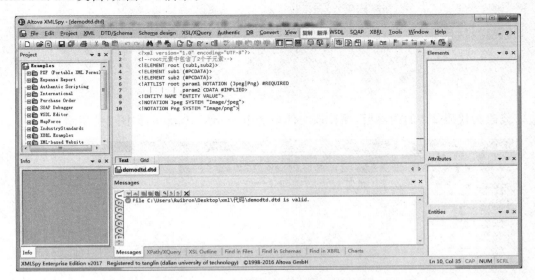

图 2-4　demodtd.dtd 文档

新建一个 XML 文档时,在弹出的如图 2-5 所示的对话框中选择 DTD 单选按钮,并单击 OK 按钮。

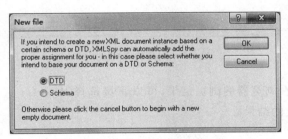

图 2-5　创建 XML 文件选择 DTD

XMLSpy 会弹出如图 2-6 所示的对话框,要求用户选择一个文件,该文件即为约束当前 XML 文档的 DTD 文件,用户可以通过单击 Browse 按钮来选择 DTD 文件,选择完毕后单击 OK 按钮,系统就会根据 DTD 文件的约束帮助用户创建一个 XML 文档模板。

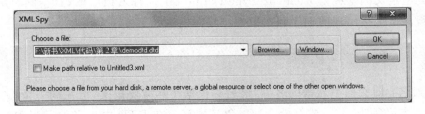

图 2-6　选择文件

根据选择的 DTD，创建的 XML 文档模板内容如下：

```
<?xml version = "1.0" encoding = "UTF - 8"?>
<!DOCTYPE root SYSTEM "F:\新书\XML\代码\第 2 章\demodtd.dtd">
< root param1 = "">
    < sub1/>
    < sub2/>
</root>
```

修改为代码 2-2 的内容后，保存该文件为 dtdDemoXML.xml，如图 2-7 所示。

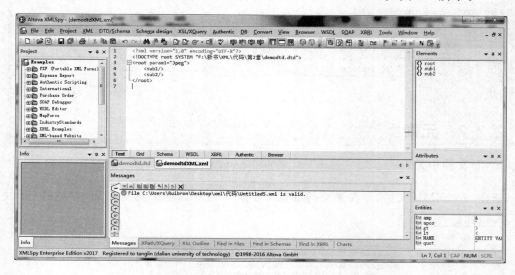

图 2-7　创建的 XML 文档

如果用户希望查看浏览器的浏览结果，可以直接选择 Browser 选项卡通过工具查看该 XML 文档在浏览器上的结果。

2.2　DTD 中的元素

2.2.1　元素定义语法

元素类型定义的全称是 Element Type Definition，简称 ETD。ETD 会同时定义元素的名称、类型，甚至包括出现的顺序和次数等。具体语法如下：

```
<!ELEMENT 元素名 元素类型描述>
```

- 元素名：即文档中元素的名称，该名称根据实际需要定义，但在同一个 DTD 文档中元素名必须唯一，并要符合 XML 命名规范。在 DTD 中定义的元素和属性的大小写是可以任意指定的，但是要注意，因为 XML 文档是大小写相关的，所以一旦给一个元素命名，那么在整个文档中要使用相同的大小写。例如，greeting 和 Greeting

是两个不同的元素名。
- 元素类型描述：元素类型描述用于指定元素本身是否为空元素，如果不为空元素，元素的内容包括哪些。

元素类型具体包括字符串类型、空元素、子元素、混合类型和任意类型5类。

（1）字符串类型：即#PCDATA，表示该元素的内容只能是字符串。

（2）空元素：EMPTY，表示该元素只能是空元素。

（3）子元素：表示该元素内部嵌套其他元素，具体包含子元素可能有有序子元素、无序互斥子元素、无序组合子元素。子元素出现的次数会根据实际的定义而不同。

（4）混合类型：即内容中既包括字符串类型又包括子元素，但混合类型在实际应用中不建议使用。

（5）任意类型：即ANY，表示该标记对于元素内容没有限制，该标记的内容可以是字符串类型，也可以包含子元素，还可以是既包含字符串又包含子元素的混合类型，该标记也可以是空元素，在实际应用中应尽量避免。

2.2.2 元素类型

XML文档中元素的类型在DTD中被划分为5类，表2-1列出了DTD中划分的元素类型及其含义。

表2-1 DTD中划分的元素类型及其含义

元素类型	含义
EMPTY	空元素，即该元素不包括任何内容
(#PCDATA)	字符串类型，即该元素内容中可以为任意字符串
ANY	任意类型，即该元素内容任意，无限制
子元素	子元素类型，即该元素嵌套子元素
混合类型	混合类型，即该元素内部既包含字符串又包含子元素

1. 空元素

如果一个元素类型被定义为EMPTY类型，则该元素是一个空元素，例如< br/>和< hr/>都是空元素的典型写法，< br/>元素也可以被写作< br></br>，但不建议用后一种方式书写，因为这种方式极易出现错误。如果写成< br>内容</br>，则该元素编写错误。

定义空元素的例子见代码2-4。

代码2-4 空元素的定义

```
<?xml version = "1.0" encoding = "UTF - 8"?>
<!DOCTYPE root[
<!-- root元素中包含了两个子元素,sub1和sub2都是空元素 -->
<!ELEMENT root (sub1,sub2)>
<!ELEMENT sub1 EMPTY >
<!ELEMENT sub2 EMPTY >
```

```
    ]>
    <root>
    <!-- 写法 1,不推荐但正确 -->
        <sub1></sub1>
    <!-- 写法 2,推荐的正确写法 -->
        <sub2/>
    </root>
```

上述代码中定义了两个空元素,分别是 sub1 和 sub2,在 XML 文档中可以分别写成<sub1></sub1>双标记但中间不包括任何内容的方式,以及单标记<sub2/>的方式。这两种写法都是正确的,在实际应用中推荐使用单标记方式。

2. 任意内容类型

ANY 表示元素的内容为任意类型,当元素被定义为该类型时,该元素的内容不受限制。换句话说,该元素内容可以是空元素、字符串类型、子元素类型和混合类型的任意一种。这种方式给了用户太多的空间,通常情况下不建议使用。

定义任意内容类型的代码见代码 2-5。

代码 2-5　任意内容类型元素的定义

```
<?xml version="1.0" encoding="UTF-8"?>
<!DOCTYPE root[
<!-- root 元素中包含了一个子元素 sub1,sub1 是任意内容类型元素 -->
<!ELEMENT root (sub1*)>
<!ELEMENT sub1 ANY>
<!ELEMENT sub2 EMPTY>
]>
<root>
    <sub1/>
    <sub1>ANY WORD</sub1>
    <sub1><sub2/></sub1>
    <sub1>ANY <sub2/> WORD</sub1>
</root>
```

上述代码定义的 sub1 为任意内容类型元素,在 XML 文档中该元素可以被写为<sub1/>空元素、<sub1>ANY WORD</sub1>字符串类型元素、<sub1><sub2/></sub1>子元素类型元素和<sub1>ANY <sub2/> WORD</sub1>混合内容类型元素。

3. 字符串类型

在 DTD 中可以将所有不包含子标记的元素都定义为字符串类型,即(#PCDATA)类型。PCDATA 是 Parsed Character DATA 的缩写。

当元素被定义为字符串类型时,元素内容通常为普通的文本,但若元素为空元素也是允许的。当元素中包含实体引用时,如果该实体是可解析的实体也是被允许的(更多关于实体的介绍，读者可以参考 2.4.1 节进行学习）。

定义字符串类型的代码见代码 2-6。

代码 2-6　字符串类型元素的定义

```xml
<?xml version="1.0" encoding="UTF-8"?>
<!DOCTYPE root[
<!-- root 元素中包含了一个子元素 sub1,sub1 是字符串类型元素 -->
<!ELEMENT root (sub1*)>
<!ELEMENT sub1 (#PCDATA)>
<!ENTITY NAME "ENTITY VALUE">
]>
<root>
    <sub1/>
    <sub1>ANY WORD</sub1>
    <sub1>&NAME;</sub1>
</root>
```

上述代码定义的 sub1 为字符串内容类型元素，在 XML 文档中该元素可以被写为 <sub1/>空元素、<sub1>ANY WORD</sub1>字符串类型元素、<sub1>&NAME;</sub1>，字符串内容中包含可解析的实体引用也是被允许的。

4．子元素

当将元素类型定义为子元素时，必须使用小括号()将所有子元素括起来，这些子元素根据不同的符号区分，当元素和元素之间使用逗号(,)分隔时表示子元素是有序的；当元素和元素之间使用竖线(|)分隔时，表示元素是互斥的。元素出现的频率也可以通过符号进行限定，若对一组元素进行批量限定，可以重复使用小括号()。根据上述内容，我们可以将子元素划分为有序子元素、无序互斥子元素、无序组合子元素。

1）有序子元素

有序子元素用逗号分隔，表示子元素的出现顺序必须与声明时一致，并且不能省略。例如，<!ELEMENT MYFILE (TITLE,AUTHOR,EMAIL)>表示 MYFILE 包括 3 个子元素，且 TITLE、AUTHOR、EMAIL 必须按顺序出现。

有序子元素代码见代码 2-7。

代码 2-7　有序子元素的定义

```xml
<?xml version="1.0" encoding="UTF-8"?>
<!DOCTYPE root[
<!-- root 元素中包含了子元素 sub1、sub2,sub1、sub2 是有序的 -->
<!ELEMENT root (sub1,sub2)>
<!ELEMENT sub1 (#PCDATA)>
<!ELEMENT sub2 (#PCDATA)>
]>
<root>
```

```xml
<sub1>first</sub1>
    <sub2>second</sub2>
</root>
```

上述代码定义的元素 root 包含 sub1 和 sub2 两个子元素，这两个子元素在定义时使用逗号分隔，因此这两个子元素在 XML 文档中的定义必须 sub1 在前，sub2 在后，而且不能省略。

2) 无序互斥子元素

无序互斥子元素用竖线(|)分隔，表示任选其一，即多个子元素在文档定义中只能出现一个。例如，<!ELEMENT MYFILE (TITLE|AUTHOR|EMAIL)>表示 MYFILE 包括一个子元素，在文档中只能选择 TITLE、AUTHOR、EMAIL 中的一个作为 MYFILE 的子元素。

无序互斥子元素代码见代码 2-8。

代码 2-8　无序互斥子元素的定义

```xml
<?xml version="1.0" encoding="UTF-8"?>
<!DOCTYPE root[
<!-- root 元素中包含了子元素，其 sub 数量没有限制；sub 包含的子元素 sub1、sub2 是互斥的，二者每次只能选择一个 -->
<!ELEMENT root (sub)*>
<!ELEMENT sub (sub1|sub2)>
<!ELEMENT sub1 (#PCDATA)>
<!ELEMENT sub2 (#PCDATA)>
]>
<root>
    <sub>
        <sub1>first</sub1>
    </sub>
    <sub>
        <sub2>second</sub2>
    </sub>
</root>
```

上述代码定义的元素 root 包含 sub 子元素，对 sub 子元素的数量无限制。sub 元素在定义时使用竖线分隔，表示包含一个子元素，且必须从元素 sub1 和 sub2 选择其一。

3) 无序组合子元素

对于无序组合子元素，子元素出现的频率可以根据不同的符号进行设定，这些符号的含义见表 2-2。

表 2-2　子元素出现频率的符号及其含义

修　饰　符	含　　义	修　饰　符	含　　义
+	一次或多次	*	零次或多次
?	零次或一次	省略	一次

这些修饰符可以限制元素出现的次数,也可以结合圆括号( )批量设置,子元素出现频率的示例代码见代码2-9。

代码2-9　子元素出现频率示例

```
<?xml version="1.0" encoding="UTF-8"?>
<!DOCTYPE root[
<!ELEMENT root (sub1+,sub2?,sub3*,(sub4,sub5)+)>
<!ELEMENT sub1 (#PCDATA)>
<!ELEMENT sub2 (#PCDATA)>
<!ELEMENT sub3 (#PCDATA)>
<!ELEMENT sub4 (#PCDATA)>
<!ELEMENT sub5 (#PCDATA)>
]>
<root>
    <sub1>sub11</sub1>
    <sub2>sub22</sub2>
    <sub4>sub4</sub4>
    <sub5>sub5</sub5>
    <sub4>sub4</sub4>
    <sub5>sub5</sub5>
</root>
```

上述代码root元素中包含的子元素sub1至少出现一次;sub2出现一次或零次;sub3出现零次、一次或多次;sub4没有限制符号出现一次,sub5没有限制符号出现一次,但是sub4和sub5被括号括起来由加号修饰,则实际含义为sub4和sub5作为一组,这一组元素至少出现一次,每次出现时sub4和sub5子元素是有序的,且只能出现一次。

结合竖线、小括号和星号可以编写出一种特殊的模式,即无序组合子元素。无序组合子元素的写法如下:

```
<!ELEMENT sub5 (sub6|sub7)*>
```

以上写法表示sub5元素可以包含sub6和sub7元素,这两个元素既可以单独出现,又可以同时出现,对于出现次数和顺序均没有限制,这就是无序组合子元素。

无序组合子元素的示例代码见代码2-10。

代码2-10　无序组合子元素示例

```
<?xml version="1.0" encoding="UTF-8"?>
<!DOCTYPE root[
<!ELEMENT root (sub)+>
<!ELEMENT sub (sub1|sub2)*>
<!ELEMENT sub1 (#PCDATA)>
<!ELEMENT sub2 (#PCDATA)>
]>
<root>
    <sub></sub>
    <sub>
        <sub1>sub1</sub1>
```

```
            </sub>
            <sub>
                <sub2>sub2</sub2>
            </sub>
            <sub>
                <sub2>sub2</sub2>
                <sub1>sub1</sub1>
            </sub>
            <sub>
                <sub1>sub1</sub1>
                <sub2>sub2</sub2>
                <sub2>sub2</sub2>
            </sub>
</root>
```

以上为无序组合子元素的示例,即 sub 元素中可以包含 sub1 和 sub2 的任意组合,包括次数和顺序。当前约束下 sub 元素也可以是空元素。

5. 混合类型

混合类型定义的子元素既可以包含字符串又可以包含子元素,其定义方法稍微复杂一些,典型的混合类型定义方法形如<!ELEMENT root（♯PCDATA|sub1|sub2）*>。但在实际使用中,该类型的使用较少,也不建议使用。

混合类型的示例代码见代码 2-11。

代码 2-11　混合内容类型元素示例

```
<?xml version = "1.0" encoding = "UTF-8"?>
<!DOCTYPE root[
<!ELEMENT root (♯PCDATA|sub1|sub2) * >
<!ELEMENT sub1 (♯PCDATA)>
<!ELEMENT sub2 (♯PCDATA)>

]>
<root>
    any word
        <sub1>sub1</sub1>
        <sub2>sub2</sub2>
    any word
        <sub1>sub1</sub1>
        <sub2>sub2</sub2>
        <sub2>sub2</sub2>
    any word
</root>
```

上述代码表示 root 元素为混合内容类型,该元素的内容可以是字符串内容,也可以是子元素 sub1、sub2 的任意组合,其顺序和次数都没有限制。

2.3 DTD 中的属性

2.3.1 属性定义语法

在 DTD 中声明元素属性的语法：

```
<!ATTLIST 元素名称 [属性名 属性类型 [约束] [默认值]]+>
```

在一个 ATTLIST 中可以定义同一个元素下的一个或多个属性。如果包含多个属性声明，属性声明之间使用空格间隔。

- 元素名称：属性所属的元素名称。
- 属性名：属性名称。
- 属性类型：属性的值类型。
- 约束：元素对属性的约束，约束只可以取表 2-3 中的值。

表 2-3 元素对属性的约束及其含义

修饰符	含义
#REQUIRED	表示该属性是必需的，不能没有
#IMPLIED	表示该属性可以有也可以没有
#FIXED	表示在 XML 文档中只会给出一个元素属性所定义的固定值，只有当约束为该值时，才能给出默认值，注意默认值必须给出

- 默认值：属性的默认值，用于指出属性没有给出时所取的值，只有当约束为 #FIXED 时，才可以给出默认值。

下面是 DTD 定义属性的示例代码，见代码 2-12。

代码 2-12 属性定义的示例代码

```
<?xml version="1.0" encoding="UTF-8"?>
<!DOCTYPE root[
<!ELEMENT root (#PCDATA)>
<!ATTLIST root reqParam CDATA #REQUIRED>
<!ATTLIST root impParam CDATA #IMPLIED
         fixParam CDATA #FIXED "default value">
]>
<root reqParam="required value">
</root>
```

对于上述代码，通过 XMLSpy 浏览器功能查看到的结果如图 2-8 所示。

上述代码中通过两个 <!ATTLIST…> 元素定义了属性，实际上可以在一个元素下同时定义这些属性。由于编者希望读者了解如何定义单个属性和多个属性，故分别写到了两个 <!ATTLIST…> 元素下。所有元素均被设置为字符数据类型，第一个属性 reqParam 设置约束为 #REQUIRED，该属性在编写元素时要求必须给出，否则会提示错误。第二个属性

impParam 设置约束为♯IMPLIED，该属性在编写元素时可以省略，可以看到下面的 XML 文档中并没有给出该属性。第三个属性 fixParam 设置约束为♯FIXED，用户在编写 XML 文档时也可以给出该属性，但属性值必须是预定义的默认值，即< root reqParam＝"required value" fixParam＝"default value"></root>，是否给出该属性值其实对结果并没有影响，大家可以从浏览器的结果中查看到该属性及其属性值。

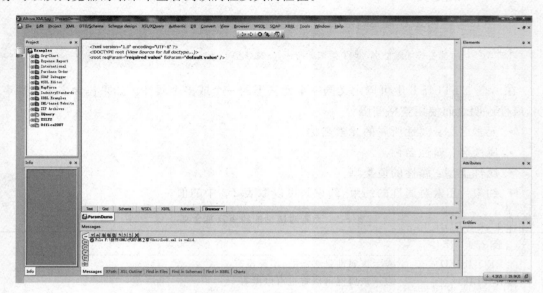

图 2-8　属性定义示例代码的浏览器结果

2.3.2　属性类型

属性在定义的时候，属性值的类型可以根据实际的需要设置为不同类型。DTD 中的属性值可以为表 2-4 中的类型。

表 2-4　属性类型及其含义

属 性 类 型	说　　明
CDATA	单纯的字符数据，大部分属性都设置为该类型
ID	具有唯一性的属性值，需要注意的是，该属性值必须以字母开头
IDREF	引用其他 ID 属性的值，该值必须在其他 ID 属性中存在
IDREFS	引用多个其他 ID 属性的值，中间使用空格间隔
ENTITY	未解析的外部实体类型
ENTITIES	多个未解析的外部实体类型，中间使用空格间隔
NMTOKEN	即 Name Token，就是关键字的名字，可以包含字母、数字、.、-、_、:
NMTOKENS	多个 NMTOKEN，中间使用空格间隔
NOTATION	标记名称
Enumerated	枚举类型的属性，只能从已有的属性中选取，不能输入新的项目

下面对表 2-4 中的数据类型进行分类讲解。
1) CDATA 类型
CDATA 类型要求属性必须是字符数据类型,这一类型也是在 DTD 定义中最常用的类型。

代码 2-13 是定义属性为 CDATA 类型的示例代码。

代码 2-13　CDATA 类型属性代码

```
<?xml version = "1.0" encoding = "UTF-8"?>
<!DOCTYPE root[
<!ELEMENT root (book+)>
<!ELEMENT book (#PCDATA)>
<!ATTLIST book description CDATA #REQUIRED>
]>
<root>
    <book description = "一本经典图书">Java 编程思想</book>
    <book description = "">JSP 编程</book>
</root>
```

在上述代码中,book 元素的 description 属性被定义为 CDATA 类型,该属性值可以是任意字符串类型,也可以是一个空串。

2) ID、IDREF 和 IDREFS 类型

ID 类型要求属性的属性值是唯一的,特别需要注意的是,属性值要求必须以字母开头,而且必须是有效的 XML 标识符。

IDREF 类型要求属性值必须是一个已经存在的 ID 类型值。

IDREFS 类型则表示属性值可以引用多个已经存在的 ID 类型值,中间使用空格间隔。

代码 2-14 是定义属性为 ID、IDREF 和 IDREFS 类型的示例代码。

代码 2-14　ID、IDREF 和 IDREFS 类型属性代码

```
<?xml version = "1.0" encoding = "UTF-8"?>
<!DOCTYPE root[
<!ELEMENT root (book+,person+)>
<!ELEMENT book (#PCDATA)>
<!ELEMENT person (#PCDATA)>
<!ATTLIST book id ID #REQUIRED
          borrowed IDREFS #REQUIRED>
<!ATTLIST person num ID #REQUIRED
          borrow IDREF #REQUIRED>
]>
<root>
    <book id = "a01" borrowed = "s01 s02">Java 编程思想</book>
    <book id = "a02" borrowed = "s03">JSP 编程</book>
    <person num = "s01" borrow = "a01">张三</person>
    <person num = "s02" borrow = "a01">李四</person>
    <person num = "s03" borrow = "a02">王五</person>
</root>
```

代码 2-14 中 book 元素的 id 属性被定义为 ID,类型表示图书的编号;person 元素的 num 属性也被定义为 ID 类型,表示人的编号。这两个属性值是唯一的,符合 XML 标识符的要求(以字母开头)。

person 元素的 borrow 属性的属性值被定义为 IDREF 类型,该类型值用于引用一个已经存在的 ID 类型值,这里该属性的业务含义为人员借阅的图书,因此引用的是已存在的 book 元素的 id 属性值,从业务上来看,张三和李四都借阅了《Java 编程思想》,因此< person num="s01" borrow="a01">张三</person>中的 borrow 属性值为 a01,< person num="s02" borrow="a01">李四</person>中的 borrow 属性值也为 a01。< person num="s03" borrow="a02">王五</person>表示王五借阅了图书《JSP 编程》。

book 元素的 borrowed 属性被定义为 IDREFS 类型,该类型值可以引用多个已经存在的 ID 类型值,这里从属性的业务含义来看表示该书被哪些人员借阅,因此引用的是 person 元素的 num 属性值。《Java 编程思想》同时被张三和李四借阅,因此< book id="a01" borrowed="s01 s02">Java 编程思想</book>中的 borrowed 属性包含了两个属性值,两个值中间使用空格间隔。< book id="a02" borrowed="s03">JSP 编程</book>表示 JSP 仅被王五借阅,也就是说,IDREFS 类型的属性值是一个 ID 类型的属性值也是允许的。

3) Enumerated 类型

Enumerated 类型就是我们常说的枚举类型,如果将属性定义为该类型,则会在定义时给出该属性的所有可能值,在 XML 文档中书写该属性时从预定义的属性值中选取一个作为实际的属性值。

代码 2-15 是定义属性为枚举类型的示例代码。

代码 2-15 枚举类型属性代码

```
<?xml version="1.0" encoding="UTF-8"?>
<!DOCTYPE root[
<!ELEMENT root (#PCDATA)>
<!ATTLIST root day (星期一|星期二|星期三|星期四|星期五|星期六|星期日) #REQUIRED>
]>
<root day="星期一">
</root>
```

上例中属性 day 为枚举类型定义,当属性定义为枚举类型时,属性类型的内容为用小括号括起来的所有枚举值,枚举值之间用竖线(|)分隔。day 属性包括了 7 个枚举值,即星期一、星期二、星期三、星期四、星期五、星期六、星期日。在符合 DTD 约束的 XML 文档中,该属性 day 必须从这 7 个值中选择一个作为实际的属性值,上述代码中选择了"星期一"作为属性值。

4) NMTOKEN 和 NMTOKENS 类型

NMTOKEN 类型是 Name Token,就是关键字的名字。

NMTOKENS 类型表示该属性值可以是多个 NMTOKEN 类型值,中间使用空格分隔。

NMTOKEN 与 CDATA 类型比较:CDATA 类型值要求属性值为字符串即可,而 NMTOKEN 类型在 CDATA 类型的基础上要求更加严格,属性值只能由字母、数字、英文下画线(_)、英文中画线(-)、英文点号(.)和英文冒号(:)等组成。

NMTOKEN 与 Enumerated 类型比较：Enumerated 类型值是被预定义好的，而 NMTOKEN 的属性没有被预定义。

NMTOKEN 和 NMTOKENS 类型在什么时候使用呢？例如需要描述一个人的技能，而技能种类太多无法使用 Enumerated 类型定义完全，而且有可能包含多个技能，此时使用 Enumerated 类型只能选择写出一个属性值，因此将技能定义为 NMTOKENS 类型最适合，可以将最擅长的技能定义为 NMTOKEN 类型。

代码 2-16 是定义属性为 NMTOKEN 和 NMTOKENS 类型的示例代码。

代码 2-16　NMTOKEN 和 NMTOKENS 类型属性代码

```
<?xml version="1.0" encoding="UTF-8"?>
<!DOCTYPE root[
<!ELEMENT root (person+)>
<!ELEMENT person (#PCDATA)>
<!ATTLIST person skills NMTOKENS #REQUIRED
          bestskill NMTOKEN #REQUIRED>
]>
<root>
    <person skills="游戏" bestskill="游戏">张三</person>
    <person skills="java c php" bestskill="java">李四</person>
</root>
```

在上述代码中，skills 属性被定义为 NMTOKENS 类型，person 为张三的该属性值为"游戏"，只包含一个 NMTOKEN 类型值也是允许的，person 为李四的该属性值为"java c php"，包含了 3 个 NMTOKEN 类型值，中间使用空格间隔。bestskill 属性被定义为 NMTOKEN 类型，该属性值只能为一个 NMTOKEN 类型。person 为张三的该属性值为"游戏"，person 为李四的该属性值为"java"。

5）ENTITY、ENTITIES 和 NOTAION 类型

ENTITY 类型表示该属性值为未解析的外部实体。

ENTITIES 类型表示该属性值为多个未解析的外部实体。

NOTAION 类型表示该属性值为 DTD 声明过的符号，但是不推荐使用，因此该规范即将过期。

更多关于 ENTITY、ENTITIES 和 NOTAION 类型的说明将在 2.4 节中讲述。

2.4　DTD 中的实体和符号

2.4.1　实体

DTD 中实体的作用与 C 语言中的宏定义、Java 中的常量定义类似。大家可以暂时简单地把 DTD 的实体理解为常量的定义，但实际上实体的用途更加广泛。在此从以下几个方面对实体进行深入的学习：实体的分类、实体的定义、实体的引用和实体的用途。

预先定义一个实体，该实体中可以包含一些常用的文字内容或二进制信息，其内容可以

预先定义,在使用时通过实体引用的方式使用。使用实体能够提高开发和维护的效率,实体定义中所包含的信息可以一次定义,在使用时不必重复给出,仅通过引用的方式即可使用,如果需要修改仅需要修改一次。

实体按照使用方式划分为普通实体(也称为通用实体)和参数实体,普通实体按照存放形式又划分内部实体和外部实体。实体按照是否能被 XML 解析划分为解析实体和未解析实体。这些分类之间的关系如图 2-9 所示。

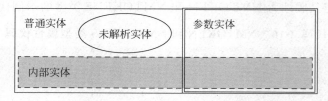

图 2-9 实体分类关系图

从图 2-9 可以看出,如果一个实体是普通实体,则这个实体一定不是参数实体。而普通实体和参数实体都有可能是内部实体,也有可能是外部实体。如果一个实体不是内部实体,则该实体一定是外部实体。只有当实体为外部普通实体时,该实体才有可能是未解析实体,换而言之,一个实体如果是内部实体则该实体一定是已解析实体,如果一个实体是参数实体则该实体一定是已解析实体。3 种实体分类可以组合出 8 种实体形态,但实际上 XML 只用到 5 种形态,即通用内部解析实体、通用外部解析实体、通用外部未解析实体、参数内部解析实体、参数外部解析实体。我们将逐一学习这些具体的实体形态。

1. 通用内部解析实体

通用内部解析实体是最简单的一种实体,该实体的内容为字符串文本内容。所有的内部实体都是解析实体,内部实体的语法格式如下:

```
<!ENTITY 实体名称 "实体内容">
```

- 实体名称:实体名称由 DTD 程序员自己定义,但必须满足唯一性,即不能重名,同时满足 XML 的命名规范。
- 实体内容:所需要表达的文本内容。

内部实体可以在 XML 文档中进行引用,语法格式如下:

```
&实体名称;
```

代码 2-17 为通用内部解析实体的示例代码。

代码 2-17 实体的声明和引用代码

```
<?xml version = "1.0" encoding = "UTF - 8"?>
<!DOCTYPE aa[
    <!ELEMENT aa (#PCDATA)>
    <!ENTITY copyright "&lt;aa&gt;是根标记">
```

```
]>
<aa>&copyright;</aa>
```

对于上述实体声明和引用代码使用浏览器查看的结果如图 2-10 所示。

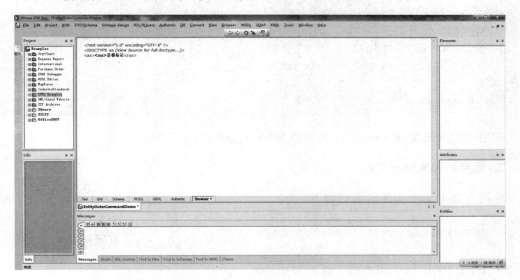

图 2-10　内部实体声明和引用代码的浏览器显示结果

注意：在实体中可以嵌套调用，但是不能两个实体互相嵌套调用，因为会出现死循环。下面是正确的实体嵌套定义代码：

```
<!ENTITY one "one">
<!ENTITY two "&one; I am two">
```

下面是不正确的实体嵌套定义代码：

```
<!ENTITY one "Hello &two;">
<!ENTITY two "Hello &one;">
```

2．通用外部解析实体

所谓外部实体，即实体所引用的是一个外部文件，它允许文件的内容为文本内容，也可以是二进制内容。如果一个实体是外部实体，则该实体可能是解析实体，也可能是未解析实体，这两种外部实体在定义时语法不同。

定义外部解析实体的语法如下：

```
<!ENTITY 实体名称 SYSTEM|PUBLIC ["公共实体标识符"] "URI/URL">
```

URI/URL 为所引用外部文件的路径地址，被引用外部文件必须是可以解析的，扩展名没有限制。

当实体为 PUBLIC 时才会有相应的公共实体标识符，如果为 SYSTEM 则没有公共实体标识符。

代码 2-18 是通用外部解析实体的示例代码。

代码 2-18 通用外部解析实体的声明和引用代码

```
<?xml version = "1.0" encoding = "UTF-8"?>
<!DOCTYPE aa[
    <!ELEMENT aa (#PCDATA)>
    <!ENTITY copyright SYSTEM "outer.txt">
]>
<aa>&copyright;</aa>
```

被引用的外部文件 outer.txt 的内容为"<aa>"。

3. 通用外部未解析实体

通用外部未解析实体的语法如下：

```
<!ENTITY 实体名称 SYSTEM "URI/URL" NDATA 标记名>
```

- URI/URL：所引用外部文件的路径地址。
- 标记名：被定义符号的名称。

外部未解析实体只能在外部 DTD 文件中定义，该实体只能由定义为 ENTITY 或 ENTITIES 类型的属性引用。当引用外部未解析实体时，定义为 ENTITY 或 ENTITIES 类型的属性值为实体名称。

代码 2-19 是外部未解析实体的示例代码。

代码 2-19 外部 DTD 文件 outerunparseentity.dtd

```
<?xml version = "1.0" encoding = "UTF-8"?>
<!ELEMENT aa (#PCDATA)>
<!ENTITY PICTURE SYSTEM "pic.jpg" NDATA msp>
<!ENTITY PICTURE1 SYSTEM "pic1.jpg" NDATA msp>
<!ENTITY PICTURE2 SYSTEM "pic2.jpg" NDATA msp>
<!NOTATION msp SYSTEM "mspaint.exe">
<!ATTLIST aa bgImage ENTITY #REQUIRED
         backImages ENTITIES #REQUIRED>
```

在上述代码中，aa 元素包含了两个属性，其中，bgImage 属性被定义为 ENTITY 类型，该属性的属性值应该是一个外部未解析实体的名称；backImages 属性被定义为 ENTITIES 类型，该属性的属性值可以是一个或多个外部未解析实体的名称，如果包含多个外部未解析实体，则实体名称中间使用空格间隔。在 DTD 中定义了 3 个外部未解析实体，分别为 PICTURE、PICTURE1、PICTURE2。

引用外部 DTD 文件 outerunparseentity.dtd 作为有效性约束文件的 XML 示例见代码 2-20。

代码 2-20 XML 文件源代码

```xml
<?xml version="1.0" encoding="UTF-8"?>
<!DOCTYPE aa SYSTEM "outerunparseentity.dtd">
<aa bgImage="PICTURE" backImages="PICTURE1 PICTURE2"></aa>
```

当前 XML 文件通过 `<!DOCTYPE aa SYSTEM "outerunparseentity.dtd">` 引用 outerunparseentity.dtd 作为约束文件。aa 标记中包含的属性 bgImage="PICTURE" 使用了未解析实体 PICTURE 作为当前属性值，backImages="PICTURE1 PICTURE2" 使用了 PICTURE1 和 PICTURE2 作为当前属性值，中间使用空格间隔。

普通实体只能在 XML 文档中引用，如果需要在 DTD 中使用实体则必须使用参数实体。

4．参数内部解析实体

声明参数内部解析实体的语法如下：

```
<!ENTITY % 参数实体名称 "实体内容">
```

- 参数实体名称：实体名称由 DTD 程序员自己定义，但必须满足唯一性，即不能重名，同时满足 XML 的命名规范。
- 实体内容：所需要表达的文本内容。

引用参数实体的语法如下：

```
%参数实体名称;
```

代码 2-21 为参数内部解析实体的示例代码。

代码 2-21 内部参数解析实体示例代码

```xml
<?xml version="1.0" encoding="utf-8"?>
<!DOCTYPE root[
    <!-- 使用参数实体声明 -->
    <!ENTITY % shopattr "
    <!ELEMENT name (#PCDATA)>
    <!ELEMENT address (#PCDATA)>
    <!ELEMENT size (#PCDATA)>">

    <!ELEMENT root (shop)+>
    <!ELEMENT shop (name, address, size)>
    <!-- 参数实体引用 -->
    %shopattr;
]>
<root>
    <shop>
        <name>物美</name>
        <address>文一路</address>
        <size>旗舰店</size>
```

```
        </shop>
</root>
```

在上述代码中声明了一个参数实体,该实体的名称为 shopattr,实体值为一段 DTD 代码,用双引号引起来,即"<!ELEMENT name (#PCDATA)> <!ELEMENT address (#PCDATA)> <!ELEMENT size (#PCDATA)>"。参数实体的引用必须在 DTD 中使用,本例中通过%shopattr;方式引用该参数实体,代码 2-22 与代码 2-21 等价。

代码 2-22   去掉内部参数解析实体的代码等价于代码 2-21

```
<?xml version = "1.0" encoding = "utf-8"?>
<!DOCTYPE root[
    <!ELEMENT root (shop)+>
    <!ELEMENT shop (name, address, size)>
    <!ELEMENT name (#PCDATA)>
    <!ELEMENT address (#PCDATA)>
    <!ELEMENT size (#PCDATA)>
]>
<root>
    <shop>
        <name>物美</name>
        <address>文一路</address>
        <size>旗舰店</size>
    </shop>
</root>
```

5. 参数外部解析实体

声明参数外部解析实体的语法如下:

```
<!ENTITY % 参数实体名称 SYSTEM "URI/URL">
```

URI/URL 指所引用外部文件的路径地址。

引用参数实体的语法如下:

```
% 参数实体名称;
```

通过参数外部解析实体可以实现 DTD 文件的复用,下面定义了两个 DTD 文件:

```
<?xml version = "1.0" encoding = "utf-8"?>
<!ELEMENT A (NAME_A)>
<!ELEMENT NAME_A (#PCDATA)>
```

上述 DTD 文件定义了两个元素,分别是 A 和 NAME_A,NAME_A 元素作为 A 元素的子元素。

下面的 DTD 文件定义了两个元素,分别是 B 和 NAME_B,NAME_B 元素作为 B 元素的子元素。

```xml
<?xml version = "1.0" encoding = "utf-8"?>
<!ELEMENT B (NAME_B)>
<!ELEMENT NAME_B (#PCDATA)>
```

下面的 XML 文件的内置 DTD 通过外部解析参数实体复用了上述 A.dtd 和 B.dtd 文件，示例代码见代码 2-23。

代码 2-23　XML 文件源代码

```xml
<?xml version = "1.0" encoding = "utf-8"?>
<!DOCTYPE ROOT [
    <!ELEMENT ROOT (A|B)*>
    <!ENTITY % A_atrr SYSTEM "A.dtd">
    <!ENTITY % B_atrr SYSTEM "B.dtd">
    %A_atrr;
    %B_atrr;
]>
<ROOT>
    <A>
        <NAME_A>
            I am A!
        </NAME_A>
    </A>
    <B>
        <NAME_B>
            I am B;
        </NAME_B>
    </B>
</ROOT>
```

上述代码如果去掉外部参数解析实体，则等价于代码 2-24。

代码 2-24　去掉参数实体的等价于代码 2-23 的 XML 文件源代码

```xml
<?xml version = "1.0" encoding = "utf-8"?>
<!DOCTYPE ROOT [
    <!ELEMENT ROOT (A|B)*>
    <!ELEMENT A (NAME_A)>
    <!ELEMENT NAME_A (#PCDATA)>
    <!ELEMENT B (NAME_B)>
    <!ELEMENT NAME_B (#PCDATA)>
]>
<ROOT>
    <A>
        <NAME_A>
            I am A!
        </NAME_A>
    </A>
    <B>
        <NAME_B>
            I am B;
        </NAME_B>
    </B>
</ROOT>
```

从上面的代码可以很容易地看出,使用参数实体能够实现文件复用,减少编码量,更易于修改和维护,但是可读性会略差一些。因此,只有在一些大型项目中才会应用外部参数实体。

2.4.2 符号

当 XML 文件中存在无法被 XML 解析器解析的数据时,这些数据要用符号来标识。前面实体中在讲解外部未解析实体时曾经用到了符号,符号的语法格式如下:

```
<!NOTATION 符号名称 SYSTEM | PUBLIC ["公共符号标识符"] "URI/URL">
```

- 符号名称:名称由 DTD 程序员自己定义,但必须满足唯一性,即不能重名,同时满足 XML 的命名规范。
- URI/URL:外部来处理这些未解析数据的程序路径。

当符号为 PUBLIC 时才会有相应的公共符号标识符,如果为 SYSTEM 则没有公共符号标识符。

2.5 使用 XMLSpy 做 DTD 与 XML 转换

2.5.1 根据 XML 文件产生 DTD

当已经有了一个 XML 文件,希望编写与当前 XML 文件语义约束一致的 DTD 文件时,使用 XMLSpy 无须程序员手动编写,它提供了相应的功能,可以直接帮助程序员生成相应的 DTD 文件。具体操作步骤如下。

(1) 在 XMLSpy 中打开 XML 文件,如图 2-11 所示。

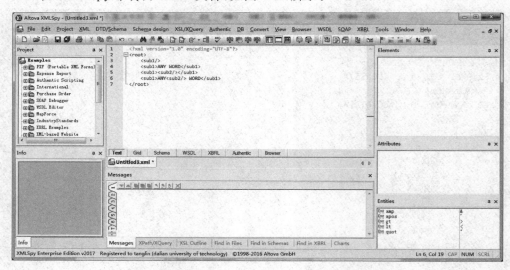

图 2-11 在 XMLSpy 中打开 XML 文件

(2) 选择 DTD/Schema 中的 Generate DTD/Schema 命令,如图 2-12 所示,此时会弹出一个对话框。

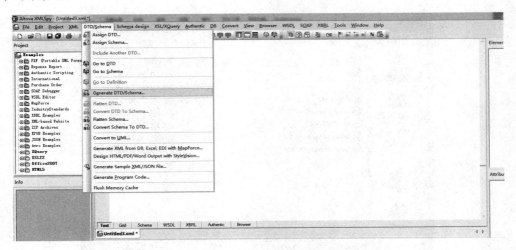

图 2-12 选择菜单命令

(3) 在弹出的对话框中默认选择转换为 DTD 文件,如图 2-13 所示,单击 OK 按钮,会弹出"另存为"对话框。

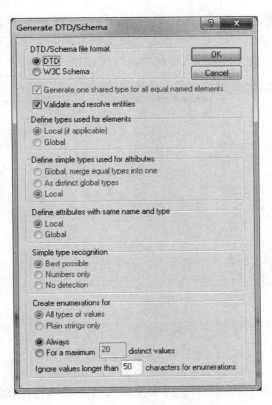

图 2-13 弹出的对话框

（4）在"另存为"对话框中选择正确的路径，输入希望产生的 DTD 文件名，在此输入 convertto.dtd，如图 2-14 所示，然后单击"保存"按钮。

图 2-14　弹出的"另存为"对话框

（5）XMLSpy 会生成符合当前 XML 文件内容的 DTD 文件，并弹出如图 2-15 所示的对话框，询问是否需要在源 XML 文件中添加文档类型声明语句来引用生成的 DTD 文件，如果单击"否"按钮，不会进行其他操作，在此单击"是"按钮。

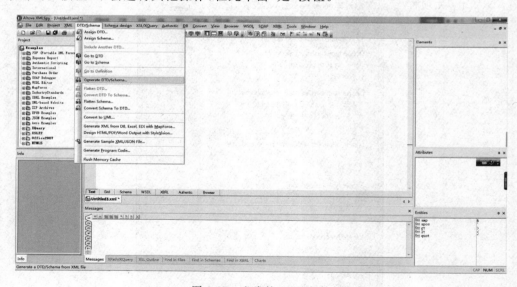

图 2-15　生成的 DTD 文件

（6）XMLSpy 工具会在源 XML 文件中添加文档声明语句，即图 2-16 中被添加阴影的代码。

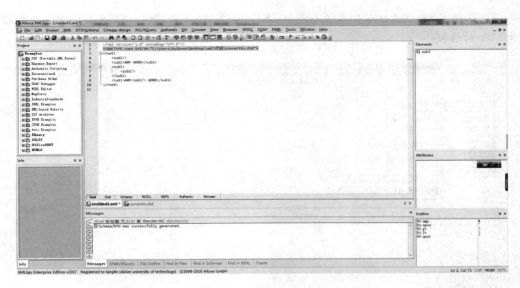

图 2-16　源 XML 文件

XMLSpy 工具帮助程序员生成的 DTD 文档可能和实际需要有所区别，程序员可以在生成的 DTD 基础之上稍做修改，这样可以大大减少编码量。

2.5.2　根据 DTD 文件产生 XML

当已经有了一个 DTD 文件，希望编写与当前 DTD 文件语义约束一致的 XML 文件时，使用 XMLSpy 无须程序员手动编写，它提供了相应的功能，可以直接帮助程序员生成相应的 XML 文件。具体操作步骤如下。

（1）在 XMLSpy 中打开 DTD 文件，如图 2-17 所示。

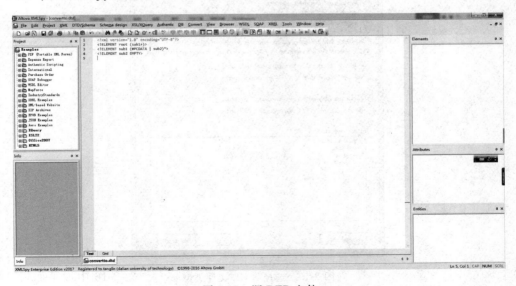

图 2-17　源 DTD 文件

（2）选择 DTD/Schema 中的 Generate Simple XML File 命令，如图 2-18 所示，此时会弹出一个对话框。

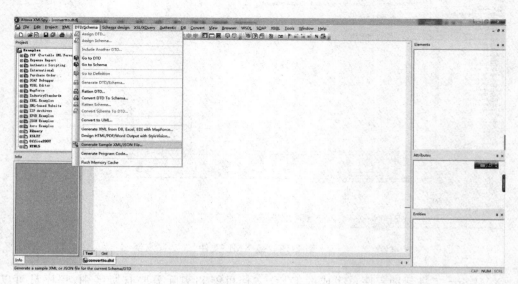

图 2-18　转换菜单

（3）该对话框允许用户选择生成的 XML 文件类型，在此选择默认选项，如图 2-19 所示，然后单击 OK 按钮。

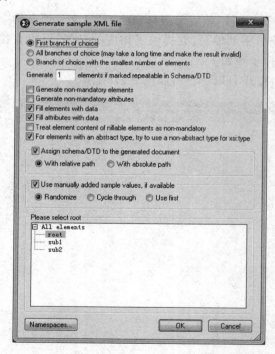

图 2-19　选择 XML 文件类型

(4) XMLSpy 工具会根据 DTD 产生相应的 XML 文件模板，如图 2-20 所示。

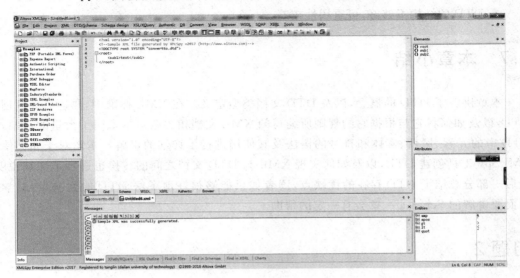

图 2-20　生成的 XML 文件

2.6　DTD 的优缺点

DTD 对于 XML 的约束具体包括以下内容：
- 定义 XML 文档的根元素、内容和结构。
- 定义 XML 文档中可以接受的元素。
- 定义 XML 文档中每个元素接收的合法内容，例如是否为空，是否可以使用文本，可以接收哪些子元素，子元素出现的次数、顺序及各元素的规则等。
- 定义 XML 文档中每个元素能接收哪些属性。
- 定义 XML 文档中每个属性的类型、能够接收哪些值，以及元素对属性的约束等。
- 定义属性的默认值和固定值。
- 定义 XML 文档或 DTD 中可以使用哪些实体。

DTD 采用了非 XML 语法来描述语义约束，可以实现以下功能：
- 通过使用 DTD 可以让每个 XML 文档带有一个有关自身的格式描述。
- 不同的企业或公司等组织一致的使用某个标准的 DTD 来交换数据。
- 应用程序也可以使用某个标准的 DTD 来验证所介绍的 XML 文档是否符合语义约束。
- 开发者也可以使用 DTD 来验证所创建的 XML 文档。

DTD 来源于 SGML 规范，也是 XML 1.0 规范的重要组成部分，是描述 XML 文档结构的正式规范。但是由于 DTD 产生很早，其自身存在以下问题：
- DTD 本身是基于正则表达式的，描述能力相对较弱。
- DTD 不支持数据类型，对数据的约束不够准确。

- DTD 约束能力不足，无法对语义做出更精细的语义限制。
- DTD 的结构不够好，可重用性较差。

2.7 本章小结

本章讲解了 DTD 的概念，以及 DTD 文档类型定义。在 XML 标准中，描述了如何创建 DTD，以及如何将它与根据它的规则所编写的 XML 文档相关联。本章用了大量的篇幅，对 DTD 中的元素、属性、实体和符号的语法及其使用进行了详细的讲解。本章对于如何使用 XMLSpy 工具创建 DTD，以及如何实现 XML 与 DTD 文档之间的转换也进行了详细说明。最后一部分总结了 DTD 存在的优缺点，读者如果能够很好地了解 DTD 的优缺点，对学习后面要讲解的 Schema 一章会有一定的帮助。

习题 2

1. 引入 DTD 的方式有几种？
2. DTD 中的元素类型包括哪几种？
3. DTD 中的属性类型包括哪几种？
4. 填空题：

```
<?xml version = "1.0" encoding = "utf-8"?>
<!DOCTYPE root[
    <!ELEMENT root (shop) + >
    <!ELEMENT shop (name, address, size, pic * , remark?)>
    <!ELEMENT name (#PCDATA)>
    <!ELEMENT address (#PCDATA)>
    <!ELEMENT size (#PCDATA)>
    <!ELEMENT pic (#PCDATA)>
    <!ELEMENT remark (#PCDATA)>
    <!ENTITY big "旗舰店">
    _____<!-- 此空白处请正确定义 medium 实体,该实体的值为"中等" -->
    <!ENTITY small "小型">
]>
<root>
    <shop>
        <name>物美</name>
        <address>文一路</address>
        <size>_____</size><!-- 此空白处请正确引用上面的 big 实体 -->
    </shop>
    <shop>
        <name>价廉</name>
        <address>文一路</address>
        <size>&medium;</size>
    </shop>
</root>
```

5. 编写能够约束以下 XML 文档的 DTD 文档：

```xml
<TVSCHEDULE NAME = "name">
    <CHANNEL CHAN = "01">
        <BANNER>BANNERContent</BANNER>
        <DAY>
            <DATE>1990-10-10</DATE>
            <HOLIDAY>11</HOLIDAY>
        </DAY>
    </CHANNEL>
    <CHANNEL CHAN = "02">
        <BANNER>111</BANNER>
        <DAY>
            <DATE>1990-10-10</DATE>
            <PROGRAMSLOT VTR = "net">
                <TIME>12:00</TIME>
                <TITLE RATING = "rat" LANGUAGE = "zh">titlename</TITLE>
            </PROGRAMSLOT>
        </DAY>
        <DAY>
            <DATE>1990-10-10</DATE>
            <HOLIDAY>11</HOLIDAY>
            <PROGRAMSLOT>
                <TIME>12:00</TIME>
                <TITLE>titlename</TITLE>
                <DESCRIPTION>&copyright;</DESCRIPTION>
            </PROGRAMSLOT>
        </DAY>
    </CHANNEL>
</TVSCHEDULE>
```

6. 编写符合以下 DTD 语义约束的 XML 文档：

```
<!DOCTYPE CATALOG [
<!ENTITY AUTHOR "John Doe">
<!ENTITY COMPANY "JD Power Tools, Inc.">
<!ENTITY EMAIL "jd@jd-tools.com">
<!ELEMENT CATALOG (PRODUCT+)>
<!ELEMENT PRODUCT
(SPECIFICATIONS+,OPTIONS?,PRICE+,NOTES?)>
<!ATTLIST PRODUCT
NAME CDATA #IMPLIED
CATEGORY (HandTool|Table|Shop-Professional) "HandTool"
PARTNUM CDATA #IMPLIED
PLANT (Pittsburgh|Milwaukee|Chicago) "Chicago"
INVENTORY (InStock|Backordered|Discontinued) "InStock">
<!ELEMENT SPECIFICATIONS (#PCDATA)>
<!ATTLIST SPECIFICATIONS
WEIGHT CDATA #IMPLIED
POWER CDATA #IMPLIED>
<!ELEMENT OPTIONS (#PCDATA)>
```

```
<!ATTLIST OPTIONS
FINISH (Metal|Polished|Matte) "Matte"
ADAPTER (Included|Optional|NotApplicable) "Included"
CASE (HardShell|Soft|NotApplicable) "HardShell">
<!ELEMENT PRICE (#PCDATA)>
<!ATTLIST PRICE
MSRP CDATA #IMPLIED
WHOLESALE CDATA #IMPLIED
STREET CDATA #IMPLIED
SHIPPING CDATA #IMPLIED >

<!ELEMENT NOTES (#PCDATA)>
]>
```

第 3 章 命名空间

本章学习目标
- 了解命名空间的基本概念
- 掌握命名空间的作用和意义
- 掌握命名空间的声明
- 了解命名空间的作用范围
- 了解 DTD 对命名空间的支持

本章先向读者介绍命名空间的基本概念,重点讲解命名空间的作用和意义、命名空间的声明和作用范围,最后介绍如果带有命名空间对 DTD 的影响。

3.1 命名空间概述

随着 XML 应用不断普及,XML 文件越来越复杂。在 XML 文件中经常会出现元素同名但含义不同的情况,XML 处理器无法区分它们,这种情况会造成含义不清。例如,一个 XML 文件中出现了两个同名标记<name>,但含义不同,其全部代码见代码 3-1。

代码 3-1　XML 文件同名不同义的<name>标记

```
<?xml version = "1.0" encoding = "UTF-8"?>
<book>
    <name>XML 技术及应用</name>
    <author>
        <name>唐琳</name>
        <age>34</age>
    </author>
</book>
```

book 标记中的子标记 name 用来表示书的名字,而 author 标记的子标记 name 表示作者的名字,标记中出现了同名不同义的情况,极易造成含义混乱。命名空间是由 W3C 制定的用于解决这类问题的方法,使用命名空间后可以将代码 3-1 修改为代码 3-2。

代码 3-2　XML 文件使用命名空间解决同名问题

```
<?xml version = "1.0" encoding = "UTF-8"?>
<book xmlns:bk = "http://www.dlut.edu.cn/xml/book"
```

```
xmlns:au = "http://www.dlut.edu.cn/xml/author">
    <bk:name>XML 技术及应用</bk:name>
    <author>
        <au:name>唐琳</au:name>
        <age>34</age>
    </author>
</book>
```

那么命名空间到底是什么呢？先来看一下它的定义。命名空间是零个或多个名称的集合，在命名空间中，每一个名称都是唯一的。命名空间的语法格式如下：

```
xmlns[:prefix] = "命名空间字符串"
```

- **xmlns**：xmlns 是 XML namespace 的缩写，即 XML 命名空间，这个字符串是固定的。
- **prefix**：表示前缀名称，也称为命名空间别名，可以随意指定，通常是一个简短的名字。

注：命名空间别名中不能包括冒号，因为在使用时采用"命名空间别名：本地标记名"的方式，如果增加冒号将无法区别命名空间别名和本地标记名。命名空间别名不能使用 xml 和 xmlns。xml 只能用于 XML 1.0 规范定义的 xml:space 和 xml:lang 属性，别名 xml 被定义与命名空间名字 http://www.w3.org/XML/1998/namespace 绑定。前缀 xmlns 仅仅用于声明命名空间的绑定，它被定义为与命名空间名字 http://www.w3.org/2000/xmlns/ 绑定。

命名空间字符串是一个 URI，但是该 URI 不需要指向任何实际的内容，即该 URI 位置标志可以不是真实的，只要保证其唯一性即可。在规范中已明确不推荐使用相对路径。

命名空间声明主要包括两种形式，即没有前缀限定的命名空间和有前缀限定的命名空间。

1. 没有前缀限定的命名空间

在一个文件中可以同时使用多个命名空间。但在一个文件中只能使用一个 xmlns 形式（即没有前缀）的命名空间，也常被称为默认的命名空间。下面是一个使用没有前缀限定的命名空间的例子，具体代码见代码 3-3。

代码 3-3 没有前缀的命名空间声明

```
<?xml version = "1.0" encoding = "UTF-8"?>
<root xmlns = "http://www.dlut.edu.cn/xml/nonamespace">
    <sub>abc</sub>
</root>
```

上述代码中没有指定命名空间的别名，因此在程序引用时标签无须增加任何前缀。当 XML 文档中的所有元素或大部分元素都位于某个命名空间下时，使用这种方式可以简化编写。

2. 有前缀限定的命名空间

有前缀限定的命名空间可以使用多个,但命名空间的别名在命名时必须不同。下面是一个使用有前缀限定的命名空间的例子,本例和上面的代码表述的内容相同,读者要注意比较两者的区别。其具体代码见代码3-4。

代码3-4　有前缀的命名空间声明

```
<?xml version = "1.0" encoding = "UTF-8"?>
<dlut:root xmlns:dlut = "http://www.dlut.edu.cn/xml/nonamespace">
    <dlut:sub>abc</dlut:sub>
</dlut:root>
```

在上面例子中,程序为命名空间 http://www.dlut.edu.cn/xml/nonamespace 定义了别名 dlut。所有在该命名空间下的元素都需要增加前缀,本程序中包含 root 和 sub 两个元素,使用前缀的写法为<dlut:root></dlut:root>和<dlut:sub></dlut:sub>。

下面为使用多个命名空间的例子,具体代码见代码3-5。

代码3-5　多个命名空间声明

```
<?xml version = "1.0" encoding = "UTF-8"?>
<dlut:root xmlns:dlut = "http://www.dlut.edu.cn/xml/dlut" xmlns:city = "http://www.dlut.edu.cn/xml/city" xmlns = "http://www.dlut.edu.cn/xml/nonamespace">
    <sub>abc</sub>
    <city:sub2>city</city:sub2>
</dlut:root>
```

在上述代码中声明了3个命名空间,分别是 http://www.dlut.edu.cn/xml/dlut、http://www.dlut.edu.cn/xml/city 和 http://www.dlut.edu.cn/xml/nonamespace,并为这3个命名空间定义了别名,分别是 dlut、city 和默认的别名。

在声明命名空间时还有一种特殊的写法,即命名空间的别名为空、命名空间的 URI 也为空。例如,<book xmlns = "">表示默认的命名空间不在任何命名空间中,与<book>表达的含义相同。

如果在元素中声明命名空间相同,只是命名空间别名不同,则不同别名所指定的仍为同一个命名空间。在实际应用中,大家应尽量避免这种情况发生,以免造成理解的混乱。但是在某些情况下,整合多个已有的 XML 文件时会出现这种情况,解决方案见代码3-6。

代码3-6　相同命名空间多次声明

```
<book xmlns:bk = "http://www.dlut.edu.cn/xml/book" xmlns:book = "http://www.dlut.edu.cn/xml/book">
    <bk:name>XML<bk:name>
    <book:ISBN>ISBN10002--3434E0334-2323</book:ISBN>
</book>
```

上面标记 book 中为同一命名空间 http://www.dlut.edu.cn/xml/book 声明了两个不同的名字,即 bk 和 book。在声明子元素 name 时使用了别名 bk,在声明子元素 ISBN 中使用了别名 book,但这两个元素位于相同的命名空间。

3.2 命名空间作用域

在任何元素中都可以声明命名空间,其语法已经在 3.1 节中详细介绍。命名空间能够作用于声明该命名空间的元素及其子元素中,除非被子元素中其他同别名的命名空间所覆盖,但并不表示作用域内的元素属于该命名空间。

下面先来看一个命名空间作用范围的简单例子见代码 3-7。

代码 3-7　命名空间作用范围

```
<?xml version = "1.0" encoding = "UTF-8"?>
< book >
    < bk:name xmlns:bk = "http://www.dlut.edu.cn/xml/book"> XML 技术及应用</bk:name >
    < author >唐琳</author >
</book >
```

上例中在 name 元素中声明了命名空间,该命名空间只能在该元素及其子标记中使用,由于该元素没有任何子元素,因此该命名空间只能在 name 标记中使用,其他标记无法使用。如果将上例中的命名空间修改为在 book 元素中使用,其代码见代码 3-8。

代码 3-8　修改命名空间声明位置

```
<?xml version = "1.0" encoding = "UTF-8"?>
< book xmlns:bk = "http://www.dlut.edu.cn/xml/book">
    < bk:name > XML 技术及应用</bk:name >
    < author >唐琳</author >
</book >
```

修改后该命名空间声明于根元素 book 上,该命名空间的作用范围为该文件的所有元素,即该文件中的所有标记均可以使用该命名空间。

如果该命名空间被子元素同别名的命名空间覆盖,则该命名空间无法作用于子元素,见代码 3-9。

代码 3-9　命名空间覆盖

```
<?xml version = "1.0" encoding = "UTF-8"?>
< book xmlns:bk = "http://www.dlut.edu.cn/xml/book">
    < bk:name > XML 技术及应用</bk:name >
    < author xmlns:bk = "http://www.dlut.edu.cn/xml/author">唐琳</author >
</book >
```

原本 book 元素上声明的命名空间能够作用于该文件的所有元素,但子元素 author 又声明了命名空间,采用了相同别名,则 book 中声明的命名空间 http://www.dlut.edu.cn/xml/book 无法作用于 author 元素及其子元素,author 元素及其子元素如果使用命名空间只能使用 http://www.dlut.edu.cn/xml/author。

3.3 元素对命名空间的使用

虽然在元素中声明了命名空间,命名空间也可以作用于相应的元素,但是并不表示该元素位于所声明的命名空间中。如果要表示某元素位于某命名空间,需要为该元素指定命名空间。指定命名空间的语法如下:

```
命名空间别名:标记名
```

元素对命名空间使用示例代码见代码 3-10。

代码 3-10 元素对命名空间的使用

```
<?xml version = "1.0" encoding = "UTF - 8"?>
< book xmlns:bk = "http://www.dlut.edu.cn/xml/book">
    < bk:name > XML 技术及应用</bk:name >
    < author >唐琳</author >
</book >
```

在该文件中命名空间 http://www.dlut.edu.cn/xml/book 可以作用于所有元素,但实际上属于该命名空间的元素只有 name,其他元素没有位于任何命名空间中。如果要将所有的元素修改为该命名空间的元素,则修改后的内容见代码 3-11。

代码 3-11 修改后元素对命名空间的使用

```
<?xml version = "1.0" encoding = "UTF - 8"?>
< bk:book xmlns:bk = "http://www.dlut.edu.cn/xml/book">
    < bk:name > XML 技术及应用</bk:name >
    < bk:author >唐琳</bk:author >
</bk:book >
```

上述代码虽然表达出所有元素都位于命名空间 http://www.dlut.edu.cn/xml/book,但是表达过于烦琐,在这种情况下我们经常使用默认的命名空间来表达,使代码烦琐程度大大降低,表达的含义和上面的代码却是一致的,见代码 3-12。

代码 3-12 修改后元素对默认命名空间的使用

```
<?xml version = "1.0" encoding = "UTF - 8"?>
< book xmlns = "http://www.dlut.edu.cn/xml/book">
    < name > XML 技术及应用</name >
    < author >唐琳</author >
</book >
```

在实际应用中,如果所有元素都位于相同的命名空间下,那么命名空间就失去了意义,一定是较为复杂的 XML 文档中出现了同名不同义的标记,因此需要使用不同的命名空间对它们进行区分,见代码 3-13。

代码 3-13　不同元素对多个命名空间的使用

```xml
<?xml version = "1.0" encoding = "UTF-8"?>
< book xmlns:bk = "http://www.dlut.edu.cn/xml/book"
xmlns:au = "http://www.dlut.edu.cn/xml/author"
xmln = "http://www.dlut.edu.cn/xml"
>
    < bk:name > XML 技术及应用</bk:name >
    < author >
        < au:name >唐琳</au:name >
        < age xmln = ""> 34 </age >
    </author >
</book >
```

该 XML 文件中声明了 3 个命名空间，其中，<bk:name>表示该元素属于命名空间 http://www.dlut.edu.cn/xml/book；<au:name>表示该元素属于命名空间 http://www.dlut.edu.cn/xml/author；<book>、<author>表示该元素属于默认命名空间 http://www.dlut.edu.cn/xml；在<age>中又一次声明了默认命名空间，而且该 URI 的值为空字符串，表示<age>元素不属于任何命名空间。

3.4　属性对命名空间的使用

在实际应用中，属性很少使用命名空间，但如果在属性上没有使用任何命名空间别名，则表示该属性不属于任何命名空间。

注：属性的命名空间是独立的，即无论属性所属的元素属于任何命名空间都与属性的命名空间无关。

下面是一个在属性中使用命名空间的例子，该使用方法与元素使用命名空间相同。具体代码见代码 3-14。

代码 3-14　属性对命名空间的使用

```xml
<?xml version = "1.0" encoding = "UTF-8"?>
< book xmlns:au = "http://www.dlut.edu.cn/xml/author" xmlns = "http://www.dlut.edu.cn/xml">
    < name > XML 技术及应用</name >
    < author au:id = "x001" birthdate = "19801001">
        < name >唐琳</name >
        < age > 34 </age >
    </author >
</book >
```

属性要使用命名空间，必须位于命名空间作用域下。author 元素中的 id 属性指定了其命名空间为 http://www.dlut.edu.cn/xml/author，而 birthdate 属性不属于任何命名空间。

3.5 DTD 对命名空间的支持

DTD 的出现早于命名空间，因此可以说 DTD 不支持命名空间。下面是一个没有使用命名空间的 XML 及其内部 DTD 对其进行语义约束的例子，见代码 3-15。

代码 3-15　未使用命名空间的 XML 文件

```xml
<?xml version = "1.0" encoding = "UTF-8"?>
<!DOCTYPE book[
    <!ELEMENT book (name,author)>
    <!ELEMENT name (#PCDATA)>
    <!ELEMENT author (name,age)>
    <!ELEMENT age (#PCDATA)>
]>
<book>
    <name>XML 技术及应用</name>
    <author>
        <name>唐琳</name>
        <age>34</age>
    </author>
</book>
```

如果在 XML 文件中增加命名空间的声明和使用，则该 DTD 文件进行验证时就会出现错误。如果想保证语义的正确，则 DTD 文件必须按照修改后的 XML 文件内容进行相应的修改。修改后正确的代码见代码 3-16。

代码 3-16　使用命名空间的 XML 文件

```xml
<?xml version = "1.0" encoding = "UTF-8"?>
<!DOCTYPE book[
    <!ELEMENT book (bk:name,author)>
    <!ELEMENT bk:name (#PCDATA)>
    <!ELEMENT author (au:name,age)>
    <!ELEMENT au:name (#PCDATA)>
    <!ELEMENT age (#PCDATA)>
    <!ATTLIST book xmlns:bk CDATA #IMPLIED
    xmlns:au CDATA #IMPLIED
    xmln CDATA #IMPLIED>
    <!ATTLIST age xmln CDATA #IMPLIED>
]>
<book xmlns:bk = "http://www.dlut.edu.cn/xml/book"
xmlns:au = "http://www.dlut.edu.cn/xml/author"
xmln = "http://www.dlut.edu.cn/xml"
>
    <bk:name>XML 技术及应用</bk:name>
    <author>
        <au:name>唐琳</au:name>
        <age xmln = "">34</age>
```

```
        </author>
    </book>
```

如果上述命名空间的别名在 XML 文档中进行了修改,则该 DTD 对应的内容也需要修改。因此,可以说 DTD 对命名空间的支持极差,甚至可以说 DTD 不支持命名空间。

3.6 本章小结

本章从 3 个方面对命名空间进行了讲解:①命名空间的作用和意义;②命名空间的声明、作用范围和使用;③DTD 对命名空间的支持。其中,命名空间的声明、作用范围和使用是需要读者掌握的核心内容。

习题 3

1. 修改 XML 文件,要求标记<major>及其子标记<name>位于命名空间 http://www.dlut.edu.cn/xml/major 下,而<student>及其子标记<name>和<age>位于命名空间 http://www.dlut.edu.cn/xml/student 下,其余标记位于默认命名空间 http://www.dlut.edu.cn/xml 下,并为修改后的 XML 文件定义相应的 DTD。

```
<?xml version = "1.0" encoding = "UTF - 8"?>
<class>
    <major>
        <name>软件工程</name>
    </major>
    <students>
        <student sn = "01">
            <name>张三</name>
            <age>18</age>
        </student>
        <student sn = "02">
            <name>李四</name>
            <age>120</age>
        </student>
    </students>
</class>
```

2. 修改以下 XML 文件,要求<book>标记的 bookid 属性位于命名空间 http://www.dlut.edu.cn/xml/book 下,<person>标记的 name 属性位于命名空间 http://www.dlut.edu.cn/xml/record 下。

```
<library>
    <books>
        <book bookid = "b - 1 - 1">XML 详解</book>
        <book bookid = "b - 1 - 2">Servlet 从入门到精通</book>
        <book bookid = "b - 1 - 3">JSP 实例编程</book>
```

```
    </books>
    <records>
        <item>
            <date>2012-08-01</date>
            <person name="张三" borrowed="b-1-1 b-1-2"/>
        </item>
        <item>
            <date>2012-08-02</date>
            <person name="李四" borrowed="b-1-1 b-1-3"/>
        </item>
    </records>
</library>
```

第4章 在XML中使用Schema

本章学习目标
- 了解 Schema 的基本概念
- 掌握 Schema 的命名空间
- 掌握 Schema 的引用方法
- 熟练掌握 Schema 的编写

本章介绍 Schema 的基本概念，以及 Schema 对命名空间的支持，通过对 Schema 语法进行详细的讲解，使读者学会编写和使用 Schema。

4.1 Schema 概述

4.1.1 Schema 基础知识

Schema 即 XML Schema，也称为 XML Schema Definition(XSD)，是万维网协会推出的能够描述、约束和检查 XML 文档的新方法。它提供了更强大的功能，也是 DTD 的替代者。与 DTD 相比，Schema 的优势如下：
- XML Schema 可以针对未来的需求进行扩展。
- Schema 更加完善、功能更强大。
- XML Schema 基于 XML 进行编写。
- XML Schema 支持数据类型。
- XML Schema 支持命名空间。

关于 XML Schema 的规范最新一版的发布时间为 2001 年 5 月 2 日，读者可以通过 http://www.w3.org/网站查看，该规范包括 3 个方面：XML Schema Part 0：Primer，该规范主要说明 XML Schema 重点的描述和使用案例；XML Schema Part 1：Structures，该规范定义 XML Schema 的文件架构，说明 element、attribute 和 notations 等元素的声明和使用；XML Schema Part 2：Datatypes，该规范对数据类型进行了详细说明。

在 XML Schema 建议规范中有两个基础的命名空间，一个是用于 Schema 文档的 Schema URI，即 http://www.w3.org/2001/XML Schema，通常使用 xs 代表该命名空间。另一个用于 XML 文档，即 http://www.w3.org/2001/XML Schema-instance，通常使用 xsi 代表该命名空间。关于这两个命名空间的更多作用，读者可以从 4.2 节了解。

4.1.2 第一个 Schema 文件

XML Schema 即模式,文档以单独的文件形式存在,文件扩展名为.xsd。在正式学习 Schema 之前,先来看一个 Schema 的简单例子,将本节中的 Schema 文件命名为 first.xsd,见代码 4-1。

代码 4-1 Schema 文件的简单例子(first.xsd)

```xml
<?xml version="1.0" encoding="UTF-8"?>
<xs:schema xmlns:xs="http://www.w3.org/2001/XMLSchema">
    <xs:element name="school">
        <xs:complexType>
            <xs:sequence>
                <xs:element name="name" type="xs:string"/>
                <xs:element name="major" type="xs:string" minOccurs="1" maxOccurs="unbounded"/>
            </xs:sequence>
        </xs:complexType>
    </xs:element>
</xs:schema>
```

XML Schema 本身也是一个 XML 文件,因此该文件必须有一个根元素。Schema 根标记包括了一个属性,即 xmlns:xs= "http://www.w3.org/2001/XMLSchema"。该属性从语法上看是引入命名空间,即命名空间的声明。每个 Schema 文件定义都以一个根元素 xs:schema 开始,该元素是属于 http://www.w3.org/2001/XMLSchema 名称空间的。

当前模式文档对于 XML 文档的约束为:<xs:element …>定义了一个元素,该元素的属性 name 对应的属性值表示所定义元素的名称。因此,<xs:element name="school">的含义为定义一个元素,元素名为 school。该元素的类型是通过<xs:complexType…> 定义的,作为<xs:element …>的子元素,因此元素类型是 school 元素的类型。<xs:complexType…>表示定义复杂类型元素(所谓复杂元素是指元素包含子元素、属性,或者既包含子元素又包含属性),当前的复杂类型中包含了两个<xs:element …>,因此当前 school 元素包含了两个子元素,分别为 name、major。子元素 name 和 major 被<xs:sequence…>所约束,<xs:sequence…>表示 school 中的子元素名称是有序的,name 在前、major 在后。<xs:element name="name" type="xs:string"/>元素中的 type 属性指明了 name 元素的类型,属性值为"xs:string",表示 name 元素的内容为字符串类型。<xs:element name="major" type="xs:string" minOccurs="1" maxOccurs="unbounded"/>表示名为 major 的元素为字符串类型,且同时定义了 minOccurs 和 maxOccurs 两个属性,它们用来限制元素出现的频率。minOccurs="1"表示至少出现一次,maxOccurs="unbounded" 表示最多出现的次数没有限制。

当前 Schema 文件没有涉及命名空间,因此所定义的内容不属于任何命名空间。经过上面的分析我们可以得出以下结论:当前 Schema 文件定义了 school 元素,该元素内部包含子元素 name 和 major,这两个子元素是有序的,且子元素 name 必须出现一次,子元素 major 至少出现一次。引用 first.xsd 作为语义约束的 XML 文件的代码见代码 4-2。

代码 4-2　引用 first.xsd 作为语义约束的 XML 文件

```
<?xml version = "1.0" encoding = "UTF-8"?>
<school xmlns:xsi = "http://www.w3.org/2001/XMLSchema-instance" xsi:noNamespaceSchemaLocation =
"first.xsd">
            <name>计算机工程学院</name>
            <major>
                计算机科学与技术
            </major>
            <major>
                软件工程
            </major>
            <major>
                嵌入式
            </major>
</school>
```

<school>元素包含两个属性,这两个属性的含义和作用如下。

(1) xsi:noNamespaceSchemaLocation = "first.xsd"属性:当前 XML 文件中引入了 Schema 文件"first.xsd"作为其语义约束。由于当前 XML 文件没有涉及命名空间,因此通过属性 xsi:noNamespaceSchemaLocation 引入。该 Schema 文件的属性值为被引入的 Schema 文件的 URI。引入该 Schema 文件后,当标记不属于任何命名空间时,语义受到该模式文件的约束。

(2) xmlns:xsi = "http://www.w3.org/2001/XMLSchema-instance"属性:由于引入 Schema 文件用到的属性 xsi:noNamespaceSchemaLocation 属于命名空间 http://www.w3.org/2001/XMLSchema-instance,因此,XML 文件增加了对该命名空间的声明。

4.2　Schema 的引用方法

当 XML 引入 XML Schema 时,根据 XML 文档的元素是否属于某个特定的命名空间,可以按照以下两种方式引入:

- 不属于特定的命名空间,通过属性 xsi:noNamespaceSchemaLocation 引入。
- 属于某个特定的命名空间,通过属性 xsi:schemaLocation 引入。

下面来具体介绍这两种方式:

1. 通过 xsi:noNamespaceSchemaLocation 引入

如果被引入的 Schema 文件需要约束 XML 文件中不属于任何特定的命名空间元素,使用 xsi:noNamespaceSchemaLocation 属性引入。

具体语法如下:

```
<根元素名称 xmlns:xsi = "http://www.w3.org/2001/XMLSchema - instance"
xsi:noNamespaceSchemaLocation = "XML Schema">
```

xsi:noNamespaceSchemaLocation 属性值为一个 Schema 文件的 URI。该属性值只能是一个 Schema 文件 URI，即只能使用一个 Schema 文件。

读者可以参考 4.2 节中的例子来进一步理解这种方式下的 Schema 的引入。

2. 通过 xsi:schemaLocation 引入

如果被引入的 Schema 文件需要约束 XML 文件中属于某个特定的命名空间元素，则通过 xsi:schemaLocation 属性引入。具体语法如下：

```
<根元素名称 [xmlns:命名空间别名 = "命名空间 URI" ] + xmlns:xsi = "http://www.w3.org/2001/XMLSchema-instance"
xsi:schemaLocation = "[命名空间 URI Schema 文件路径] + ">
```

xsi:schemaLocation＝"[命名空间 URI Schema 文件路径]＋"属性值比较灵活，可以同时引入多个 Schema 文件。每一个 Schema 的引入都需要一个命名空间 URI 和 Schema 文件路径，命名空间 URI 和 Schema 文件路径中间使用空格间隔。

注意：当一个 Schema 文件用于约束 XML 文件中的属于任何特定命名空间的元素时，该 Schema 文件定义的元素需要与被约束的 XML 文件中相应元素的命名空间一致，如图 4-1 所示。

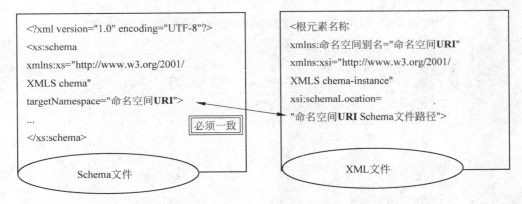

图 4-1　XML 文件与被引入的 Schema 文件的关系

在图 4-1 中，Schema 文件中的 targetNamespace 属性是目标命名空间。这个语句说明，Schema 定义的元素来自"命名空间 URI"。从另一个角度可以理解为，引用这个 Schema 进行有效性验证的 XML 的元素应该使用该命名空间。

由于[xmlns:命名空间别名＝"命名空间 URI"]方式下引入的 Schema 文件需要约束于特定命名空间的元素，因此需要声明相应的命名空间，当前属性值的命名空间 URI 与 xsi:schemaLocation 属性值中的命名空间 URI 必须是一一对应的，命名空间别名由用户自定义，但要保证命名空间别名必须唯一。

下面来看一个在 XML 文件中引入 Shcema 文件的例子，该 Schema 文件约束属于特定的命名空间元素。

Schema 文件的代码见代码 4-3。

代码 4-3　约束命名空间 http://www.dlut.edu.cn/xml 的 Schema 文件 firsttarget.xsd

```xml
<?xml version = "1.0" encoding = "UTF-8"?>
<xs:schema xmlns:xs = "http://www.w3.org/2001/XMLSchema"
targetNamespace = "http://www.dlut.edu.cn/xml" xmlns:c = "http://www.dlut.edu.cn/xml">
    <xs:element name = "collage">
        <xs:complexType>
            <xs:sequence>
                <xs:element ref = "c:name"></xs:element>
                <xs:element ref = "c:major" minOccurs = "1" maxOccurs = "unbounded"></xs:element>
            </xs:sequence>
        </xs:complexType>
    </xs:element>
    <xs:element name = "name" type = "xs:string"/>
    <xs:element name = "major" type = "xs:string" />
</xs:schema>
```

上述代码定义了 3 个元素，都属于命名空间 http://www.dlut.edu.cn/xml，3 个元素的名称为 collage、name、major，且 collage 元素包含了两个有序的子元素，即 name、major。

引用 Schema 文件(firsttarget.xsd)的 XML 文件见代码 4-4。

代码 4-4　引用 Schema 文件(firsttarget.xsd)的 XML 文件

```xml
<?xml version = "1.0" encoding = "UTF-8"?>
<s:collage xmlns:s = "http://www.dlut.edu.cn/xml" xmlns:xsi = "http://www.w3.org/2001/XMLSchema-instance" xsi:schemaLocation = "http://www.dlut.edu.cn/xml firsttarget.xsd">
        <s:name>计算机工程学院</s:name>
        <s:major>
            计算机科学与技术
        </s:major>
        <s:major>
            软件工程
        </s:major>
        <s:major>
            嵌入式
        </s:major>
</s:collage>
```

上述代码引用了 firsttarget.xsd 文件作为当前 XML 文件的语义约束，firsttarget.xsd 文件定义的元素都属于命名空间 http://www.dlut.edu.cn/xml。因此，使用属性 xsi:schemaLocation="http://www.dlut.edu.cn/xml firsttarget.xsd"引入该 Schema 文件，当前的 XML 文件需要使用命名空间 http://www.dlut.edu.cn/xml 下的元素，因此需要声明命名空间 xmlns:s="http://www.dlut.edu.cn/xml"，本例中将命名空间前缀定义为 s，因此 collage、name、major 标记在使用时为<s:collage>、<s:name>、<s:major>。

4.3 Schema 的语法结构

XML Schema 是扩展名为".xsd"的文本文件,使用 XML 语法编写。其基本语法结构如下:

```
<?xml version = "1.0" encoding = "gb2312"?>
<xs:schema xmlns:xs = "http://www.w3.org/2001/XMLSchema">
…[元素、属性、注释、数据类型、Schema 的复用]
</xs:schema>
```

XML Schema 文档是基于 XML 语法规范编写的,文件的根标记必须为 Schema。xmlns:xs="http://www.w3.org/2001/XMLSchema 属性指定了 XML 文档使用的命名空间,这也是 W3C 的命名空间。

除此之外,用户还可以为该元素指定两个属性。

- elementFormDefault:该属性值可以是 qualified 或 unqualified,用于指定 XML 文档使用该 Schema 中定义的局部元素时是否必须用命名空间限定,属性默认值是 qualified。
- attributeFormDefault:该属性值可以是 qualified 或 unqualified,用于指定 XML 文档使用该 Schema 中定义的局部属性时是否必须用命名空间限定,属性默认值是 unqualified。

Schema 文档中包含元素、属性、注释、数据类型、Schema 的复用等内容。

4.3.1 元素

Schema 文件中元素的定义用于约束 XML 文件中的元素语义,因此元素是 Schema 最核心的内容。在 Schema 中定义及引用元素的语法主要包括以下三类。

语法 1:

```
<xs:element name = "元素名称" type = "数据类型" [default = "默认值"] [minOccurs = "最少出现的次数"] [maxOccurs = "最多出现的次数"]/>
```

语法 2:

```
<xs:element name = "元素名称" [default = "默认值"] [minOccurs = "最少出现的次数"] [maxOccurs = "最多出现的次数"]>
Element type
</element>
```

语法 3:

```
<xs:element ref = "引用元素名称" [default = "默认值"] [minOccurs = "最少出现的次数"] [maxOccurs = "最多出现的次数"]/>
```

- name：元素的名字，由程序员指定。
- type：元素的数据类型。
- default：元素的默认值，该属性是可选的。
- minOccurs：指定该元素出现的最少次数，默认值为 1。该属性是可选的，如果属性值为 0 表示该元素是可选的；如果大于 0，表示该元素是强制出现的。如果 minOccurs 没有与 maxOccurs 同时出现，则该属性值只能为 0 或 1。
- maxOccurs：该元素出现的最大次数，默认值为 1。该属性是可选的，如果指定该元素可以出现任意多次，则属性值为 "unbounded"；如果 minOccurs 没有与 maxOccurs 同时出现，则该属性值不能为 0。
- ref：引用的元素名称。

元素按照复杂程度分为简单元素和复杂元素，简单元素不能包含属性和子元素，而复杂元素可以包含属性和子元素。例如，<school/>和<school>大连理工大学</school>为简单元素；<school type="本科">大连理工大学</school>、<school><name>大连理工大学</name></school>、<school type="本科"><name>大连理工大学</name></school>中的 school 元素均为复杂元素。

语法 1 既可以定义简单元素，也可以定义复杂元素，但常用于定义简单元素。语法 2 用于定义复杂元素。语法 1 和语法 2 都是定义一个新元素，语法 3 不是定义一个新元素，而是引用通过语法 1 和语法 2 定义的元素。语法 3 通常用于复杂元素的子元素定义。下面是使用这 3 种方式定义元素的示例代码，见代码 4-5。

代码 4-5 Schema 文件关于元素的定义（elementDemo.xsd）

```xml
<?xml version="1.0" encoding="UTF-8"?>
<xs:schema xmlns:xs="http://www.w3.org/2001/XMLSchema" elementFormDefault="qualified" attributeFormDefault="unqualified">
    <!-- 语法 2 定义复杂元素 root -->
    <xs:element name="root">
        <xs:complexType>
            <xs:sequence>
                <!-- 语法 1 定义简单元素 sub1 -->
                <xs:element name="sub1" type="xs:string" default="sub1content"/>
                <!-- 语法 3 引用下面通过语法 1 定义的元素 sub2 -->
                <xs:element ref="sub2" minOccurs="1" maxOccurs="unbounded"/>
            </xs:sequence>
        </xs:complexType>
    </xs:element>
    <!-- 语法 1 定义简单元素 sub2 -->
    <xs:element name="sub2" type="xs:string"/>
</xs:schema>
```

上述代码中通过语法 1 定义的元素如下。

(1) <xs:element name="sub1" type="xs:string" default="sub1content"/>：定义了元素名为 sub1 的字符串类型，默认值为"sub1content"。

(2) <xs:element name="sub2" type="xs:string"/>：定义了元素名为 sub2 的字符

串类型。

上述代码中通过语法 2 < xs：element name = "root">…</xs：element >定义了元素 root，该元素为复杂类型，包括了两个子元素 sub1 和 sub2，这两个子元素是有序的。

上述代码中通过语法 3 < xs：element ref = "sub2" minOccurs = "1" maxOccurs = "unbounded"/>并没有重新定义新元素，而是引用<xs：element name = "sub2" type = "xs：string"/>定义的元素 sub2。

根据元素的定义位置，元素还可以划分为全局元素和局部元素两种类型。在 schema 元素中定义的元素称为全局元素，全局元素可以被其他任意元素引用。局部元素是在复杂类型中定义的元素，局部元素仅能在定义该元素的外部元素中使用。

在上述代码中，全局元素包括 root 和 sub2。由于 sub2 是全局元素，因此在 root 元素的内部可以引用该元素。上述代码中的局部元素是 sub1，该元素无法被其他元素所引用。

为了使读者更好地理解 Schema 定义的内容，下面列出了一个符合该 Schema 文件约束下的 XML 文件，其代码见代码 4-6。

代码 4-6　符合 elementDemo. xsd 约束的 XML 文件

```
<?xml version = "1.0" encoding = "UTF - 8"?>
< root xsi:noNamespaceSchemaLocation = "elementDemo.xsd" xmlns:xsi = "http://www.w3.org/2001/XMLSchema - instance">
    < sub1 > sub1content </sub1 >
    < sub2 > String </sub2 >
</root >
```

元素组是把多个元素及其约束组合到一起，使用时作为一个整体。元素组能更好地实现复用，用户可以定义元素组，定义元素组的语法如下：

```
< xs:group name = "元素组名称">
包含多个元素及其约束
</xs:group >
```

引用元素组的语法如下：

```
< xs:group ref = "元素组名称"/>
```

定义和使用元素组的示例代码见代码 4-7。

代码 4-7　Schema 文件关于元素组的定义和使用（elementGroupDemo. xsd）

```
<?xml version = "1.0" encoding = "UTF - 8"?>
< xs: schema xmlns: xs = "http://www.w3.org/2001/XMLSchema" elementFormDefault = "qualified" attributeFormDefault = "unqualified">
    < xs:element name = "root">
        < xs:complexType >
            < xs: sequence >
                < xs:element name = "main1">
                    < xs:complexType >
                        < xs:group ref = "subgroup"/>
```

```xml
                    </xs:complexType>
                </xs:element>
                <xs:element name = "main2">
                    <xs:complexType>
                        <xs:group ref = "subgroup"/>
                    </xs:complexType>
                </xs:element>
            </xs:sequence>
        </xs:complexType>
    </xs:element>
    <xs:element name = "sub2" type = "xs:string"/>
    <xs:group name = "subgroup">
        <xs:sequence>
            <xs:element name = "sub1" type = "xs:string" default = "sub1content"/>
            <xs:element ref = "sub2" minOccurs = "1" maxOccurs = "unbounded"/>
        </xs:sequence>
    </xs:group>
</xs:schema>
```

在上述代码中,定义的元素 root 中包含两个有序子元素 main1 和 main2,且 main1 和 main2 元素都包含了两个有序子元素 sub1 和 sub2,因此,可以将有序子元素 sub1 和 sub2 提取出来定义为一个元素组,元素组的名称可以由编程人员根据情况自行定义,在此将元素组命名为 subgroup。定义元素组的代码如下:

```xml
<xs:group name = "subgroup">
    <xs:sequence>
        <xs:element name = "sub1" type = "xs:string" default = "sub1content"/>
        <xs:element ref = "sub2" minOccurs = "1" maxOccurs = "unbounded"/>
    </xs:sequence>
</xs:group>
```

在定义 main1 和 main2 两个元素时,可以引用该元素组,代码如下:

```xml
<xs:group ref = "subgroup"/>
```

为了使读者更好地理解 Schema 定义的内容,下面列出一个符合文件约束的 XML 文件,其代码见代码 4-8。

代码 4-8　符合 elementGroupDemo.xsd 约束的 XML 文件

```xml
<?xml version = "1.0" encoding = "UTF-8"?>
<root xsi:noNamespaceSchemaLocation = "elementGroupDemo.xsd" xmlns:xsi = "http://www.w3.org/2001/XMLSchema-instance">
    <main1>
        <sub1>sub1content</sub1>
        <sub2>String</sub2>
    </main1>
    <main2>
        <sub1>sub1content</sub1>
        <sub2>String</sub2>
```

```
        </main2>
</root>
```

4.3.2 属性

只有复杂类型的元素才可能包含属性,因此,如果一个 Schema 文件中包含属性的定义,则该 Schema 文件中一定包含复杂元素的定义。

下面介绍定义属性的语法格式。

语法 1:

```
<xs:attribute name = "属性名" type = "属性类型" [default = "默认值"]| [fixed = "固定值"]use = "optional |prohibited| required" >
</xs:attribute>
```

语法 2:

```
<xs:attribute ref = "属性名" >
</xs:attribute>
```

- name:XML 元素的属性名。
- type:属性的数据类型,可以使用内置数据类型或 simpleType 元素定义的数据类型。
- default:属性的默认值,该属性可选(不能与 fixed 属性同时存在)。
- fixed:属性的固定值,如果该属性存在,则属性值固定(不能与 default 属性同时存在)。
- ref:引用已经定义好的属性名称。
- use:只能在所属元素确定后才能使用,选项 optional 表示可选属性,设默认值 prohibited 被禁止的属性 required 是必需属性。

在上述语法中,语法 1 为定义新属性的语法,语法 2 为属性的引用。在使用语法 2 引用之前,属性必须使用语法 1 定义过。在 Schema 文件中使用属性的示例代码见代码 4-9。

代码 4-9　Schema 文件关于属性的定义和使用(attDemo.xsd)

```
<?xml version = "1.0" encoding = "UTF - 8"?>
<xs:schema xmlns:xs = "http://www.w3.org/2001/XMLSchema" elementFormDefault = "qualified" attributeFormDefault = "unqualified">
    <!-- 语法 1 定义属性名为 id -->
    <xs:attribute name = "id" type = "xs:string"/>
    <xs:element name = "root">
        <xs:complexType>
            <xs:sequence>
                <xs:element name = "sub" type = "xs:string"/>
            </xs:sequence>
            <!-- 语法 1 定义属性名为 name -->
            <xs:attribute name = "name" type = "xs:string" use = "optional"/>
            <!-- 语法 2 引用定义好的属性名 id -->
            <xs:attribute ref = "id" use = "required"/>
```

```
        </xs:complexType>
    </xs:element>
</xs:schema>
```

在上述代码中,使用了 3 处<xs:attribute…>来定义属性。

(1) 使用语法 1 定义新属性:

① <xs:attribute name="id" type="xs:string"></xs:attribute>: 属性名为 id, 属性类型为字符串类型。

② <xs:attribute name="name" type="xs:string">: 属性名为 name, 属性类型为字符串类型。

(2) 使用语法 2 引用属性:通过<xs:attribute ref="id" use="required"/>引用上面已经定义好的属性,该属性名为 id,属性在当前元素中要求是必须给出的属性。

符合该 Schema 文件约束的 XML 文件示例代码见代码 4-10。

代码 4-10 符合 attDemo.xsd 文件约束的 XML 文件示例

```
<?xml version="1.0" encoding="UTF-8"?>
<root id="String" name="nameStr" xsi:noNamespaceSchemaLocation="attDemo.xsd" xmlns:xsi="http://www.w3.org/2001/XMLSchema-instance">
    <sub>String</sub>
</root>
```

属性按照定义的位置可以分为全局属性和局部属性。与元素类似,它们的区别在于作用域不同。在 schema 元素中定义的属性称为全局属性,全局属性可以被其他任意元素引用。在复杂类型中定义的属性称为局部属性,局部属性仅能在定义该属性的元素中使用。在上述通过语法 1 定义的两个属性中,id 属性为全局属性,name 属性为局部属性。

属性组是把多个属性作为一个属性组,在使用时仅需要引用该属性组即可引用属性组中所有的属性。通过定义属性组可以更好地实现复用,定义属性组的语法如下:

```
<xs:attributeGroup name="属性组名称">
包含多个属性
</xs:attributeGroup>
```

引用属性组的语法如下:

```
<xs:attributeGroup ref="属性组名称"/>
```

定义和引用属性组的示例代码见代码 4-11。

代码 4-11 属性组的定义和使用示例(attlistGroupDemo.xsd)

```
<?xml version="1.0" encoding="UTF-8"?>
<xs:schema xmlns:xs="http://www.w3.org/2001/XMLSchema" elementFormDefault="qualified" attributeFormDefault="unqualified">
    <xs:element name="root">
        <xs:complexType>
```

```xml
            <xs:sequence>
                <xs:element name="sub1" type="xs:string" default="sub1content"/>
                <xs:element ref="sub2" minOccurs="1" maxOccurs="unbounded"/>
            </xs:sequence>
            <!--属性组的引用-->
            <xs:attributeGroup ref="attlist"/>
        </xs:complexType>
    </xs:element>
    <xs:element name="sub2" type="xs:string"/>
    <!--属性组的定义-->
    <xs:attributeGroup name="attlist">
        <xs:attribute name="id" type="xs:string"/>
        <xs:attribute name="language" type="xs:string" default="java"/>
    </xs:attributeGroup>
</xs:schema>
```

符合 Schema 文件语义约束的 XML 文件示例代码见代码 4-12。

代码 4-12　attlistGroupDemo.xsd 文件约束下的 XML 文件代码

```xml
<?xml version="1.0" encoding="UTF-8"?>
<root xsi:noNamespaceSchemaLocation="attlistGroupDemo.xsd" xmlns:xsi="http://www.w3.org/2001/XMLSchema-instance" id="idStr" language="xml">
    <sub1>sub1content</sub1>
    <sub2>String</sub2>
</root>
```

4.3.3　注释

XML Schema 的注释只增加了文件的可读性，对程序本身并没有影响。注释的具体方法包括两种：①XML 语法中的注释，即<!-- 被注释的内容-->；②通过标记<annotation>增加注释，该方式具有更好的可读性。

对于如何使用 XML 语法中的注释在此不再赘述，重点学习一下如何通过标记方式增加 Schema 的注释。使用<annotation>为 XML Schema 增加注释时还会涉及两个子元素<documentation>、<appinfo>的应用，对注释标记的说明如下。

- <annotation…/>：通常放在各种 Schema 组件定义的开始部分，用于说明该 Schema 组件的作用。其内部可以出现多个<documentation…/>和<appinfo…/>，而且顺序和出现次数都没有限制。
- <documentation>：该子元素的注释主要供人来阅读使用。
- <appinfo>：该子元素的注释主要供其他程序使用。

下面是一段使用注释的示例代码，见代码 4-13。

代码 4-13　Schema 文件关于注释标记的使用

```xml
<?xml version="1.0" encoding="UTF-8"?>
<xs:schema xmlns:xs="http://www.w3.org/2001/XMLSchema"
```

```
targetNamespace = "http://www.dlut.edu.cn/xml">
    <xs:annotation>
        <xs:documentation>该标记作为 XML 文件的根标记使用</xs:documentation>
    </xs:annotation>
    <xs:element name = "collage">
        <xs:complexType>
            <xs:sequence>
                <xs:annotation>
                    <xs:documentation>子标记 name</xs:documentation>
                    <xs:documentation>子标记 major</xs:documentation>
                    <xs:appinfo> string </xs:appinfo>
                </xs:annotation>
                <xs:element name = "name" type = "xs:string"/>
                <xs:element name = "major" type = "xs:string" minOccurs = "1" maxOccurs = "unbounded"/>
            </xs:sequence>
        </xs:complexType>
    </xs:element>
</xs:schema>
```

4.4 Schema 的数据类型

XML Schema 中包含丰富的数据类型，为了给读者一个清晰的概念，在此根据这些数据类型的特点绘制了一个综合的数据类型关系图，如图 4-2 所示。

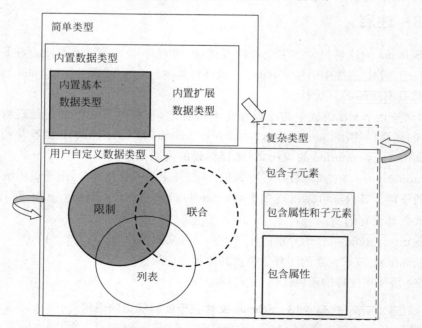

图 4-2　Schema 数据类型关系及转化图

Schema 的数据类型可以根据元素内容划分为简单类型和复杂类型。其中,简单类型指元素的内容中既不包括子元素也不包括属性,复杂类型指元素的内容中包括子元素、包括属性,或既包括子元素也包括属性。

Schema 允许用户根据实际需要扩展数据类型。因此,按照扩展方式其数据类型可以分为内置数据类型和用户自定义数据类型。

(1) 内置数据类型:指 Schema 规范中已经定义好的类型,用户可以直接使用,所有的内置类型除 anyType 外都是简单类型(用户自定义数据类型则需要用户在使用之前先定义好数据类型,然后才能使用,以适应较为复杂的应用场合)。内置数据类型又被细分为内置基本数据类型和内置扩展数据类型。内置扩展数据类型是在内置基本类型的基础上扩展得到的。

(2) 用户自定义数据类型:用户既可以自定义基本数据类型,也可以自定义复杂数据类型,所有的复杂数据类型都必须用户自定义得到。

① 自定义基本数据类型主要基于现有的内置数据类型或自定义基本数据类型通过限制、列表、联合方式得到。

② 自定义复杂数据类型可以基于现有的内置数据类型、自定义基本数据类型、自定义复杂类型得到。

4.4.1 内置数据类型

内置数据类型是被预先定义好的,这些数据类型全部位于命名空间 http://www.w3.org/2001/XMLSchema 下,所有的内置数据类型都是简单类型。它们既适合作为 XML 元素的类型,也适合作为 XML 属性的类型。内置数据类型非常丰富,这些数据类型拥有如图 4-3 所示的继承关系。

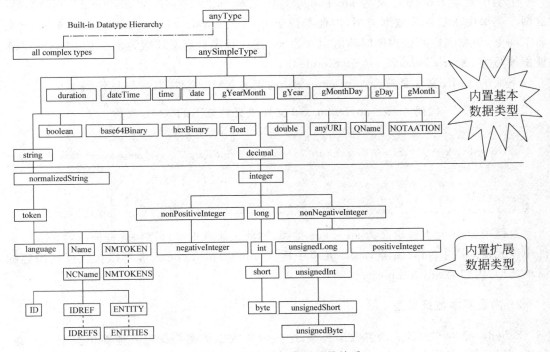

图 4-3 内置数据类型继承关系

图 4-3 为所有内置数据类型的继承关系图,横线之上的所有类型为内置基本数据类型,横线之下的类型为内置扩展数据类型。所有的数据类型都源于 anyType 和 anySimpleType,这两种类型也称为任意类型。内置数据类型分为 3 个部分,即任意类型、内置基本数据类型和内置扩展数据类型,接下来对这 3 个部分进行讲解。

1. 任意类型

任意类型包括 anyType 和 anySimpleType 两种。

- anyType:表示该元素为任意类型,与 DTD 的 ANY 类似。此类型对于元素的内容没有任何约束。
- anySimpleType:表示该元素为任意简单类型,即定义为该类型的元素除不能包含子元素和属性外,没有任何其他约束。

使用任意类型定义的 Schema 文件示例的代码见代码 4-14。

代码 4-14　Schema 文件关于任意数据的使用(anyDemo.xsd)

```xml
<?xml version = "1.0" encoding = "UTF - 8"?>
<xs:schema xmlns:xs = "http://www.w3.org/2001/XMLSchema" elementFormDefault = "qualified" attributeFormDefault = "unqualified">
    <!-- root 元素为 anyType,表示该元素内容任意,没有任何限制 -->
    <xs:element name = "root" type = "xs:anyType"/>
    <!-- root 元素为 sub2,表示该元素内容任意,没有任何限制 -->
    <xs:element name = "sub2" type = "xs:anySimpleType"/>
</xs:schema>
```

上例中元素 root 被定义为 anyType 类型,元素 sub2 被定义为 anySimpleType 类型。这两个类型由于是内置数据类型,因此都位于 http://www.w3.org/2001/XMLSchema 命名空间下,该命名空间被声明时前缀定义为 xs(建议程序员定义前缀为 xs),因此,type 的属性值被写为 xs:anyType 和 xs:anySimpleType。

下面的 XML 文件是符合 anyDemo.xsd 约束的 XML 文件,其代码见代码 4-15。

代码 4-15　anyDemo.xsd 文件语义约束下的 XML 文件

```xml
<?xml version = "1.0" encoding = "UTF - 8"?>
<root xmlns:xsi = "http://www.w3.org/2001/XMLSchema - instance" xsi:noNamespaceSchemaLocation = "anyDemo.xsd">
    <sub2>any simple type</sub2>
</root>
```

上例中 root 元素被定义为 anyType 类型,因此该元素内部可以包含任何内容,XML 文件中该元素内嵌了 sub2 元素,sub2 元素中定义 anySimpleType 内部可以包含任何内容的简单类型,内容为 any simple type。

2. 内置基本数据类型

Schema 提供了大量的内置数据类型,这些内置数据类型是派生其他简单类型的基础,包括以下几类:字符串与相关类型、数值类型、日期类型、时间类型、boolean 类型、anyURI

类型、二进制数据类型、NOTATION 类型。内置基本数据类型的描述及分类如表 4-1～表 4-8 所示。

1) 与字符串相关类型

表 4-1　字符串与相关类型及描述

数据类型	描　　述
string	表示字符串，原封不动地保留所有空白
QName	表示一个包含 XML 命名空间在内的名称

使用字符串类型的 Schema 文件示例的代码见代码 4-16。

代码 4-16　使用字符串类型的 Schema 文件（innertype.xsd）

```xml
<?xml version = "1.0" encoding = "UTF - 8"?>
<xs:schema xmlns:xs = "http://www.w3.org/2001/XMLSchema" elementFormDefault = "qualified" attributeFormDefault = "unqualified">
    <xs:element name = "typedemo">
        <xs:complexType>
            <xs:sequence>
                <xs:element name = "stringdemo" type = "xs:string"/>
                <xs:element name = "QNameDemo" type = "xs:QName"/>
            </xs:sequence>
        </xs:complexType>
    </xs:element>
</xs:schema>
```

符合该文件语义约束的 XML 文件示例的代码见代码 4-17。

代码 4-17　符合 innertype.xsd 文件语义约束的 XML 文件

```xml
<?xml version = "1.0" encoding = "UTF - 8"?>
<typedemo xsi:noNamespaceSchemaLocation = "innertype.xsd" xmlns:xsi = "http://www.w3.org/2001/XMLSchema - instance">
    <stringdemo>String</stringdemo>
    <QNameDemo>xml:lang</QNameDemo>
</typedemo>
```

在上述代码中，元素 stringdemo 被定义为 string 类型，在 XML 文件中该元素内容为 "String"；元素 QNameDemo 被定义为 QName，在 XML 文件中该元素内容可以包含命名空间，元素内容为 "xml:lang"。

2) 数值类型

表 4-2　数值类型及描述

数据类型	描　　述
decimal	表示特定精度的数字
float	表示单精度 32 位浮点数，支持科学记数法
double	表示双精度 64 位浮点数，支持科学记数法
hexBinary	表示十六进制数

使用数值类型的 Schema 文件示例的代码见代码 4-18。

代码 4-18　使用数值类型的 Schema 文件（innertypeNum.xsd）

```xml
<?xml version = "1.0" encoding = "UTF - 8"?>
<xs:schema xmlns:xs = "http://www.w3.org/2001/XMLSchema" elementFormDefault = "qualified" attributeFormDefault = "unqualified">
<xs:element name = "typedemo">
    <xs:complexType>
        <xs:sequence>
            <xs:element name = "decimaldemo" type = "xs:decimal"/>
            <xs:element name = "floatdemo" type = "xs:float"/>
            <xs:element name = "doubledemo" type = "xs:double"/>
            <xs:element name = "hexBinarydemo" type = "xs:hexBinary"/>
        </xs:sequence>
    </xs:complexType>
</xs:element>
</xs:schema>
```

符合该文件语义约束的 XML 文件示例的代码见代码 4-19。

代码 4-19　符合 innertypeNum.xsd 文件语义约束的 XML 文件

```xml
<?xml version = "1.0" encoding = "UTF - 8"?>
<typedemo xsi:noNamespaceSchemaLocation = "innertypeNum.xsd" xmlns:xsi = "http://www.w3.org/2001/XMLSchema - instance">
    <decimaldemo>0.0</decimaldemo>
    <floatdemo>3.14159E0</floatdemo>
    <doubledemo>3.14159265358979E0</doubledemo>
    <hexBinarydemo>41394644363445313243</hexBinarydemo>
</typedemo>
```

3）日期类型

表 4-3　日期类型及描述

数据类型	描述
date	表示日期 YYYY-MM-DD 格式的时间
gYearMonth	表示年月 YYYY-MM 格式的时间
gYear	表示年 YYYY 格式的时间
gMonthDay	表示月日 MM-DD 格式的时间
gDay	表示日期 DD 格式的时间
gMonth	表示月份 MM 格式的时间

使用日期类型的 Schema 文件示例的代码见代码 4-20。

代码 4-20　使用日期类型的 Schema 文件（innertypeDate.xsd）

```xml
<?xml version = "1.0" encoding = "UTF - 8"?>
<xs:schema xmlns:xs = "http://www.w3.org/2001/XMLSchema" elementFormDefault = "qualified" attributeFormDefault = "unqualified">
```

```
        <xs:element name = "typedemo">
            <xs:complexType>
                <xs:sequence>
                    <xs:element name = "dateDemo" type = "xs:date"/>
                    <xs:element name = "gYearMonthDemo" type = "xs:gYearMonth"/>
                    <xs:element name = "gYearDemo" type = "xs:gYear"/>
                    <xs:element name = "gMonthDayDemo" type = "xs:gMonthDay"/>
                    <xs:element name = "gDayDemo" type = "xs:gDay"/>
                    <xs:element name = "gMonthDemo" type = "xs:gMonth"/>
                </xs:sequence>
            </xs:complexType>
        </xs:element>
</xs:schema>
```

符合该文件语义约束的 XML 文件示例的代码见代码 4-21。

代码 4-21　符合 innertypeDate.xsd 文件语义约束的 XML 文件

```
<?xml version = "1.0" encoding = "UTF - 8"?>
<typedemo xsi:noNamespaceSchemaLocation = "innertypeDate.xsd" xmlns:xsi = "http://www.w3.org/2001/XMLSchema - instance">
    <dateDemo>1967 - 08 - 13</dateDemo>
    <gYearMonthDemo>2001 - 12</gYearMonthDemo>
    <gYearDemo>2001</gYearDemo>
    <gMonthDayDemo> -- 12 - 17</gMonthDayDemo>
    <gDayDemo> --- 17</gDayDemo>
    <gMonthDemo> -- 12</gMonthDemo>
</typedemo>
```

4）时间类型

表 4-4　时间类型及描述

数据类型	描述
duration	表示持续时间 PnYnMnDTnHnMnS，其中，P 为起始定界符，T 为分隔符，S 前面的 n 可以是小数
dateTime	表示特定的时间 YYYY-MM-DDThh：mm：ss：sss，sss 表示毫秒数
time	表示特定的时间 hh：mm：ss：sss，sss 表示毫秒数

使用时间类型的 Schema 文件示例的代码见代码 4-22。

代码 4-22　使用时间类型的 Schema 文件（innertypeTime.xsd）

```
<?xml version = "1.0" encoding = "UTF - 8"?>
<xs:schema xmlns:xs = "http://www.w3.org/2001/XMLSchema" elementFormDefault = "qualified" attributeFormDefault = "unqualified">
    <xs:element name = "typedemo">
        <xs:complexType>
            <xs:sequence>
                <xs:element name = "durationdemo" type = "xs:duration"/>
```

```
                <xs:element name = "dateTimedemo" type = "xs:dateTime"/>
                <xs:element name = "timeDemo" type = "xs:time"/>
            </xs:sequence>
        </xs:complexType>
    </xs:element>
</xs:schema>
```

符合该文件语义约束的 XML 文件示例的代码见代码 4-23。

代码 4-23　符合 innertypeTime.xsd 文件语义约束的 XML 文件

```
<?xml version = "1.0" encoding = "UTF-8"?>
<typedemo xsi:noNamespaceSchemaLocation = "innertypeTime.xsd" xmlns:xsi = "http://www.w3.org/2001/XMLSchema-instance">
    <durationdemo>P1Y2M3DT10H30M</durationdemo>
    <dateTimedemo>2001-12-17T09:30:47Z</dateTimedemo>
    <timeDemo>14:20:00.0Z</timeDemo>
</typedemo>
```

5) boolean 类型

表 4-5　boolean 类型及描述

数据类型	描述
boolean	布尔型，只能接受 true、false 或 0、1

使用 boolean 数据类型的 Schema 文件示例的代码见代码 4-24。

代码 4-24　使用 boolean 类型的 Schema 文件（innertypeBoolean.xsd）

```
<?xml version = "1.0" encoding = "UTF-8"?>
<xs:schema xmlns:xs = "http://www.w3.org/2001/XMLSchema" elementFormDefault = "qualified" attributeFormDefault = "unqualified">
    <xs:element name = "typedemo">
        <xs:complexType>
            <xs:sequence>
                <xs:element name = "booleandemo" type = "xs:boolean" maxOccurs = "unbounded"/>
            </xs:sequence>
        </xs:complexType>
    </xs:element>
</xs:schema>
```

符合该文件语义约束的 XML 文件示例的代码见代码 4-25。

代码 4-25　符合 innertypeBoolean.xsd 文件语义约束的 XML 文件

```
<?xml version = "1.0" encoding = "UTF-8"?>
<typedemo xsi:noNamespaceSchemaLocation = "innertypeBoolean.xsd" xmlns:xsi = "http://www.w3.org/2001/XMLSchema-instance">
    <booleandemo>true</booleandemo>
```

```
    <booleandemo>false</booleandemo>
    <booleandemo>0</booleandemo>
    <booleandemo>1</booleandemo>
</typedemo>
```

在上述代码中,元素 booleandemo 被定义为 boolean 类型,在 XML 文件中该元素内容可以为"true""false"或"0""1"。

6) anyURI 类型

表 4-6　anyURI 类型及描述

数 据 类 型	描　　述
anyURI	表示一个 URI,用来定位文件

使用 anyURI 数据类型的 Schema 文件示例的代码见代码 4-26。

代码 4-26　使用二进制数据类型的 Schema 文件(innertypeAnyURI.xsd)

```
<?xml version="1.0" encoding="UTF-8"?>
<xs:schema xmlns:xs="http://www.w3.org/2001/XMLSchema" elementFormDefault="qualified" attributeFormDefault="unqualified">
    <xs:element name="typedemo">
        <xs:complexType>
            <xs:sequence>
                <xs:element name="anyURIDemo" type="xs:anyURI"/>
            </xs:sequence>
        </xs:complexType>
    </xs:element>
</xs:schema>
```

符合该文件语义约束的 XML 文件示例的代码见代码 4-27。

代码 4-27　符合 innertypeAnyURI.xsd 文件语义约束的 XML 文件

```
<?xml version="1.0" encoding="UTF-8"?>
<typedemo xsi:noNamespaceSchemaLocation="innertypeAnyURI.xsd" xmlns:xsi="http://www.w3.org/2001/XMLSchema-instance">
    <anyURIDemo>http://www.dlut.edu.cn</anyURIDemo>
</typedemo>
```

在上述代码中,元素 anyURIDemo 被定义为 anyURI 类型,在 XML 文件中该元素内容为网址"http://www.dlut.edu.cn"。

7) 二进制数据类型

表 4-7　二进制数据类型及描述

数 据 类 型	描　　述
base64Binary	表示任意 base64 编码的二进制数
hexBinary	表示任意十六进制编码的二进制数

使用二进制数据类型的 Schema 文件示例的代码见代码 4-28。

代码 4-28　使用二进制数据类型的 Schema 文件（innertypeBinary.xsd）

```xml
<?xml version = "1.0" encoding = "UTF - 8"?>
<xs:schema xmlns:xs = "http://www.w3.org/2001/XMLSchema" elementFormDefault = "qualified" attributeFormDefault = "unqualified">
    <xs:element name = "typedemo">
        <xs:complexType>
            <xs:sequence>
                <xs:element name = "hexBinaryDemo" type = "xs:hexBinary"/>
                <xs:element name = "base64BinaryDemo" type = "xs:base64Binary"/>
            </xs:sequence>
        </xs:complexType>
    </xs:element>
</xs:schema>
```

符合该文件语义约束的 XML 文件示例的代码见代码 4-29。

代码 4-29　符合 innertypeBinary.xsd 文件语义约束的 XML 文件

```xml
<?xml version = "1.0" encoding = "UTF - 8"?>
<typedemo xsi:noNamespaceSchemaLocation = "innertypeBinary.xsd" xmlns:xsi = "http://www.w3.org/2001/XMLSchema - instance">
    <hexBinaryDemo>41394644363445313243</hexBinaryDemo>
    <base64BinaryDemo>UjBsR09EbGhjZ0dTQUxNQUFBUUNBRU1tQ1p0dU1GUXhFUzhi</base64BinaryDemo>
</typedemo>
```

8) NOTATION 类型

表 4-8　NOTATION 类型及描述

数据类型	描述
NOTATION	表示 XML 中的 NOTAITION 类型，即不能在模式中直接出现的抽象类型，只能用于派生其他类型

使用 NOTATION 类型的 Schema 文件示例的代码见代码 4-30。

代码 4-30　使用 NOTATION 类型的 Schema 文件（innertypeNotation.xsd）

```xml
<?xml version = "1.0" encoding = "UTF - 8"?>
<xs:schema xmlns:xs = "http://www.w3.org/2001/XMLSchema" elementFormDefault = "qualified" attributeFormDefault = "unqualified">
    <xs:element name = "typedemo">
        <xs:complexType>
            <xs:sequence>
                <xs:element name = "NOTATIONDemo">
                    <xs:simpleType>
                        <xs:restriction base = "xs:NOTATION">
                            <xs:enumeration value = "gif"/>
                            <xs:enumeration value = "jpeg"/>
                        </xs:restriction>
```

```
            </xs:simpleType>
         </xs:element>
      </xs:sequence>
   </xs:complexType>
</xs:element>
<xs:notation name="gif" public="image/gif" system="view.exe"/>
<xs:notation name="jpeg" public="image/jpeg" system="view.exe"/>
</xs:schema>
```

符合该文件语义约束的 XML 文件示例的代码见代码 4-31。

代码 4-31 符合 innertypeNotation.xsd 文件语义约束的 XML 文件

```
<?xml version="1.0" encoding="UTF-8"?>
<typedemo xsi:noNamespaceSchemaLocation="innertypeNotation.xsd" xmlns:xsi="http://www.w3.org/2001/XMLSchema-instance">
    <NOTATIONDemo>gif</NOTATIONDemo>
</typedemo>
```

在上述代码中,元素 NOTATIONDemo 被定义为 NOTATION 类型,在 XML 文件中该元素内容可以是 gif 也可以是 jpeg,在示例代码中该元素的内容为"jpeg"。

3. 内置扩展数据类型

由于内置基本数据类型对于内容的约束不够具体,所以定义了内置扩展数据类型。内置扩展数据类型是基于 string 类型或 decimal 类型派生出来的。基于 string 类型派生出两类扩展类型,第一类只能作为属性的类型,与 DTD 约束的属性类型一致,第二类既可以用于元素也可以用于属性类型。

1) 由 string 类型派生出来的用于约束属性的类型

表 4-9 中的类型也是由 string 类型派生出来的,但它们只能用来约束属性。定义的这些类型与 DTD 中属性的类型一一对应,功能与 DTD 中一致。读者可以参考第 2 章"属性类型"的内容来理解这些类型,定义这些类型的目的是为了与 DTD 保持兼容。

表 4-9 string 类型派生出来的用于约束属性的类型及描述

数据类型	描述
NMTOKEN	必须是合法的 XML 名称,只能由字母、数字、"_""-"".""︰"组成
NMTOKENS	多个 NMTOKEN,空格为分隔符
ID	标识符
IDREF	引用另一个 ID
IDREFS	引用多个已有的 ID,空格为分隔符
ENTITY	外部实体
ENTITIES	多个外部实体,空格为分隔符

使用由 string 类型派生出来的用于约束属性类型的 Schema 文件示例的代码见代码 4-32。

代码 4-32　使用由 string 类型派生出来的用于约束属性类型的 Schema 文件
　　　　　（stringextends1.xsd）

```xml
<?xml version = "1.0" encoding = "UTF-8"?>
<xs:schema xmlns:xs = "http://www.w3.org/2001/XMLSchema" elementFormDefault = "qualified" attributeFormDefault = "unqualified">
    <xs:element name = "root">
        <xs:complexType>
            <xs:sequence>
                <xs:element name = "sub">
                    <xs:complexType>
                        <xs:attribute name = "IDdemo1" type = "xs:ID"/>
                    </xs:complexType>
                </xs:element>
            </xs:sequence>
            <xs:attribute name = "NMTOKENdemo" type = "xs:NMTOKEN"/>
            <xs:attribute name = "NMTOKENSdemo" type = "xs:NMTOKENS"/>
            <xs:attribute name = "IDdemo" type = "xs:ID"/>
            <xs:attribute name = "IDREFdemo" type = "xs:IDREF"/>
            <xs:attribute name = "IDREFSdemo" type = "xs:IDREFS"/>
            <xs:attribute name = "ENTITYdemo" type = "xs:ENTITY"/>
            <xs:attribute name = "ENTITIESdemo" type = "xs:ENTITIES"/>
        </xs:complexType>
    </xs:element>
</xs:schema>
```

符合该文件语义约束的 XML 文件示例的代码见代码 4-33。

代码 4-33　符合 stringextends1.xsd 文件语义约束的 XML 文件

```xml
<?xml version = "1.0" encoding = "UTF-8"?>
<root xmlns:xsi = "http://www.w3.org/2001/XMLSchema-instance" xsi:noNamespaceSchemaLocation = "stringextends2.xsd"
IDdemo = "a1" IDREFdemo = "a1" IDREFSdemo = "a1 a2"
NMTOKENdemo = "xml" NMTOKENSdemo = "xml java"
ENTITYdemo = "xx" ENTITIESdemo = "xx">
    <sub IDdemo1 = "a2"/>
</root>
```

2）由 string 类型派生出来的其他类型

由 string 类型派生出来的其他类型及描述见表 4-10。

表 4-10　string 类型派生出来的其他类型及描述

数据类型	描 述
normalizedString	将字符串内容包含的换行、制表符和回车符都替换成空白
token	将字符串内容包含的换行、制表符和回车符都替换成空白，自动删除字符串前后的空白，如果字符串中包含多个连续的空白，则会被压缩为一个空白
language	定义合法的语言代码
Name	含有一个有效的 XML 名称的字符串
NCName	省略或不带有命名空间前缀的 XML 名称字符串，不含冒号

使用由 string 类型派生出来的类型的 Schema 文件示例的代码见代码 4-34。

代码 4-34　使用由 string 类型派生出来的类型的 Schema 文件（stringextends1.xsd）

```xml
<?xml version="1.0" encoding="UTF-8"?>
<xs:schema xmlns:xs="http://www.w3.org/2001/XMLSchema" elementFormDefault="qualified" attributeFormDefault="unqualified">
    <xs:element name="root">
        <xs:complexType>
            <xs:sequence>
                <xs:element name="normalizedStringDemo" type="xs:normalizedString"/>
                <xs:element name="tokenDemo" type="xs:token"/>
                <xs:element name="languageDemo" type="xs:language"/>
                <xs:element name="NameDemo" type="xs:Name"/>
                <xs:element name="NCNameDemo" type="xs:NCName"/>
            </xs:sequence>
        </xs:complexType>
    </xs:element>
</xs:schema>
```

符合该文件语义约束的 XML 文件示例的代码见代码 4-35。

代码 4-35　符合 stringextends1.xsd 文件语义约束的 XML 文件

```xml
<?xml version="1.0" encoding="UTF-8"?>
<root xmlns:xsi="http://www.w3.org/2001/XMLSchema-instance" xsi:noNamespaceSchemaLocation="stringextends1.xsd">
    <normalizedStringDemo>a CR    db er</normalizedStringDemo>
    <tokenDemo>a      b       c</tokenDemo>
    <languageDemo>en</languageDemo>
    <NameDemo>aa</NameDemo>
    <NCNameDemo>bb</NCNameDemo>
</root>
```

3）由 decimal 类型派生出来的类型

由 decimal 类型派生出来的数据类型在数据范围上更加具体，能够更准确地约束数据，具体类型、数据范围及描述见表 4-11。

表 4-11　decimal 类型派生出来的类型及描述

数据类型	描述	最小值	最大值
integer	无限制的整数	无限制	无限制
nonNegativeInteger	无限制的非负整数	0	无限制
nonPositiveInteger	无限制的非正整数	无限制	0
long	64 位的有符号整数	-2^{63}	$2^{63}-1$
positiveInteger	无限制的正整数	1	无限制
negativeInteger	无限制的负整数	无限制	-1
unsignedLong	64 位的无符号整数	0	$2^{64}-1$
int	32 位的有符号整数	-2^{31}	$2^{31}-1$
unsignedInt	32 位的无符号整数	0	$2^{32}-1$

数据类型	描述	最小值	最大值
short	16 位有符号整数	-2^{15}	$2^{15}-1$
unsignedShort	16 位无符号整数	0	$2^{16}-1$
byte	8 位有符号整数	-2^{7}	$2^{7}-1$
unsignedByte	8 位无符号整数	0	$2^{8}-1$

4.4.2 用户自定义数据类型

用户自定义数据类型按位置可以分为全局数据类型和局部数据类型,全局数据类型是直接在 schema 标记内定义的类型,该类型可以被所有元素使用。局部数据类型是定义在某个元素内部的类型,该类型只能被定义该类型的元素引用。

代码 4-36 是用户自定义全局数据类型和局部数据类型的示例代码。

代码 4-36 自定义全局数据类型和局部数据类型的示例代码

```xml
<?xml version="1.0" encoding="UTF-8"?>
<xs:schema xmlns:xs="http://www.w3.org/2001/XMLSchema" elementFormDefault="qualified" attributeFormDefault="unqualified">
    <!-- 全局数据类型,类型名称为 universalTypeDemo -->
    <xs:simpleType name="universalTypeDemo">
        <xs:restriction base="xs:string">
            <xs:minLength value="1"></xs:minLength>
        </xs:restriction>
    </xs:simpleType>
    <xs:element name="root">
        <!-- 局部匿名数据类型,该自定义数据类型是 root 元素的类型 -->
        <xs:complexType>
            <xs:sequence>
                <!-- 引用自定义的全局数据类型 universalTypeDemo,作为 sub 元素的类型 -->
                <xs:element name="sub" type="universalTypeDemo"/>
                <xs:element name="sub2" type="xs:string"/>
            </xs:sequence>
        </xs:complexType>
    </xs:element>
</xs:schema>
```

在上述文件中用户自定义了两个类型,一个是通过<xs:simpleType name="universalTypeDemo">标记定义的,该类型定义在 schema 标记内,因此 universalTypeDemo 是全局数据类型,全局数据类型都需要有名称,即 name 属性的属性值。全局属性能够作为当前文件中任意元素的元素类型,因此在<xs:element name="sub" type="universalTypeDemo"/>中通过 type 属性引用了该类型,type 属性的属性值即为定义的元素类型名称。

<xs:complexType>…</xs:complexType>标记定义的类型是局部数据类型,局部数

据类型是没有名字的,换句话说局部数据类型可以都是匿名的。局部数据类型只能被定义该类型的元素 root 使用,作为 root 元素的类型。

用户自定义数据类型还可以按照复杂程度划分,分为自定义简单数据类型和自定义复杂数据类型。

1. 自定义简单数据类型

自定义简单数据类型是在内置数据类型的基础上通过限制、列表、联合中的一种或几种方式形成的新数据类型。自定义简单数据类型的语法如下:

```
<xs:simpleType [name="自定义类型名称"]>
    [限制、列表、联合中的一种或几种方式]
</xs:simpleType>
```

name 用于自定义数据类型名称。当定义的简单数据类型为全局数据类型,即直接在 <schema> 标记中定义时,必须写出该属性。如果为局部数据类型,则没有该属性。

1) 限制

如果通过限制方式产生自定义类型,需要使用的标记为 restriction,其语法格式如下:

```
<xs:simpleType [name="自定义类型名称"]>
    <xs:restriction base="基类型">
    [约束特征]+
    </xs:restriction>
</xs:simpleType>
```

base 属性表示自定义数据类型是基于哪种类型增加约束的。

在该约束内部可以根据实际需要增加不同的约束特征,具体的约束信息见表 4-12。

表 4-12 特征名称及描述

特性名称	描述
enumeration	在指定的数据集中选择,限定用户的选值
fractionDigits	限定最大的小数位,用于控制精度
length	指定数据的长度
maxExclusive	指定数据的最大值(小于)
maxInclusive	指定数据的最大值(小于等于)
maxLength	指定长度的最大值
minExclusive	指定最小值(大于)
minInclusive	指定最小值(大于等于)
minLength	指定最小长度
pattern	指定数据的显示规范
totalDigits	定义所允许的阿拉伯数字的精确位数,必须大于 0
whiteSpace	定义空白字符(换行、回车、空格及制表符)的处理方式

使用限制方式定义基本数据类型的示例代码见代码 4-37。

代码 4-37　基于限制的简单数据类型示例代码（defineSimpleRestrictionDemo.xsd）

```xml
<?xml version = "1.0" encoding = "UTF - 8"?>
<xs:schema xmlns:xs = "http://www.w3.org/2001/XMLSchema" elementFormDefault = "qualified"
attributeFormDefault = "unqualified">
    <xs:element name = "restrictionValue">
        <xs:complexType>
            <xs:sequence>
                <xs:element ref = "firstValue"></xs:element>
                <xs:element ref = "secondValue"></xs:element>
                <xs:element ref = "thirdValue"></xs:element>
                <xs:element ref = "forthValue"></xs:element>
                <xs:element ref = "fifthValue"></xs:element>
                <xs:element ref = "sixValue"></xs:element>
                <xs:element ref = "sevenValue"></xs:element>
            </xs:sequence>
        </xs:complexType>
    </xs:element>
    <xs:element name = "firstValue">
    <!-- 定义局部数据类型,该数据类型在 normalizedString 的基础上增加了限制,要求字符串长度为 5,对于空白的处理方式为开头和结尾的空格会被移除,多个连续空格被缩减成一个单一空格 -->
        <xs:simpleType>
            <xs:restriction base = "xs:normalizedString">
                <xs:length value = "5"></xs:length>
                <xs:whiteSpace value = "collapse"></xs:whiteSpace>
            </xs:restriction>
        </xs:simpleType>
    </xs:element>
    <xs:element name = "secondValue">
    <!-- 定义局部数据类型,该数据类型在 decimal 的基础上增加了限制,要求数据的最小值大于 1(但不包括 1),最大值小于 100(但不包括 100) -->
        <xs:simpleType>
            <xs:restriction base = "xs:decimal">
                <xs:minExclusive value = "1"></xs:minExclusive>
                <xs:maxExclusive value = "100"></xs:maxExclusive>
            </xs:restriction>
        </xs:simpleType>
    </xs:element>
    <xs:element name = "thirdValue">
    <!-- 定义局部数据类型,该数据类型在 decimal 的基础上增加了限制,要求数据的最小值为 1,最大值为 100 -->
        <xs:simpleType>
            <xs:restriction base = "xs:decimal">
                <xs:minInclusive value = "1"></xs:minInclusive>
                <xs:maxInclusive value = "100"></xs:maxInclusive>
            </xs:restriction>
        </xs:simpleType>
    </xs:element>
```

```xml
    <xs:element name="forthValue">
    <!-- 定义局部数据类型,该数据类型在 decimal 的基础上增加了限制,要求数字位数为 5 位,最大的小数位数为 1 位 -->
        <xs:simpleType>
            <xs:restriction base="xs:decimal">
                <xs:totalDigits value="5"></xs:totalDigits>
                <xs:fractionDigits value="1"></xs:fractionDigits>
            </xs:restriction>
        </xs:simpleType>
    </xs:element>
    <xs:element name="fifthValue">
    <!-- 定义局部数据类型,该数据类型在 string 的基础上增加了限制,要求字符串长度最小为 3 位,最长为 5 位 -->
        <xs:simpleType>
            <xs:restriction base="xs:string">
                <xs:minLength value="3"></xs:minLength>
                <xs:maxLength value="5"></xs:maxLength>
            </xs:restriction>
        </xs:simpleType>
    </xs:element>
    <xs:element name="sixValue">
    <!-- 定义局部数据类型,该数据类型在 string 的基础上增加了限制,要求字符串的内容为 123T 或 456F -->
        <xs:simpleType>
            <xs:restriction base="xs:string">
                <xs:enumeration value="123T"></xs:enumeration>
                <xs:enumeration value="456F"></xs:enumeration>
            </xs:restriction>
        </xs:simpleType>
    </xs:element>
    <xs:element name="sevenValue" type="mytype">
    </xs:element>
    <!-- 定义全局数据类型,名为 mytype,该数据类型在 string 的基础上增加了限制,要求字符串的内容以 T 开头、中间是字母和数字的组合、1 至 5 位、以 . 结尾 -->
    <xs:simpleType name="mytype">
        <xs:restriction base="xs:string">
            <xs:pattern value="T\w{1,5}."></xs:pattern>
        </xs:restriction>
    </xs:simpleType>
</xs:schema>
```

上述代码定义了 7 个元素,这些元素分别使用不同的特征约束了自定义简单数据类型,这些简单数据类型是通过限制方式实现的比较典型的方式。使用这个 Schema 文件作为语义约束的 XML 文件的代码见代码 4-38。

代码 4-38 符合 defineSimpleRestrictionDemo.xsd 的示例代码

```xml
<?xml version="1.0" encoding="UTF-8"?>
<restrictionValue xsi:noNamespaceSchemaLocation="defineSimpleRestrictionDemo.xsd" xmlns:xsi="http://www.w3.org/2001/XMLSchema-instance">
```

```
    <firstValue>aaaaa</firstValue>
    <secondValue>2.0</secondValue>
    <thirdValue>1</thirdValue>
    <forthValue>1234.1</forthValue>
    <fifthValue>aaa</fifthValue>
    <sixValue>456F</sixValue>
    <sevenValue>Tas1.</sevenValue>
</restrictionValue>
```

2)列表

在 Schema 中定义列表类型使用<list…/>元素,它可以由单个数据类型扩展出列表类型,因此使用该元素时必须指出列表元素的类型,下面介绍为<list…/>元素指定列表元素类型的两种方式。

(1) 为<list…/>元素的 itemType 属性指定列表元素的数据类型:

```
<xs:simpleType [name = "自定义类型名称"]>
    <xs:list itemType = "列表元素类型"></xs:list>
</xs:simpleType>
```

(2) 为<list…/>元素增加<simpleType…/>子元素来指定列表元素的数据类型:

```
<xs:simpleType [name = "自定义类型名称"]>
    <xs:list>
        <simpleType…/>
    </xs:list>
</xs:simpleType>
```

使用列表方式定义基本数据类型的示例代码见代码 4-39 和代码 4-40。

代码 4-39　基于列表的简单数据类型示例代码(defineListDemo.xsd)

```
<?xml version = "1.0" encoding = "UTF-8"?>
<xs:schema xmlns:xs = "http://www.w3.org/2001/XMLSchema" elementFormDefault = "qualified"
 attributeFormDefault = "unqualified">
    <!-- 定义全局简单数据类型,名为 stringList,它是一个列表类型,列表中的元素类型为 string
 类型 -->
    <xs:simpleType name = "stringList">
        <xs:list itemType = "xs:string"/>
    </xs:simpleType>
    <!-- 定义全局简单数据类型,名为 stringListDemo,它是一个列表类型,列表中的元素类型为局
 部自定义简单类型 string 类型,约束最小长度为 10 -->
    <xs:simpleType name = "stringListDemo">
        <xs:list>
            <xs:simpleType>
                <xs:restriction base = "xs:string">
                    <xs:minLength value = "10"/>
                </xs:restriction>
            </xs:simpleType>
        </xs:list>
    </xs:simpleType>
```

```xml
    <xs:element name="ListDemo">
        <xs:complexType>
            <xs:sequence>
                <xs:element name="firstValue" type="stringList"></xs:element>
                <xs:element name="secondValue" type="stringListDemo"></xs:element>
            </xs:sequence>
        </xs:complexType>
    </xs:element>
</xs:schema>
```

代码 4-40　符合 defineListDemo.xsd 的示例代码

```xml
<?xml version="1.0" encoding="UTF-8"?>
<ListDemo xsi:noNamespaceSchemaLocation="defineListDemo.xsd" xmlns:xsi="http://www.w3.org/2001/XMLSchema-instance">
    <firstValue>String1 String2</firstValue>
    <secondValue>aaaaaaaaaa aaaaaaaaaa aaaaaaaaaa</secondValue>
</ListDemo>
```

3）联合

Schema 使用 <union…/> 元素将多个简单类型联合成新的类型，下面介绍为 <union…/> 元素指定简单类型的两种方式。

（1）为 <union…/> 元素的 memeberTypes 属性指定一个或多个简单类型，多个简单类型之间以空格隔开。

```xml
<xs:simpleType [name="自定义类型名称"]>
        <xs:union memeberTypes="[列表元素类型]+"></xs:union>
</xs:simpleType>
```

（2）为 <union…/> 元素增加一个或多个 <simpleType…/> 子元素，每个 <simpleType…/> 子元素指定一个简单类型。

```xml
<xs:simpleType [name="自定义类型名称"]>
        <xs:union>
            [<simpleType…/>]+
        </xs:union>
</xs:simpleType>
```

使用联合方式定义基本数据类型的示例代码见代码 4-41 和代码 4-42。

代码 4-41　基于列表的简单数据类型示例代码（defineDemoUninOnly.xsd）

```xml
<?xml version="1.0" encoding="UTF-8"?>
<xs:schema xmlns:xs="http://www.w3.org/2001/XMLSchema" elementFormDefault="qualified" attributeFormDefault="unqualified">
    <!-- 定义全局数据类型，名为 stringList，该类型为 string 和 decimal 的类型，表示既可以为 string 类型又可以为 decimal 类型 -->
    <xs:simpleType name="stringList">
        <xs:union memberTypes="xs:string xs:decimal"></xs:union>
```

```xml
        </xs:simpleType>
        <!-- 定义全局数据类型,名为stringListDemo,该类型为限制最短长度为10的字符串和限制长度为5的字符串,表示string类型长度为5或长度至少为10 -->
        <xs:simpleType name = "stringListDemo">
            <xs:union>
                <!-- 定义局部数据类型,限制最短长度为10的字符串 -->
                <xs:simpleType>
                    <xs:restriction base = "xs:string">
                        <xs:minLength value = "10"/>
                    </xs:restriction>
                </xs:simpleType>
                <!-- 定义局部数据类型,限制长度为5的字符串 -->
                <xs:simpleType>
                    <xs:restriction base = "xs:string">
                        <xs:length value = "5"/>
                    </xs:restriction>
                </xs:simpleType>
            </xs:union>
        </xs:simpleType>
        <xs:element name = "unionDemo">
            <xs:complexType>
                <xs:sequence>
                    <!-- 定义元素firstDemo类型为自定义全局数据类型stringList -->
                    <xs:element name = "firstDemo" type = "stringList"></xs:element>
                    <!-- 定义元素secondDemo类型为自定义全局数据类型stringListDemo -->
                    <xs:element name = "secondDemo" type = "stringListDemo"></xs:element>
                </xs:sequence>
            </xs:complexType>
        </xs:element>
</xs:schema>
```

代码4-42 符合 defineDemoUninOnly.xsd 的示例代码

```xml
<?xml version = "1.0" encoding = "UTF - 8"?>
<unionDemo xsi:noNamespaceSchemaLocation = "defineDemoUninOnly.xsd" xmlns:xsi = "http://www.w3.org/2001/XMLSchema - instance">
    <firstDemo> String 12.5 </firstDemo>
    <secondDemo> aaaaaaaaaa bbbbb </secondDemo>
</unionDemo>
```

在定义简单数据类型时,不仅可以单独使用限制、列表和联合方式中的一种,还可以根据需要结合使用限制、列表和联合的部分或全部。结合使用限制、列表和联合的示例代码见代码4-43和代码4-44。

代码4-43 基于限制、列表和联合方式的简单数据类型示例代码(defineUninDemo.xsd)

```xml
<?xml version = "1.0" encoding = "UTF - 8"?>
<xs:schema xmlns:xs = "http://www.w3.org/2001/XMLSchema" elementFormDefault = "qualified" attributeFormDefault = "unqualified">
    <!-- 自定义全局简单数据类型,名为allDemo,该类型的元素通过联合实现,既可以是长度至少为10的字符串类型,又可以是数字列表 -->
    <xs:simpleType name = "allDemo">
```

```xml
            <!-- 联合的使用 -->
            <xs:union>
                <xs:simpleType>
                    <!-- 限制的使用 -->
                    <xs:restriction base = "xs:string">
                        <xs:minLength value = "10"/>
                    </xs:restriction>
                </xs:simpleType>
                <xs:simpleType>
                    <!-- 列表的使用 -->
                    <xs:list itemType = "xs:int"/>
                </xs:simpleType>
            </xs:union>
        </xs:simpleType>
        <xs:element name = "demo">
            <xs:complexType>
                <xs:sequence>
                    <xs:element name = "sub" type = "allDemo" maxOccurs = "unbounded"></xs:element>
                </xs:sequence>
            </xs:complexType>
        </xs:element>
</xs:schema>
```

代码 4-44　符合 defineUninDemo.xsd 的示例代码

```xml
<?xml version = "1.0" encoding = "UTF-8"?>
<demo xsi:noNamespaceSchemaLocation = "defineUninDemo.xsd" xmlns:xsi = "http://www.w3.org/2001/XMLSchema-instance">
    <sub>aaaaaaaaaa</sub>
    <sub>11 22.5 44.7</sub>
</demo>
```

2. 自定义复杂数据类型

复杂数据类型所约束的 XML 元素内容可能包含属性、子元素或同时包含子元素和属性。复杂元素也有可能在包含子元素的同时还包含字符内容,这样的元素被称为混合内容。定义复杂元素的语法格式如下:

```xml
<xs:complexType [name = "自定义元素名称"] [mixed = "true|false"]>
    [顺序、选择、无序、简单内容、复杂内容]+
</xs:complexType>
```

- name 属性:自定义的数据类型名称。当定义的复杂数据类型为全局数据类型,即直接在<schema>标记中定义时,必须写出该属性。如果为局部数据类型,则没有该属性。
- mixed 属性:如果 mixed 属性值为 true,则表示该元素的内容为混合内容,该属性的默认值为 false。

1）顺序< xs:sequence >

使用 sequence 元素定义的数据类型用于设定子元素的顺序，表示该元素的子元素是有序的。使用该元素的语法格式如下：

```
< xs:complexType name = "mytype">
    < xs:sequence [maxOccurs = "最多出现的次数"] [minOccurs = "最少出现的次数"]>
        [< xs:element name = "test" type = "xs:string" minOccurs = "最少出现的次数" maxOccurs = "最多出现的次数" ></xs:element >] +
    </xs:sequence >
</xs:complexType >
```

- maxOccurs 属性：最多出现的次数，通常为一个固定的数字。该属性既可以作为 sequence 的属性，也可以作为 element 的属性。当最多次数没有限制时，该属性的值为 unbounded。
- minOccurs 属性：最少出现的次数，为一个固定的数字。该属性既可以作为 sequence 的属性，也可以作为 element 的属性。

一个 sequence 元素内通常包含多个 element 元素，使用 sequence 定义复杂数据类型的示例代码见代码 4-45 和代码 4-46。

代码 4-45　基于 sequence 定义的数据类型示例代码（sequencedemo.xsd）

```
<?xml version = "1.0" encoding = "UTF-8"?>
< xs:schema xmlns:xs = "http://www.w3.org/2001/XMLSchema" elementFormDefault = "qualified" attributeFormDefault = "unqualified">
    < xs:element name = "root">
        <!-- 定义局部复杂数据类型，子元素有序、无次数限制，表示子元素 sub1 和 sub2 只能出现一次而且是有序的 -->
        < xs:complexType >
            < xs:sequence >
                < xs:element name = "sub1" type = "sub1type"></xs:element >
                < xs:element name = "sub2" type = "sub2type"></xs:element >
            </xs:sequence >
        </xs:complexType >
    </xs:element >
    <!-- 定义全局复杂数据类型，名为 sub1type，元素次数限制属性加在 sequence 元素上，子元素有序并限至少出现两次，表示子元素作为一个单元来看待可以重复出现两次，子元素 sub1 和 sub2 是有序的 -->
    < xs:complexType name = "sub1type">
        <!-- 最少出现两次，最多没有限制 -->
        < xs:sequence minOccurs = "2" maxOccurs = "unbounded">
            < xs:element name = "sub1" type = "xs:int"></xs:element >
            < xs:element name = "sub2" type = "xs:int"></xs:element >
        </xs:sequence >
    </xs:complexType >
    <!-- 定义全局复杂数据类型，名为 sub2type，元素次数限制属性加在 element 元素上，表示子元素 sub1 和 sub2 是有序的，sub1 出现的次数可以是 1 到 3 次，sub2 至少出现两次 -->
    < xs:complexType name = "sub2type">
        < xs:sequence >
            <!-- 最少出现一次，最多出现 3 次 -->
```

```
                <xs:element name = "sub21" type = "xs:string" minOccurs = "1" maxOccurs = "3">
</xs:element>
                <!-- 最少出现两次,最多没有限制 -->
                <xs:element name = "sub22" type = "xs:string" minOccurs = "2" maxOccurs = "unbounded"></xs:element>
            </xs:sequence>
        </xs:complexType>
</xs:schema>
```

代码 4-46 符合 sequencedemo.xsd 的示例代码

```
<?xml version = "1.0" encoding = "UTF-8"?>
<root xsi:noNamespaceSchemaLocation = "sequencedemo.xsd" xmlns:xsi = "http://www.w3.org/2001/XMLSchema-instance">
    <sub1>
        <sub1>0</sub1>
        <sub2>0</sub2>
        <sub1>0</sub1>
        <sub2>0</sub2>
    </sub1>
    <sub2>
        <sub21>String</sub21>
        <sub22>String</sub22>
        <sub22>String</sub22>
    </sub2>
</root>
```

2) 选择< xs:choice >

使用 choice 元素定义的数据类型用于设定子元素的选择关系,表示该元素的子元素可以根据实际需要从子元素中选择一个使用。使用该元素的语法格式如下:

```
<xs:complexType name = "mytype">
    <xs:choice [maxOccurs = "最多出现的次数"] [minOccurs = "最少出现的次数"]>
        [<xs:element name = "test" type = "xs:string" minOccurs = "最少出现的次数" maxOccurs = "最多出现的次数" ></xs:element>]+
    </xs:choice>
</xs:complexType>
```

- maxOccurs 属性:最多出现的次数,通常为一个固定的数字。该属性既可以作为 choice 的属性,也可以作为 element 的属性。当最多次数没有限制时,该属性的值为 unbounded。
- minOccurs 属性:最少出现的次数,为一个固定的数字。该属性既可以作为 choice 的属性,也可以作为 element 的属性。

一个 choice 元素内通常包含多个 element 元素,使用 choice 定义复杂数据类型的示例代码见代码 4-47~代码 4-49。

代码 4-47　基于 choice 定义的数据类型示例代码（choicedemo.xsd）

```xml
<?xml version = "1.0" encoding = "UTF - 8"?>
<xs:schema xmlns:xs = "http://www.w3.org/2001/XMLSchema" elementFormDefault = "qualified" attributeFormDefault = "unqualified">
    <xs:element name = "root">
        <!-- 定义局部复杂数据类型,表示子元素 sub1 和 sub2 只能出现一次,而且只能选择其一 -->
        <xs:complexType>
            <xs:choice>
                <xs:element name = "sub1" type = "sub1type"></xs:element>
                <xs:element name = "sub2" type = "sub2type"></xs:element>
            </xs:choice>
        </xs:complexType>
    </xs:element>
    <!-- 定义全局复杂数据类型,名为 sub1type,元素次数限制属性加在 choice 元素上,子元素有次数限制至少出现两次,表示选择出来的元素至少出现两次,子元素 sub1 和 sub2 选择其一 -->
    <xs:complexType name = "sub1type">
        <!-- 最少出现两次,最多没有限制 -->
        <xs:choice minOccurs = "2" maxOccurs = "unbounded">
            <xs:element name = "sub11" type = "xs:int"></xs:element>
            <xs:element name = "sub12" type = "xs:int"></xs:element>
        </xs:choice>
    </xs:complexType>
    <!-- 定义全局复杂数据类型,名为 sub2type,元素次数限制属性加在 element 元素上,表示子元素 sub1 和 sub2 是选择其一的,如果选择了 sub1,出现的次数可以是 1 到 3 次,如果选择了 sub2 至少出现两次 -->
    <xs:complexType name = "sub2type">
        <xs:choice>
            <!-- 最少出现一次,最多出现 3 次 -->
            <xs:element name = "sub21" type = "xs:string" minOccurs = "1" maxOccurs = "3"></xs:element>
            <!-- 最少出现两次,最多没有限制 -->
            <xs:element name = "sub22" type = "xs:string" minOccurs = "2" maxOccurs = "unbounded"></xs:element>
        </xs:choice>
    </xs:complexType>
</xs:schema>
```

代码 4-48　符合 choicedemo.xsd 的示例代码 1

```xml
<?xml version = "1.0" encoding = "UTF - 8"?>
<root xsi:noNamespaceSchemaLocation = "choicedemo.xsd" xmlns:xsi = "http://www.w3.org/2001/XMLSchema - instance">
    <sub1>
        <sub11>0</sub11>
        <sub11>0</sub11>
    </sub1>
</root>
```

代码 4-49　符合 choicedemo.xsd 的示例代码 2

```xml
<?xml version="1.0" encoding="UTF-8"?>
<root xsi:noNamespaceSchemaLocation="choicedemo.xsd" xmlns:xsi="http://www.w3.org/2001/XMLSchema-instance">
    <sub2>
        <sub21></sub21>
    </sub2>
</root>
```

3）无序<xs:all>

使用 all 元素定义的数据类型用于设定子元素是没有顺序的,表示该元素的子元素是无序的。但是该元素设定中有一些约束：①子元素数量不能被设定,只能是一个；②也不能增加属性；③不能与<xs:sequence>或<xs:choice>同时出现,只能作为<complexContent>或<complextType>的顶级元素。使用该元素的语法格式如下：

```xml
<xs:complexType name="mytype">
    <xs:all minOccurs="0|1" maxOccurs="1">
        [<xs:element minOccurs="0|1" maxOccurs="0|1" default=""></xs:element>]+
    </xs:all>
</xs:complexType>
```

- maxOccurs 属性：最多出现的次数,通常为一个固定的数字。该属性既可以作为 all 的属性,此时该值只能为1,也可以作为 element 的属性,此时该值可以为0或1。
- minOccurs 属性：最少出现的次数,为一个固定的数字。该属性既可以作为 all 的属性,也可以作为 element 的属性,该值只能为0或1。

在一个 all 元素内通常包含多个 element 元素,实际应用中很少使用 minOccurs 和 maxOccurs 属性。使用 all 定义复杂数据类型的示例代码见代码 4-50 和代码 4-51。

代码 4-50　基于 all 定义的数据类型示例代码（alldemo.xsd）

```xml
<?xml version="1.0" encoding="UTF-8"?>
<xs:schema xmlns:xs="http://www.w3.org/2001/XMLSchema" elementFormDefault="qualified" attributeFormDefault="unqualified">
    <xs:element name="root">
        <!-- 定义局部复杂数据类型,表示子元素 sub1 和 sub2 的出现次序是无序的 -->
        <xs:complexType>
            <xs:all>
                <xs:element name="sub1" type="xs:string"></xs:element>
                <xs:element name="sub2" type="xs:string"></xs:element>
            </xs:all>
        </xs:complexType>
    </xs:element>
</xs:schema>
```

代码 4-51　符合 alldemo.xsd 的示例代码

```xml
<?xml version = "1.0" encoding = "UTF-8"?>
< root xsi:noNamespaceSchemaLocation = "alldemo.xsd" xmlns:xsi = "http://www.w3.org/2001/XMLSchema-instance">
    < sub2 > String </sub2 >
    < sub1 > String </sub1 >
</root >
```

4）简单内容<xs:simpleContent>

如果元素只包含属性，不包含子元素，则可以使用 simpleContent 元素定义元素内容，具体的内容方式包括在基类型上扩展和限制两种方式。

（1）限制<xs:restriction base＝"基类型"></xs:restriction>：基类型必须为一个仅包含属性的简单类型。该标记中可以嵌套基于 restriction 元素内的所有特征元素，对当前的基类型进行限制。

（2）扩展<xs:extension base＝"基类型"></xs:extension>：基类型必须为一个简单类型，该元素内可以包含属性的定义，在简单内容的基础上增加属性。

使用 simpleContent 定义复杂数据类型的示例代码见代码 4-52 和代码 4-53。

代码 4-52　基于 simpleContent 定义的数据类型示例代码（simpleContentdemo.xsd）

```xml
<?xml version = "1.0" encoding = "UTF-8"?>
< xs:schema xmlns:xs = "http://www.w3.org/2001/XMLSchema" elementFormDefault = "qualified" attributeFormDefault = "unqualified">
    <!-- 定义全局复杂数据类型，名为 paramType，表示元素类型是仅包含属性的复杂数据类型，该类型在字符串的基础上做了一个扩展，增加了属性 id、name，为字符串类型 -->
    < xs:complexType name = "paramType">
        < xs:simpleContent >
            < xs:extension base = "xs:string">
                < xs:attribute name = "id" type = "xs:string"></xs:attribute >
                < xs:attribute name = "name" type = "xs:string"></xs:attribute >
            </xs:extension >
        </xs:simpleContent >
    </xs:complexType >

    < xs:element name = "root">
    <!-- 定义局部复杂数据类型，表示元素类型是仅包含属性的复杂数据类型，该类型在 paramType 的基础上做了限制，属性仍包含 id、name，为字符串类型，限制元素的字符串长度至少为 5 -->
        < xs:complexType >
            < xs:sequence >
                < xs:element name = "sub1" type = "paramType"></xs:element >
                < xs:element name = "sub2">
                    <!-- 定义局部复杂数据类型，表示子元素 sub1 和 sub2 的出现是无序的 -->
                    < xs:complexType >
                        < xs:simpleContent >
                            < xs:restriction base = "paramType">
                                < xs:minLength value = "5"></xs:minLength >
                            </xs:restriction >
```

```
                </xs:simpleContent>
            </xs:complexType>
        </xs:element>
      </xs:sequence>
    </xs:complexType>
  </xs:element>
</xs:schema>
```

代码 4-53　符合 simpleContentdemo.xsd 的示例代码

```
<?xml version="1.0" encoding="UTF-8"?>
<root xsi:noNamespaceSchemaLocation="simpleContentdemo.xsd" xmlns:xsi="http://www.w3.org/2001/XMLSchema-instance">
    <sub1 id="1" name="aa">a</sub1>
    <sub2 id="2" name="bb">aaaaa</sub2>
</root>
```

5）复杂内容<xs:complexContent>

使用 complexContent 元素有点类似于编程语言的继承，相当于在某一基类型的基础上进行扩展或限制。如果元素包含子元素（是否包含属性不限制），则可以使用该元素对元素内容进行定义。

- 限制<xs:restriction base="基类型"></xs:restriction>：基类型为一个已经定义好的复杂数据类型，在基类型的基础上增加限制。
- 扩展<xs:extension base="基类型"></xs:extension>：基类型为一个已经定义好的复杂数据类型，在基类型的基础上进行扩展，既可以增加子元素，又可以增加属性。

使用 complexContent 定义复杂数据类型的示例代码见代码 4-54 和代码 4-55。

代码 4-54　基于 complexContent 定义的数据类型示例代码（complexContentDemo.xsd）

```
<?xml version="1.0" encoding="UTF-8"?>
<xs:schema xmlns:xs="http://www.w3.org/2001/XMLSchema" elementFormDefault="qualified" attributeFormDefault="unqualified">
    <!-- 定义一个全局复杂类型,名为 baseType,其包含两个有序的子元素 base1 和 base2,该类型作为基类型 -->
    <xs:complexType name="baseType">
        <xs:sequence>
            <xs:element name="base1" type="xs:string"></xs:element>
            <xs:element name="base2" type="xs:string"></xs:element>
        </xs:sequence>
    </xs:complexType>
    <!-- 定义全局复杂数据类型,名为 extendsBaseType,该类型在 baseType 的类型上进行了扩展,增加了两个属性 id、name,都是字符串类型 -->
    <xs:complexType name="extendsBaseType">
        <xs:complexContent>
            <xs:extension base="baseType">
                <xs:attribute name="id" type="xs:string"></xs:attribute>
```

```
                    <xs:attribute name="name" type="xs:string"></xs:attribute>
                </xs:extension>
            </xs:complexContent>
        </xs:complexType>
        <!-- 定义全局复杂数据类型,名为 root,该类型在 baseType 的类型上进行了限制,限制 base2 的
值为固定的,必须是 base2string -->
        <xs:element name="root">
            <xs:complexType>
                <xs:sequence>
                    <xs:element name="sub1" type="extendsBaseType"></xs:element>
                    <xs:element name="sub2">
                        <!-- 定义局部复杂数据类型,表示元素类型是仅包含属性的复杂数据类型,
该类型在 paramType 的基础上做了限制,属性仍包含 id、name,为字符串类型,限制元素的字符串长度
至少为 5 -->
                        <xs:complexType>
                            <xs:complexContent>
                                <xs:restriction base="baseType">
                                    <xs:sequence>
                                        <xs:element name="base1" type="xs:string"></xs:element>
                                        <xs:element name="base2" type="xs:string" fixed="base2string"></xs:element>
                                    </xs:sequence>
                                </xs:restriction>
                            </xs:complexContent>
                        </xs:complexType>
                    </xs:element>
                </xs:sequence>
            </xs:complexType>
        </xs:element>
</xs:schema>
```

代码 4-55　符合 complexContentDemo.xsd 的示例代码

```
<?xml version="1.0" encoding="UTF-8"?>
<root xsi:noNamespaceSchemaLocation="complexContentDemo.xsd" xmlns:xsi="http://www.w3.org/2001/XMLSchema-instance">
    <sub1 id="1" name="aa">
        <base1>String</base1>
        <base2>String</base2>
    </sub1>
    <sub2>
        <base1>anyString</base1>
        <base2>base2string</base2>
    </sub2>
</root>
```

4.5 本章小结

本章在第 2 章介绍 DTD 的基础上,介绍了另外一种对 XML 进行语义约束的方式——Schema,这种方式也是目前最常使用的方式。

本章先介绍了 Schema 的基本概念,通过一个 Schema 实例使读者对 Schema 有一个初步的了解。关于 Schema 的语法主要分 3 个内容进行了讲解:①在 XML 文件中如何引入 Schema 文件;②Schema 的文件结构;③Schema 的数据类型,数据类型是 Schema 中非常重要的内容,尤其需要读者仔细体会和理解。

通过本章的介绍读者应该能够读懂 Schema 文件,能够根据 Schema 文件写出符合 Schema 约束的 XML 文件,也能够根据一般的 XML 文件及其要求写出相应的 Schema 文件。

习题 4

1. 定义以下 XML 文件对应的 Schema 文件。

```xml
<?xml version = "1.0" encoding = "UTF - 8"?>
<学生名册 xmlns:xsi = "http://www.w3.org/2001/XMLSchema - instance" xsi:noNamespaceSchemaLocation = "schemaexe.xsd">
    <学生 学号 = "1">
        <姓名>张三</姓名>
        <性别>男</性别>
        <年龄> 20 </年龄>
    </学生>
    <学生 学号 = "2">
        <姓名>李四</姓名>
        <性别>女</性别>
        <年龄> 19 </年龄>
    </学生>
    <学生 学号 = "3">
        <姓名>王五</姓名>
        <性别>男</性别>
        <年龄> 27 </年龄>
    </学生>
</学生名册>
```

2. 定义该 XML 文件对应的 Schema 文件。

```xml
< library >
    < books >
        < book bookid = "b - 1 - 1">XML 详解</book >
        < book bookid = "b - 1 - 2">Servlet 从入门到精通</book >
        < book bookid = "b - 1 - 3">JSP 实例编程</book >
    </books >
    < records >
```

```
            < item >
                < date > 2012 - 08 - 01 </date >
                < person name = "张三" borrowed = "b - 1 - 1 b - 1 - 2"/>
            </item >
            < item >
                < date > 2012 - 08 - 02 </date >
                < person name = "李四" borrowed = "b - 1 - 1 b - 1 - 3"/>
            </item >
        </records >
    </library >
```

第5章 Schema高级技术

本章学习目标
- 了解 Schema 的高级特性
- 掌握 Schema 的复用
- 了解 Schema 的简单实践技巧

本章针对 Schema 的高级技术进行了讲解,主要内容包括 Schema 的高级特性、Schema 的复用和 Schema 实践技巧。

5.1 Schema 的高级特性

5.1.1 元素的替换

XML Schema 提供了一种机制称为置换组。当元素定义为全局元素时,允许使用 substitutionGroup 属性,该属性的值为预先定义好的元素,包含当前属性的元素允许替换被指定的预先定义好的元素。substitutionGroup 属性指定的元素被称为替换元素,也称为头元素(Head Element),包含 substitutionGroup 属性的元素被称为替换元素。在替换元素时,大家需要注意以下几点:

(1) 替换元素与头元素(被替换元素)都必须是全局元素,必须作为全局元素声明。

(2) 替换元素与头元素必须具有相同的数据类型,或者替换元素的类型是从非替换元素类型派生出来的。

(3) 在定义了替换元素之后,并非意味着不能使用头元素,它只是提供了一个允许元素可替换使用的机制。

使用 substitutionGroup 属性的示例代码见代码 5-1 和代码 5-2。

代码 5-1 使用替换组的 Schema 文件(substitutionDemo.xsd)

```xml
<?xml version = "1.0" encoding = "UTF-8"?>
<xs:schema xmlns:xs = "http://www.w3.org/2001/XMLSchema" elementFormDefault = "qualified"
attributeFormDefault = "unqualified">
    <!-- 头元素 Head Element -->
    <xs:element name = "comment" type = "xs:string"/>
    <!-- 替换组元素,类型也为 string 类型 -->
    <xs:element name = "shipComment" type = "xs:string" substitutionGroup = "comment"/>
```

```xml
<!-- 替换组元素,类型为从string类型派生出来的类型substring -->
<xs:element name="customerComment" type="substring" substitutionGroup="comment">
</xs:element>
<xs:simpleType name="substring">
    <xs:restriction base="xs:string">
        <xs:length value="5"/>
    </xs:restriction>
</xs:simpleType>
<xs:element name="order">
    <xs:complexType>
        <xs:sequence>
            <xs:element name="productName" type="xs:string"/>
            <xs:element name="price" type="xs:decimal"/>
            <!-- 此处可以使用头元素,也可以使用替换组元素 -->
            <xs:element ref="comment"/>
            <xs:element name="shipDate" type="xs:date"/>
        </xs:sequence>
    </xs:complexType>
</xs:element>
</xs:schema>
```

代码5-2　符合Schema文件(substitutionDemo.xsd)约束的XML文件

```xml
<?xml version="1.0" encoding="UTF-8"?>
<order xsi:noNamespaceSchemaLocation="substitutionDemo.xsd" xmlns:xsi="http://www.w3.org/2001/XMLSchema-instance">
    <productName>String</productName>
    <price>0.0</price>
    <!-- 上面的comment元素被替换为shipComment,还可以替换为customerComment,还可以仍为comment元素 -->
    <shipComment>String</shipComment>
    <shipDate>1967-08-13</shipDate>
</order>
```

在上述代码中,comment元素为头元素,shipComment和customerComment都是替换元素。在使用元素时凡是出现comment元素的地方都可以使用替换元素替代,在代码5-2的XML文件中使用shipComment替代了comment元素。

5.1.2　抽象元素和抽象类型

当一个元素被声明为"abstract"时,该元素为抽象元素;当一个类型被声明为"abstract"时,该类型为抽象类型。抽象元素和抽象类型不能直接使用,必须有元素和类型对它们进行扩展。这相当于面向对象语言中的抽象类和抽象方法的作用,其可复用性更强。

当一个元素被声明为"abstract"时,该元素的置换元素必须出现在此Schema文件约束的XML文档(即实例文档)中。抽象元素的示例代码见代码5-3和代码5-4。

代码 5-3　使用抽象元素的 Schema 文件（abstractElement.xsd）

```xml
<?xml version="1.0" encoding="UTF-8"?>
<xs:schema xmlns:xs="http://www.w3.org/2001/XMLSchema" elementFormDefault="qualified"
attributeFormDefault="unqualified">
    <xs:element name="abstractElement" type="xs:string" abstract="true"/>
    <xs:element name="sub1Eelement" type="xs:string" substitutionGroup="abstractElement"/>
    <xs:element name="sub2Eelement" type="xs:string" substitutionGroup="abstractElement"/>
    <xs:element name="root">
        <xs:complexType>
            <xs:sequence>
                <!-- 此处的元素为 abstractElement,在此 Schema 文件约束的 XML 文档（即实例文
                档）中必须使用替换元素（非抽象元素）-->
                <xs:element ref="abstractElement" minOccurs="1" maxOccurs="unbounded"/>
            </xs:sequence>
        </xs:complexType>
    </xs:element>
</xs:schema>
```

代码 5-4　符合 Schema 文件（abstractElement.xsd）约束的 XML 文件

```xml
<?xml version="1.0" encoding="UTF-8"?>
<root xsi:noNamespaceSchemaLocation="abstractElement.xsd" xmlns:xsi="http://www.w3.org/2001/XMLSchema-instance">
    <sub2Eelement>String</sub2Eelement>
    <sub1Eelement>demoString</sub1Eelement>
</root>
```

在上述代码中，abstractElement 为抽象元素，该元素的替换元素有 sub1Eelement、sub2Eelement 两个。在 XML 文件中使用时必须使用替换元素替换抽象元素，即只能使用 sub1Eelement 或 sub2Eelement。在代码 5-4 的 XML 文件中分别使用 sub2Eelement 和 sub1Eelement 替换了抽象元素 abstractElement。

如果定义某个类型时指定了 abstract="true"，则表明该类型是一个抽象类型。抽象类型不能被 XML 文件直接使用，XML 文件只能使用 xsi:type 属性指定抽象类型的派生类型，这个派生类型必须是非抽象的。抽象属性的示例代码见代码 5-5 和代码 5-6。

代码 5-5　使用抽象属性的 Schema 文件（abstractType.xsd）

```xml
<?xml version="1.0" encoding="UTF-8"?>
<xs:schema xmlns:xs="http://www.w3.org/2001/XMLSchema" elementFormDefault="qualified"
attributeFormDefault="unqualified">
    <!-- 定义抽象类型名为 abstractType -->
    <xs:complexType name="abstractType" abstract="true">
        <xs:sequence>
            <xs:element name="sub1" type="xs:string"></xs:element>
            <xs:element name="sub2" type="xs:string"></xs:element>
        </xs:sequence>
    </xs:complexType>
    <!-- 自定义复杂类型,该类型扩展自抽象类型 abstractType -->
```

```xml
        <xs:complexType name="normalType">
            <xs:complexContent>
                <xs:extension base="abstractType">
                    <xs:attribute name="id" type="xs:string"></xs:attribute>
                </xs:extension>
            </xs:complexContent>
        </xs:complexType>
        <!--root 元素指定为抽象类型 abstractType-->
        <xs:element name="root" type="abstractType"/>
</xs:schema>
```

代码 5-6　符合 Schema 文件（abstractType.xsd）约束的 XML 文件

```xml
<?xml version="1.0" encoding="UTF-8"?>
<!--root 元素必须通过 xsi:type 属性指定具体类型,该类型扩展自定义的抽象类型 abstractType
-->
<root xsi:type="noramlType" xsi:noNamespaceSchemaLocation="abstractType.xsd" xmlns:xsi
="http://www.w3.org/2001/XMLSchema-instance" id="A">
    <sub1>String</sub1>
    <sub2>String</sub2>
</root>
```

在上述代码中定义了抽象类型 abstractType，noramlType 类型扩展了 abstractType，元素 root 的类型为 abstractType。因此，在 XML 文件中使用 root 元素时必须指定 abstractType 的扩展类型，代码中为 xsi:type="noramlType"，此时 root 为 noramlType 类型。

5.1.3　限制替换元素和限制派生类型

与抽象元素相反的是限制替换元素。当元素的定义包含 final 类型时，该元素为限制替换元素。根据 final 属性的值可以限制替换的方式，用属性值指定的限制方式如下。

- #all：阻止以任何方式替换当前元素。
- extension：阻止以当前元素的派生扩展方式类型元素替换当前元素。
- restriction：阻止以当前元素的派生限制方式类型元素替换当前元素。
- extension 和 restriction：阻止同时以当前元素的派生扩展方式类型元素和当前元素的派生限制方式类型元素替换当前元素。

使用限制派生元素的示例代码见代码 5-7 和代码 5-8。

代码 5-7　使用限制派生元素的 Schema 文件（finalElement.xsd）

```xml
<?xml version="1.0" encoding="UTF-8"?>
<xs:schema xmlns:xs="http://www.w3.org/2001/XMLSchema" elementFormDefault="qualified"
attributeFormDefault="unqualified">
    <!--定义元素 element1,该元素没有任何替换元素-->
    <xs:element name="element1" type="xs:string" final="#all"></xs:element>
    <xs:complexType name="rootType">
        <xs:sequence>
```

```
            <xs:element name="sub1Elem" type="xs:string"></xs:element>
            <xs:element name="sub2Elem" type="xs:string"></xs:element>
        </xs:sequence>
    </xs:complexType>
    <xs:complexType name="rootTypeRestriction">
        <xs:complexContent>
            <xs:restriction base="rootType">
                <xs:sequence>
                    <xs:element name="sub1Elem" type="xs:string"></xs:element>
                    <xs:element name="sub2Elem" type="xs:string" fixed="sub2Elem"></xs:element>
                </xs:sequence>
            </xs:restriction>
        </xs:complexContent>
    </xs:complexType>
    <!-- 定义元素element2,该元素的替换元素类型不能通过扩展方式派生 -->
    <xs:element name="element2" final="extension" type="rootType"></xs:element>
    <!-- 定义元素element2Subst,该元素的类型rootTypeRestriction通过限制方式派生得到,因此可以作为element2的替换元素 -->
    <xs:element name="element2Subst" type="rootTypeRestriction" substitutionGroup="element2"></xs:element>
    <xs:complexType name="rootTypeExtension">
        <xs:complexContent>
            <xs:extension base="rootType">
                <xs:sequence>
                    <xs:element name="sub3Elem" type="xs:string"></xs:element>
                    <xs:element name="sub4Elem" type="xs:string" fixed="sub2Elem"></xs:element>
                </xs:sequence>
            </xs:extension>
        </xs:complexContent>
    </xs:complexType>
    <!-- 定义元素element3,该元素的替换元素类型不能通过限制方式派生 -->
    <xs:element name="element3" final="restriction" type="rootType"></xs:element>
    <!-- 定义元素element3Subst,该元素的类型rootTypeExtension通过扩展方式派生得到,因此可以作为element3的替换元素 -->
    <xs:element name="element3Subst" type="rootTypeExtension" substitutionGroup="element3"></xs:element>

    <!-- 定义元素element4,该元素替换元素类型既不能通过限制方式派生也不能通过扩展方式派生 -->
    <xs:element name="element4" final="restriction extension" type="rootType"></xs:element>
    <!-- 定义元素element4Subst,该元素的类型为rootType,因此可以作为element4的替换元素 -->
    <xs:element name="element4Subst" type="rootType" substitutionGroup="element4"></xs:element>

    <xs:element name="root">
        <xs:complexType>
            <xs:sequence>
                <xs:element ref="element1"></xs:element>
```

```xml
            <xs:element ref="element2"></xs:element>
            <xs:element ref="element3"></xs:element>
            <xs:element ref="element4"></xs:element>
        </xs:sequence>
      </xs:complexType>
    </xs:element>
</xs:schema>
```

代码 5-8　符合 Schema 文件(finalElement.xsd)约束的 XML 文件

```xml
<?xml version="1.0" encoding="UTF-8"?>
<root xsi:noNamespaceSchemaLocation="finalElement.xsd" xmlns:xsi="http://www.w3.org/2001/XMLSchema-instance">
    <element1>String</element1>
    <element2Subst>
        <sub1Elem>String</sub1Elem>
        <sub2Elem>sub2Elem</sub2Elem>
    </element2Subst>
    <element3Subst>
        <sub1Elem>String</sub1Elem>
        <sub2Elem>String</sub2Elem>
        <sub3Elem>String</sub3Elem>
        <sub4Elem>sub2Elem</sub4Elem>
    </element3Subst>
    <element4Subst>
        <sub1Elem>String</sub1Elem>
        <sub2Elem>String</sub2Elem>
    </element4Subst>
</root>
```

在上述代码中，element1 元素没有任何替换元素；element2 元素的替换元素为 element2Subst，该元素通过限制方式得到；element3 元素的替换元素为 element3Subst，该元素通过扩展方式得到；element4 元素的替换元素为 element4Subst，这两个元素的类型一致。

当自定义复杂类型包含 final 属性时，表示该类型为限制派生类型，用 final 属性值指定限制的方式如下。

- #all：阻止以任何方式派生。
- extension：阻止以扩展方式派生。
- restriction：阻止以限制方式派生。

限制派生类型的示例代码见代码 5-9 和代码 5-10。

代码 5-9　使用限制派生类型的 Schema 文件(finalType.xsd)

```xml
<?xml version="1.0" encoding="UTF-8"?>
<xs:schema xmlns:xs="http://www.w3.org/2001/XMLSchema" elementFormDefault="qualified" attributeFormDefault="unqualified">
    <!-- 定义的复杂类型，名为 base1Type,final 属性指出该类型的子类型不能使用限制 -->
```

```xml
<xs:complexType name="base1Type" final="restriction">
    <xs:sequence>
        <xs:element name="sub1" type="xs:string"></xs:element>
        <xs:element name="sub2" type="xs:string"></xs:element>
    </xs:sequence>
</xs:complexType>
<!-- 定义的复杂类型,名为base1subType,继承自base1Type,只能通过扩展方式继承 -->
<xs:complexType name="base1subType">
    <xs:complexContent>
        <!-- 通过扩展方式继承base1Type -->
        <xs:extension base="base1Type">
            <xs:attribute name="id" type="xs:string"/>
        </xs:extension>
    </xs:complexContent>
</xs:complexType>

<!-- 定义的复杂类型,名为base2Type,final属性指出该类型的子类型不能使用扩展 -->
<xs:complexType name="base2Type" final="extension">
    <xs:sequence>
        <xs:element name="sub3" type="xs:string"></xs:element>
        <xs:element name="sub4" type="xs:string"></xs:element>
    </xs:sequence>
</xs:complexType>
<!-- 定义的复杂类型,名为base1subType,继承自base1Type,只能通过扩展方式继承 -->
<xs:complexType name="base2subType">
    <xs:complexContent>
        <!-- 通过限制方式继承base2Type -->
        <xs:restriction base="base2Type">
            <xs:sequence>
                <xs:element name="sub3" type="xs:string"></xs:element>
                <xs:element name="sub4" type="xs:string"></xs:element>
            </xs:sequence>
        </xs:restriction>
    </xs:complexContent>
</xs:complexType>

<!-- 定义的复杂类型,名为base3Type,final属性指出该类型不能被派生 -->
<xs:complexType name="base3Type" final="#all">
    <xs:sequence>
        <xs:element name="sub5" type="xs:string"></xs:element>
        <xs:element name="sub6" type="xs:string"></xs:element>
    </xs:sequence>
</xs:complexType>

<xs:element name="root">
    <xs:complexType>
        <xs:sequence>
            <xs:element name="sub1" type="base1subType"></xs:element>
            <xs:element name="sub2" type="base2subType"></xs:element>
            <xs:element name="sub3" type="base3Type"></xs:element>
```

```xml
        </xs:sequence>
      </xs:complexType>
   </xs:element>
</xs:schema>
```

代码 5-10　符合 Schema 文件（finalType.xsd）约束的 XML 文件

```xml
<?xml version = "1.0" encoding = "UTF-8"?>
<root xsi:noNamespaceSchemaLocation = "finalType.xsd" xmlns:xsi = "http://www.w3.org/2001/XMLSchema-instance">
    <sub1 id = "a">
        <sub1>String</sub1>
        <sub2>String</sub2>
    </sub1>
    <sub2>
        <sub3>anyString</sub3>
        <!-- 元素内容只能为 sub4string -->
        <sub4>sub4string</sub4>
    </sub2>
    <sub3>
        <sub5>String</sub5>
        <sub6>String</sub6>
    </sub3>
</root>
```

5.1.4　限制替换类型

使用限制替换类型可以对某个特定的复杂类型进行约束，此时复杂类型定义中的 <complexType> 元素使用 block 属性。当为某个特定类型增加限制时，表示使用该类型的元素被替换时，应该遵循类型中的限制，限制方式依据 block 的属性值，具体指定限制的方式如下。

- #all：阻止替换该类型的元素。
- extension：阻止扩展方式类型的元素替换该类型的元素。
- restriction：阻止限制方式类型的元素替换该类型的元素。

限制替换类型的示例代码见代码 5-11 和代码 5-12。

代码 5-11　复杂类型中使用 block 属性的 Schema 文件（blockType.xsd）

```xml
<?xml version = "1.0" encoding = "UTF-8"?>
<xs:schema xmlns:xs = "http://www.w3.org/2001/XMLSchema" elementFormDefault = "qualified" attributeFormDefault = "unqualified">
    <!-- 定义全局数据类型 myType,该类型的元素不能被任何元素替换 -->
    <xs:complexType name = "myType" block = "#all">
        <xs:sequence>
            <xs:element name = "sub1" type = "xs:string"/>
            <xs:element name = "sub2" type = "xs:string"/>
        </xs:sequence>
    </xs:complexType>
```

```xml
<!-- 元素 root1 的类型为 myType,该元素不能被任何元素替换 -->
<xs:element name = "root1" type = "myType"/>

<!-- 定义全局数据类型 myType1,该类型的元素不能被任何该类型的扩展类型元素替换 -->
<xs:complexType name = "myType1" block = "extension">
    <xs:sequence>
        <xs:element name = "sub3" type = "xs:string"/>
        <xs:element name = "sub4" type = "xs:string"/>
    </xs:sequence>
</xs:complexType>
<!-- 定义全局数据类型 myType11,该类型为 myType1 的限制类型 -->
<xs:complexType name = "myType11">
    <xs:complexContent>
        <xs:restriction base = "myType1">
            <xs:sequence>
                <xs:element name = "sub3" type = "xs:string"/>
                <xs:element name = "sub4" type = "xs:string" fixed = "sub4String"/>
            </xs:sequence>
        </xs:restriction>
    </xs:complexContent>
</xs:complexType>
<!-- 定义元素 root2 为 myType1 -->
<xs:element name = "root2" type = "myType1"/>
<!-- 定义元素 root2rep 为 myType11,myType11 为 myType1 的限制类型,不在限制范围内,因此可以作为 root2 的替换元素 -->
<xs:element name = "root2rep" type = "myType11" substitutionGroup = "root2"/>
<!-- 定义全局数据类型 myType2,该类型的元素不能被任何该类型的限制类型元素替换 -->
<xs:complexType name = "myType2" block = "restriction">
    <xs:sequence>
        <xs:element name = "sub5" type = "xs:string"/>
        <xs:element name = "sub6" type = "xs:string"/>
    </xs:sequence>
</xs:complexType>
<!-- 定义全局数据类型 myType21,该类型为 myType2 的扩展类型 -->
<xs:complexType name = "myType21">
    <xs:complexContent>
        <xs:extension base = "myType2">
            <xs:attribute name = "id" type = "xs:string" use = "required"/>
        </xs:extension>
    </xs:complexContent>
</xs:complexType>
<!-- 定义元素 root3 为 myType2 -->
<xs:element name = "root3" type = "myType2"/>
<!-- 定义元素 root3rep 为 myType21,myType21 为 myType2 的扩展类型,不在限制范围内,因此可以作为 root3 的替换元素 -->
<xs:element name = "root3rep" type = "myType21" substitutionGroup = "root3"/>

<xs:element name = "root">
```

```
            <xs:complexType>
                <xs:sequence>
                    <xs:element ref="root1"></xs:element>
                    <xs:element ref="root2"></xs:element>
                    <xs:element ref="root3"></xs:element>
                </xs:sequence>
            </xs:complexType>
        </xs:element>
    </xs:schema>
```

代码 5-12　符合 Schema 文件(blockType.xsd)约束的 XML 文件

```
<?xml version="1.0" encoding="UTF-8"?>
<root xsi:noNamespaceSchemaLocation="blockType.xsd" xmlns:xsi="http://www.w3.org/2001/XMLSchema-instance">
    <root1>
        <sub1>String</sub1>
        <sub2>String</sub2>
    </root1>
    <!-- 此处使用 root2rep 元素替换 root2 -->
    <root2rep>
        <sub3>String</sub3>
        <sub4>sub4String</sub4>
    </root2rep>
    <!-- 此处使用 root3rep 元素替换 root3 -->
    <root3rep id="a01">
        <sub5>String</sub5>
        <sub6>String</sub6>
    </root3rep>
</root>
```

5.1.5　元素和属性的约束

　　XML Schema 可以将一个元素或属性定义为 key,从而保证该元素或属性在一定范围内唯一。在 XML 实例文档中,key 代表的元素或属性的值作为一个集合,通过 keyref 限定另一个元素或属性的值必须在这个集合中。key 的定义方法和 unique 的定义方法十分相似,首先选择一组元素作为范围,然后依据上下文关系指定某元素或属性为 key。keyref 的定义和 key 的定义基本相同,唯一的区别在于增加了 keyref 属性来引用 key。

　　下面介绍 key、unique 和 keyref 标记的含义。

- key 约束：要求所约束的内容必须存在并保证唯一性。
- unique 约束：要求内容必须唯一,但可以不存在。
- keyref 约束：要求该内容必须引用一个 key 约束或 unique 约束的值。

　　在使用这些约束时需要使用 XPath 进行寻址,对于更多的 XPath 内容读者可参考第 7 章的内容进行学习。下面是一个使用这些约束标记的示例,其代码见代码 5-13 和代码 5-14。

代码 5-13 使用 key、keyref 和 unique 的 Schema 文件（uniqueElement.xsd）

```xml
<?xml version = "1.0" encoding = "UTF-8"?>
<xs:schema xmlns:xs = "http://www.w3.org/2001/XMLSchema" elementFormDefault = "qualified"
attributeFormDefault = "unqualified">
    <!-- 定义元素 sub1 中包含属性 idKey,该属性类型为字符串类型 -->
    <xs:element name = "sub1">
        <xs:complexType>
            <xs:attribute name = "idKey" type = "xs:string"/>
        </xs:complexType>
    </xs:element>
    <!-- 定义元素 sub2 中包含属性 sub2FK、nameUnique,这两个属性的类型为字符串类型 -->
    <xs:element name = "sub2">
        <xs:complexType>
            <xs:attribute name = "sub2FK" type = "xs:string"/>
            <xs:attribute name = "nameUnique" type = "xs:string"/>
        </xs:complexType>
    </xs:element>
    <!-- 定义元素 root -->
    <xs:element name = "root">
        <!-- root 元素中包含两个子元素 sub1 和 sub2 -->
        <xs:complexType>
            <xs:sequence>
                <!-- 出现的次数没有限制 -->
                <xs:element ref = "sub1" maxOccurs = "unbounded"/>
                <!-- 出现的次数没有限制 -->
                <xs:element ref = "sub2" maxOccurs = "unbounded"/>
            </xs:sequence>
        </xs:complexType>
        <!-- 增加 key 约束,要求 sub1 元素中属性 idKey 的值必须是唯一的 -->
        <xs:key name = "primaryKey">
            <!-- 通过 xpath 属性值选取一组元素 -->
            <xs:selector xpath = ".//sub1"/>
            <!-- 通过 xpath 属性值选取属性 -->
            <xs:field xpath = "@idKey"/>
        </xs:key>
        <!-- 增加 keyref 约束,要求 sub2 元素中属性 sub2FK 的值必须引用 sub1 元素中属性 idKey 的值 -->
        <xs:keyref name = "FK" refer = "primaryKey">
            <xs:selector xpath = ".//sub2"/>
            <xs:field xpath = "@sub2FK"/>
        </xs:keyref>
        <!-- 增加 unique 约束,要求 sub2 元素中属性 nameUnique 的值必须是唯一的 -->
        <xs:unique name = "UN">
            <xs:selector xpath = ".//sub2"/>
            <xs:field xpath = "@nameUnique"/>
        </xs:unique>
    </xs:element>
</xs:schema>
```

代码 5-14　符合 Schema 文件（uniqueElement.xsd）约束的 XML 文件

```xml
<?xml version = "1.0" encoding = "UTF - 8"?>
< root xsi:noNamespaceSchemaLocation = "uniqueElement.xsd" xmlns:xsi = "http://www.w3.org/2001/XMLSchema - instance">
    <!-- 以下所有 sub1 元素的中 idKey 属性的值必须是唯一的,而且该属性必须存在 -->
    < sub1 idKey = "StringID1"/>
    < sub1 idKey = "StringID2"/>
    <!-- 以下所有 sub2 元素中 sub2FK 属性的值必须引自 sub1 中 idKey 属性的值,nameUnique 属性的值必须唯一,也可以不存在该属性 -->
    < sub2 sub2FK = "StringID1" nameUnique = "StringUnique1"/>
    < sub2 sub2FK = "StringID1" nameUnique = "StringUnique2"/>
    < sub2 sub2FK = "StringID2"/>
</root>
```

5.2　Schema 的复用

随着文件中的组件增加,为了便于文件的维护、访问控制,又要兼顾可读性,常常将一个文件内容分在几个 Schema 文件中。通过以下标记可以在一个文件中引入其他 Schema 文件,具体标记包括 include、redefine、import。

大家需要注意的是,这些标记在使用时都必须作为 Schema 文件中根元素的子元素,并且必须位于其他元素的前面,即作为开始元素,如果这些元素部分或者全部出现在一个文档中,则它们之间的次序不分前后,但必须先于其他元素。

5.2.1　使用 include 元素复用 Schema

使用 include 元素复用 Schema 指将另一份 Schema 包含到当前的 Schema 中,要求被包含的 Schema 文件可以不属于任何命名空间,但如果包含命名空间,该命名空间必须与包含文件的命名空间保持一致。使用 include 元素的语法格式如下:

```
< include schemaLocation = "被包含的 Schema 的文件"/>
```

使用 include 元素复用 Schema 文件分为几种情况,下面分别进行介绍。

1. 被包含文件不属于任何命名空间

被包含文件的具体代码见代码 5-15。

代码 5-15　被复用的 Schema 文件（includedNoname.xsd）

```xml
<?xml version = "1.0" encoding = "UTF - 8"?>
< xs:schema xmlns:xs = "http://www.w3.org/2001/XMLSchema" elementFormDefault = "qualified" attributeFormDefault = "unqualified">
    < xs:element name = "commodity">
        < xs:complexType >
```

```
            <xs:sequence>
                <xs:element name = "name" type = "xs:string"/>
                <xs:element name = "manufacturer" type = "xs:string"/>
            </xs:sequence>
        </xs:complexType>
    </xs:element>
</xs:schema>
```

(1) 如果包含文件也不属于任何命名空间,则包含文件的代码见代码 5-16。

代码 5-16　includeNonameFile.xsd 文件通过 include 复用

```
<?xml version = "1.0" encoding = "UTF - 8"?>
<xs:schema xmlns:xs = "http://www.w3.org/2001/XMLSchema" elementFormDefault = "qualified"
attributeFormDefault = "unqualified">
    <!-- 指定被包含 Schema 文件的 URI -->
    <xs:include schemaLocation = "includedNoname.xsd"/>
    <xs:element name = "person">
        <xs:complexType>
            <xs:sequence>
                <xs:element name = "name" type = "xs:string"></xs:element>
                <xs:element ref = "commodity"></xs:element>
            </xs:sequence>
        </xs:complexType>
    </xs:element>
</xs:schema>
```

使用上述 includeNonameFile.xsd 约束的 XML 文件的代码见代码 5-17。

代码 5-17　符合 includeNonameFile.xsd 约束的 XML 文件

```
<?xml version = "1.0" encoding = "UTF - 8"?>
<person xsi:noNamespaceSchemaLocation = "includeNonameFile.xsd" xmlns:xsi = "http://www.w3.org/2001/XMLSchema - instance">
    <name>String</name>
    <!-- 不属于任何命名空间 -->
    <commodity>
        <name>String</name>
        <manufacturer>String</manufacturer>
    </commodity>
</person>
```

(2) 如果包含文件属于特定的命名空间,则被包含文件与包含文件保持相同的命名空间,具体代码见代码 5-18。

代码 5-18　includenameFile.xsd 文件通过 include 复用

```
<?xml version = "1.0" encoding = "UTF - 8"?>
<!-- 当前 Schema 文件定义的元素属于 http://www.dlut.edu.cn/xml/demo/include 命名空间 -->
```

```
<xs:schema xmlns:xs="http://www.w3.org/2001/XMLSchema" elementFormDefault="qualified"
    attributeFormDefault="unqualified" targetNamespace="http://www.dlut.edu.cn/xml/demo/
    include" xmlns:s="http://www.dlut.edu.cn/xml/demo/include">
    <xs:include schemaLocation="includedNoname.xsd"/>
    <xs:element name="person">
        <xs:complexType>
            <xs:sequence>
                <xs:element name="name" type="xs:string"></xs:element>
                <!-- 通过include标记复用的commodity元素,与当前XML文件中定义的元素位
于相同的命名空间下 -->
                <xs:element ref="s:commodity"></xs:element>
            </xs:sequence>
        </xs:complexType>
    </xs:element>
</xs:schema>
```

使用上述 includenameFile.xsd 约束的 XML 文件的代码见代码 5-19。

代码 5-19　符合 includenameFile.xsd 约束的 XML 文件

```
<?xml version="1.0" encoding="UTF-8"?>
<s:person xsi:schemaLocation="http://www.dlut.edu.cn/xml/demo/include includenameFile.
xsd" xmlns:s="http://www.dlut.edu.cn/xml/demo/include" xmlns:xsi="http://www.w3.org/
2001/XMLSchema-instance">
    <s:name>String</s:name>
    <!-- commodity元素也位于命名空间http://www.dlut.edu.cn/xml/demo/include下 -->
    <s:commodity>
        <s:name>String</s:name>
        <s:manufacturer>String</s:manufacturer>
    </s:commodity>
</s:person>
```

2. 被包含文件定义命名空间

若被复用的 Schema 文件定义了命名空间,代码中被复用的 Schema 文件的命名空间为 http://www.dlut.edu.cn/xml/demo/include,具体代码见代码 5-20。

代码 5-20　被复用的 Schema 文件(includedFile.xsd)

```
<?xml version="1.0" encoding="UTF-8"?>
<xs:schema xmlns:xs="http://www.w3.org/2001/XMLSchema" elementFormDefault="qualified"
    attributeFormDefault="unqualified" targetNamespace="http://www.dlut.edu.cn/xml/demo/
    include">
    <xs:element name="commodity">
        <xs:complexType>
            <xs:sequence>
                <xs:element name="name" type="xs:string"/>
                <xs:element name="manufacturer" type="xs:string"/>
            </xs:sequence>
        </xs:complexType>
```

```
        </xs:element>
</xs:schema>
```

当被复用的 Schema 文件位于特定的命名空间下时,包含文件必须与被包含文件保持相同的命名空间才能实现复用,因此,包含的 Schema 文件的命名空间也必须为 http://www.dlut.edu.cn/xml/demo/include,具体代码见代码 5-21。

代码 5-21　includeFile.xsd 文件通过 include 复用

```
<?xml version="1.0" encoding="UTF-8"?>
<xs:schema xmlns:xs="http://www.w3.org/2001/XMLSchema" elementFormDefault="qualified" attributeFormDefault="unqualified" targetNamespace="http://www.dlut.edu.cn/xml/demo/include" xmlns:xs1="http://www.dlut.edu.cn/xml/demo/include">
    <xs:include schemaLocation="includedFile.xsd"/>
    <xs:element name="person">
        <xs:complexType>
            <xs:sequence>
                <xs:element name="name" type="xs:string"></xs:element>
                <xs:element ref="xs1:commodity"></xs:element>
            </xs:sequence>
        </xs:complexType>
    </xs:element>
</xs:schema>
```

使用上述 includeFile.xsd 约束的 XML 文件的代码见代码 5-22。

代码 5-22　符合 includeFile.xsd 约束的 XML 文件

```
<?xml version="1.0" encoding="UTF-8"?>
<xs1:person xsi:schemaLocation="http://www.dlut.edu.cn/xml/demo/include includeFile.xsd" xmlns:xs1="http://www.dlut.edu.cn/xml/demo/include" xmlns:xsi="http://www.w3.org/2001/XMLSchema-instance">
    <xs1:name>String</xs1:name>
    <xs1:commodity>
        <xs1:name>String</xs1:name>
        <xs1:manufacturer>String</xs1:manufacturer>
    </xs1:commodity>
</xs1:person>
```

5.2.2　使用 redefine 元素复用 Schema

使用 redefine 元素也可以实现 Schema 的复用,用户可以把 redefine 元素当成 include 的增强版,redefine 包含 Schema 文件还允许重新定义被包含的 Schema 组件。其语法格式如下:

```
<redefine schemaLocation="被包含的 Schema 的文件"/>
```

大家需要注意以下几点:

(1) 重定义的组件必须是 Schema 中已有的组件。

(2) 重定义的组件只能对被包含在 Schema 中已有的组件增加限制或增加扩展。

(3) 如果采用增加限制的方式来重定义原有的组件,则< restriction…/>元素中所包含的约束不能违反原类型已有的约束。

下面是使用 redefine 元素实现 Schema 复用的例子。

(1) 被复用的 Schema 文件——redefinedFile.xsd 的代码见代码 5-23。

代码 5-23　被复用的 Schema 文件(redefinedFile.xsd)

```xml
<?xml version = "1.0" encoding = "UTF-8"?>
<xs:schema xmlns:xs = "http://www.w3.org/2001/XMLSchema" elementFormDefault = "qualified" attributeFormDefault = "unqualified">
    <xs:complexType name = "type">
        <xs:sequence>
        <xs:element name = "name" type = "xs:string"/>
            <xs:element name = "manufacturer" type = "xs:string"/>
        </xs:sequence>
    </xs:complexType>
    <xs:element name = "commodity" type = "type">
    </xs:element>
</xs:schema>
```

(2) Schema 文件——redefineFile.xsd 通过 redefine 复用了 redefinedFile.xsd 文件,其代码见代码 5-24。

代码 5-24　redefineFile.xsd 文件通过 redefine 复用

```xml
<?xml version = "1.0" encoding = "UTF-8"?>
<xs:schema xmlns:xs = "http://www.w3.org/2001/XMLSchema" elementFormDefault = "qualified" attributeFormDefault = "unqualified">
    <!-- 使用 redefine 元素复用 refinedFile.xsd -->
    <xs:redefine schemaLocation = "redefinedFile.xsd">
        <!-- 重定义被复用元素定义过的复杂类型 type,在原类型的基础上扩展了该元素 -->
        <xs:complexType name = "type">
            <xs:complexContent>
                <xs:extension base = "type">
                    <xs:sequence>
                    <xs:element name = "num" type = "xs:integer">
                    </xs:element>
                    <xs:element name = "evaluation" type = "xs:string"/>
                    </xs:sequence>
                </xs:extension>
            </xs:complexContent>
        </xs:complexType>
    </xs:redefine>

    <xs:element name = "person">
        <xs:complexType>
            <xs:sequence>
```

```
                <xs:element name="name" type="xs:string"></xs:element>
                <xs:element ref="commodity"></xs:element>
            </xs:sequence>
        </xs:complexType>
    </xs:element>
</xs:schema>
```

(3) 使用 redefineFile.xsd 文件作为语义约束的 XML 文件的代码见代码 5-25。

代码 5-25 符合 redefineFile.xsd 约束的 XML 文件

```xml
<?xml version="1.0" encoding="UTF-8"?>
<person xsi:noNamespaceSchemaLocation="redefineFile.xsd" xmlns:xsi="http://www.w3.org/2001/XMLSchema-instance"><name>张三</name>
    <commodity>
        <name>袜子</name>
        <manufacturer>鄂尔多斯</manufacturer>
<!--重新定义的复杂类型在原 type 上增加了 num 和 evaluation-->
        <num>2</num>
        <evaluation>很好</evaluation>
    </commodity>
</person>
```

5.2.3 使用 import 元素复用 Schema

以上在使用 include 和 redefine 元素复用 Schema 时，都要求 Schema 位于相同的命名空间下。如果一个想要复用的 Schema 文件位于不同的命名空间下，应该如何处理呢？此时可以使用 import 元素，import 元素专门用于复用不同的命名空间。

使用 import 元素导入另一个 Schema，要求被导入 Schema 文件必须定义与当前文件不同的命名空间。使用该元素的语法如下：

```
<import schemaLocation="被包含的 Schema 文件" [namespace="被包含的 Schema 文件的命名空间"]/>
```

下面是使用 import 元素实现 Schema 复用的例子。

(1) 被包含的 Schema 文件位于命名空间 http://www.sina.com.cn/xml/demo 下，具体代码见代码 5-26。

代码 5-26 被复用的 Schema 文件（importeddemo.xsd）

```xml
<?xml version="1.0" encoding="UTF-8"?>
<xs:schema xmlns:xs="http://www.w3.org/2001/XMLSchema" elementFormDefault="qualified" attributeFormDefault="unqualified" targetNamespace="http://www.sina.com.cn/xml/demo" xmlns:demo="http://www.sina.com.cn/xml/demo">
    <xs:complexType name="type">
        <xs:sequence>
            <xs:element name="name" type="xs:string"/>
            <xs:element name="manufacturer" type="xs:string"/>
```

```
            </xs:sequence>
        </xs:complexType>
    <xs:element name="commodity" type="demo:type">
    </xs:element>
</xs:schema>
```

（2）若使用 import 元素复用 Schema 的文件位于命名空间 http://www.sina.com.cn/xml/redefine 下，与被复用的命名空间不一致，其代码见代码 5-27。

代码 5-27　importFile.xsd 文件通过 import 复用

```
<?xml version="1.0" encoding="UTF-8"?>
<xs:schema xmlns:xs="http://www.w3.org/2001/XMLSchema" elementFormDefault="qualified" attributeFormDefault="unqualified" xmlns:demoImp="http://www.sina.com.cn/xml/demo" xmlns:red="http://www.sina.com.cn/xml/redefine" targetNamespace="http://www.sina.com.cn/xml/redefine">
<!-- 使用 import 复用 Schema 文件 -->
<xs:import schemaLocation="importeddemo.xsd" namespace="http://www.sina.com.cn/xml/demo"/>
    <xs:element name="person">
        <xs:complexType>
            <xs:sequence>
                <xs:element name="name" type="xs:string"></xs:element>
                <xs:element ref="demoImp:commodity"></xs:element>
            </xs:sequence>
        </xs:complexType>
    </xs:element>
</xs:schema>
```

（3）符合 importFile.xsd 文件约束的 XML 文件示例的代码见代码 5-28。

代码 5-28　符合 importFile.xsd 约束的 XML 文件

```
<?xml version="1.0" encoding="UTF-8"?>
<red:person xsi:schemaLocation="http://www.sina.com.cn/xml/redefine importFile.xsd" xmlns:demoImp="http://www.sina.com.cn/xml/demo" xmlns:red="http://www.sina.com.cn/xml/redefine" xmlns:xsi="http://www.w3.org/2001/XMLSchema-instance">
    <!-- importFile.xsd 文件中定义的元素，属于命名空间 http://www.sina.com.cn/xml/redefine 下 -->
    <red:name>String</red:name>
    <!-- 被复用的 importeddemo.xsd 文件中定义的元素，仍然属于命名空间 http://www.sina.com.cn/xml/demo 下 -->
    <demoImp:commodity>
        <demoImp:name>String</demoImp:name>
        <demoImp:manufacturer>String</demoImp:manufacturer>
    </demoImp:commodity>
</red:person>
```

5.3 Schema 实践技巧——空元素的表示

在某些情况下,有些元素的内容不存在,此时该元素为空元素,下面介绍两种定义空元素的方法。

- minOccurs="0":如果是空值的复杂类型,并且希望占用最小的空间,则使用 minOccurs="0"定义空元素。
- nillable="true":如果空值必须有占位符(例如当其在数组中出现时),则使用 nillable="true"定义空元素。注意,nillable 属性值只能为 true 或 false,用于指定是否可以将显示的零值分配给该元素,该属性只对元素内容有效,对元素属性无效,属性的默认值为 false。

使用上面两种方法定义空值元素的示例代码见代码 5-29。

代码 5-29 空元素的定义 Schema 文件(Empty.xsd)

```xml
<?xml version="1.0" encoding="UTF-8"?>
<xs:schema xmlns:xs="http://www.w3.org/2001/XMLSchema" elementFormDefault="qualified" attributeFormDefault="unqualified">
    <xs:element name="root">
        <xs:complexType>
            <xs:sequence>
                <!-- 通过 minOccurs="0"的方式定义空元素 -->
                <xs:element name="emptyMinOccurs" type="xs:string" minOccurs="0"/>
                <!-- 通过 nillable="true"的方式定义空元素 -->
                <xs:element name="emptyNillable" type="xs:string" nillable="true"/>
            </xs:sequence>
        </xs:complexType>
    </xs:element>
</xs:schema>
```

符合该 Schema 文件约束的 XML 文件的代码见代码 5-30。

代码 5-30 符合 Empty.xsd 文件约束的 XML 文件

```xml
<?xml version="1.0" encoding="UTF-8"?>
<root xsi:noNamespaceSchemaLocation="Empty.xsd" xmlns:xsi="http://www.w3.org/2001/XMLSchema-instance">
    <!-- emptyMinOccurs 元素有可能为空元素,即该元素不出现在 XML 文件中 -->

    <!-- 下面是 emptyNillable 元素为空元素的表示方法,也要出现占位 -->
    <emptyNillable xsi:nil="true"/>
</root>
```

具有 minOccurs="0"属性的元素 emptyMinOccurs 为空,不过它没有出现在 XML 实例中。与使用属性 nillable="true"定义的元素相比,此元素在消息大小方面的代价肯定要低一些。即使 nillableElem 的值为空,但是它仍然有值占位符,即<emptyNillable xsi:nil="true"/>,表示其实际为空。

那么 nillable="true" 何时有用呢？nillableElem 的空值有值占位符。例如需要定义一个数组，其中的每个数组条目都可能为空。设想一个数组有 4 个元素，其值为{0, null, 1, null}，如果使用 minOccurs="0"则无法区分，数组的值会被误认为由{0, 1}两个元素组成的数组，因为使用 minOccurs="0"是没有空元素占位符的。在这种情况下，必须使用 nillable="true"。

以下 Schema 文件的语义为 Array4Element 是一个长度为 4 的字符串类型数组，每个元素 Element 都可以为空值。其代码见代码 5-31。

代码 5-31　符合 Empty.xsd 文件约束的 XML 文件

```
<?xml version = "1.0" encoding = "UTF-8"?>
<xs:schema xmlns:xs = "http://www.w3.org/2001/XMLSchema" elementFormDefault = "qualified" attributeFormDefault = "unqualified">
    <xs:element name = "Array4Element">
        <xs:complexType>
            <xs:sequence>
                <xs:element name = "Element" type = "xs:string" nillable = "true" minOccurs = "4" maxOccurs = "4"/>
            </xs:sequence>
        </xs:complexType>
    </xs:element>
</xs:schema>
```

符合 Empty.xsd 文件约束的 XML 实例文件，表示的数组为{0,null,1,null}，其代码见代码 5-32。

代码 5-32　符合 Empty.xsd 文件约束的 XML 文件

```
<?xml version = "1.0" encoding = "UTF-8"?>
<!-- 以下表示数组{0,null,1,null} -->
<Array4Element xsi:noNamespaceSchemaLocation = "Array.xsd" xmlns:xsi = "http://www.w3.org/2001/XMLSchema-instance">
    <Element>0</Element>
    <Element xsi:nil = "true"/>
    <Element>1</Element>
    <Element xsi:nil = "true"/>
</Array4Element>
```

综上所述，表示空字段的方法有 minOccurs="0"和 nillable="true"。如果是可为空值的复杂类型，并且希望它占用最小的空间，则使用 minOccurs="0"的方式；如果空值必须有占位符（例如当其在数组中出现时），则使用 nillable="true"的方式。

5.4　本章小结

本章在第 4 章的基础上增加了一些 Schema 的高级应用，具体包括类型及元素的扩展和替换的限制，Schema 文件的复用，元素的约束及空元素的表示。本章介绍了解决实际工作中一些更为复杂的语义要求所涉及的知识,通过本章的学习,读者可以轻松地解决实际工作中的一些复杂要求。

习题 5

以下是 Java web 中部署描述文件 web.xml 的一部分内容,根据以下 XML 文件编写相应的语义约束 Schema 文件。

```xml
<?xml version="1.0" encoding="UTF-8"?>
<web-app xmlns:xsi="http://www.w3.org/2001/XMLSchema-instance" xmlns="http://java.sun.com/xml/ns/javaee" xsi:schemaLocation="http://java.sun.com/xml/ns/javaee EXE02.xsd" id="WebApp_ID" version="2.5">
  <display-name>SoccerGame</display-name>
  <welcome-file-list>
    <welcome-file>index.html</welcome-file>
    <welcome-file>index.htm</welcome-file>
    <welcome-file>index.jsp</welcome-file>
    <welcome-file>default.html</welcome-file>
    <welcome-file>default.htm</welcome-file>
    <welcome-file>default.jsp</welcome-file>
  </welcome-file-list>
  <servlet>
    <description></description>
    <display-name>SearchDetail</display-name>
    <servlet-name>SearchDetail</servlet-name>
    <servlet-class>com.sg.servlet.detail.SearchDetail</servlet-class>
  </servlet>
  <servlet-mapping>
    <servlet-name>SearchDetail</servlet-name>
    <url-pattern>/includes/SoccerDetail/SearchDetail.do</url-pattern>
  </servlet-mapping>
  <listener>
    <listener-class>com.sg.listener.OnlineListener</listener-class>
  </listener>
</web-app>
```

第6章 XML的显示技术之CSS

本章学习目标
- 了解 XML 的显示技术
- 掌握如何使用 CSS 作为 XML 显示技术
- 掌握 CSS 的基本语法

本章先向读者介绍 XML 的显示技术 CSS 和 XSL 的基本概念,接下来重点讲解在 XML 中如何使用 CSS 作为其显示技术,并介绍 CSS 的语法知识。

6.1 XML 的显示技术

XML 的显示技术主要包括 CSS、XSL、XML 数据岛和 JavaScript。

CSS 即层叠样式表,也被翻译为级联样式表,它是用来进行网页风格设计的。在网页设计过程中,可以利用 CSS 技术对页面的布局、字体、颜色、背景等效果进行精确的控制。

CSS 是用于为 XML 数据定义显示参数的一种技术,利用简单的规则来控制元素的内容,达到控制在浏览器中显示方式的目的。CSS 最初被应用于 HTML 文档中,但是它也适合 XML 数据。样式表中的显示规范与 XML 数据相分离,相同的 XML 文档可以利用不同的 CSS 文件显示成不同的结果。同一个 CSS 文件也能被应用于多个 XML 文档中。

无论在 XML 还是在 HTML 中,所使用的 CSS 语法是一致的,都是通过一组特定的属性设置来约定特定元素内容的显示样式。CSS 内容可以被内嵌到 XML 文档中,但是建议创建专门的 CSS 文件,把与元素显示控制相关的指令和 XML 文档的数据内容相分离。使用分离后的文档,可以大大提高对 XML 文档的控制,显示方式更灵活,使得 CSS 样式文件更加易于维护。

哈坤于 1994 年在芝加哥的一次会议上第一次提出了 CSS 的建议,1995 年他与波斯一起再次提出这个建议。当时 W3C 刚刚建立,W3C 对 CSS 的发展很感兴趣,为此组织了一次讨论会。哈坤、波斯和其他一些人(如微软的托马斯·雷尔登)是这个项目的主要技术负责人。

1996 年底,CSS 已经完成。1996 年 12 月,CSS 要求的第一个版本被出版。1998 年,W3C 正式推出了 CSS2。CSS3 的部分模块规范已经完成,其余规范现在还处于开发中。

CSS技术只能在XML文件的元素上增加样式,而且它本身也是为HTML设计的,对于XML来说,使用起来受到相当的限制。相比而言,XSL是更好的选择。

XSL(eXtensible Stylesheet Language)是可扩展样式语言,它也是一种显示XML文档的规范。与CSS不同的是,XSL是遵循XML的规范制定的。也就是说,XSL文件本身符合XML的语法规定。XSL在排版功能上要比CSS强大。例如CSS适用于元素顺序不变的文件,它不能改变XML文件中元素的顺序,即元素在XML文件中是以什么顺序排列的,那么通过CSS表现出来的顺序不能改变。对于需要经常按不同元素排序的文件,则要使用XSL。

XSL是怎样工作的呢?XML文件在展开后是一种树状结构,称为"原始树",XSL处理器从这个树状结构读取信息,根据XSL样式的指示对这个"原始树"进行排序、复制、过滤、删除、选择、运算等操作,产生另外一个"结果树",然后在"结果树"中加入一些新的显示控制信息,如表格、其他文字、图形,以及一些有关显示格式的信息。

XSL处理器根据XSL样式表的指示读取XML文件中的信息,然后重新组合转换产生一个新的文件,新文件可能是格式良好的(Well-Formed)HTML文件、XML文件,也可能是其他类型的文件。对于更多关于XSL的内容会在第8章中详细介绍。

XML数据岛是指存在于HTML页面中的XML数据,它是使用<XML>标记嵌入XML数据,从而在HTML文档中形成一个XML数据岛。数据岛既是一种数据显示技术,也是一种数据传递技术。但数据岛技术并不是W3C的推荐标准,它是微软的技术,在IE5版本以上的浏览器中才可以使用。本书对XML数据岛技术不做讲解。

本章接下来详细介绍CSS,主要内容包括在XML中如何引入CSS样式以及CSS的部分基本语法。

6.2 在XML中引入CSS

在XML中使用CSS样式有两种方法,即在XML中引用外部的CSS文件和在XML中使用内嵌的CSS样式。

1. 在XML中引用外部的CSS文件

在XML文档中引入外部的CSS文件需要使用处理指令,具体语法格式如下:

```
<?xml-stylesheet type="text/css" href="被引入的外部CSS文件URI" ?>
```

<?xml-stylesheet>是处理指令,为XML解析器指定显示时所使用的样式。

- type:指定样式单文件的格式,如果要引入的是CSS文件,则该属性值必须为"text/css"。
- href:用于指定样式单的URI,此处该属性值为被引入的外部CSS文件的URI。

以下为一个使用外部CSS文件作为XML文档显示技术的示例,外部CSS文件名为demo.css,其具体代码见代码6-1。

代码 6-1 使用 CSS 作为显示技术的 XML 文档

```
<?xml version = "1.0" encoding = "UTF-8"?>
<?xml-stylesheet type = "text/css" href = "demo.css" ?>
<person>
    <name>田诗琪</name>
    <birthdate>2011-04-11</birthdate>
    <sex>女</sex>
    <high>83cm</high>
</person>
```

被引用的外部 CSS 样式的具体代码见代码 6-2。

代码 6-2 CSS 文件名为 demo.css

```
name
{
    display:block;
    font-size:28px;
    text-align:center;
}
```

上述文件通过浏览器查看的结果如图 6-1 所示。

图 6-1 浏览器显示结果

2. 在 XML 中使用内嵌的 CSS 样式

在 XML 中使用内嵌的 CSS 样式需要使用以下标记：

```
<HTML:style xmlns:HTML = "http://www.w3.org/1999/xhtml">
CSS 样式代码
</HTML:style>
```

在 XML 中使用内嵌的 CSS 样式并不是所有的浏览器都支持这种方式，在这种方式下虽然文件数量减少，但是不利于修改和维护，因此通常不建议使用。代码 6-3 是使用内嵌的 CSS 样式的示例代码，该代码的显示结果与图 6-1 是相同的。

代码 6-3　内嵌 CSS 样式文件的 XML 文件

```xml
<?xml version = "1.0" encoding = "UTF – 8"?>
< person >
    < HTML:style xmlns:HTML = "http://www.w3.org/1999/xhtml">
    name
    {
        display:block;
        font – size:28px;
        text – align:center;
    }
    </HTML:style>
    < name >田诗琪</name >
    < birthdate > 2011 – 04 – 11 </birthdate >
    < sex >女</sex >
    < high > 83cm </high >
</person >
```

6.3　CSS 的基本语法

6.3.1　CSS 语法

CSS 语法由 3 个部分组成,即选择器、样式属性和样式属性取值。其具体语法格式如下:

```
selector {
property1:value1;
property2:value2;
    ...
}
```

- selector：选择器,被施加样式的元素,可以使用标记 tag、类名 class、标识名 id 等。
- property：样式属性,可以使用颜色、字体、背景等。
- value：样式属性取值。

样式属性和样式属性取值由冒号间隔,在一个选择器中可以包含多个属性名和属性值对,中间使用分号间隔。

以下为 CSS 的一个选择器的定义代码:

```
name
    {
        display:block;
        font – size:28px;
        text – align:center;
    }
```

在该代码中，选择器的名字为 name，也就是说，标签名为 name 的元素会根据这个选择器定义的方式来显示。这个选择器会更改 3 个属性，其中，display:block;控制显示的内容为独立的块；font-size:28px;控制字体的大小为 28 像素；text-align:center;控制文字居中显示。

6.3.2 CSS 属性

CSS 中包含了丰富的属性，用于对页面的布局、字体、颜色、背景等效果进行精确的控制。下面对 CSS 的常用属性及含义进行简要说明。

文字属性是样式表中最常用的属性，用于控制字体。表 6-1 为常用的文字属性及含义说明。

表 6-1 文字属性

文字属性	含义	属性值
font-family	设定元素显示所使用的字体	属性值为字体名，例如宋体、Times 等
font-size	设定字体大小	字体大小数值，可以使用不同的长度单位满足实际需求，例如 pt、em 等
font-weight	设定字体粗细	可取值包括 normal、bold、bolder、lighter，以及 100～900 之间的值
font-style	设置字体样式	可取值为 normal、italic、oblique 和 inherit

文本属性用于设置文本内容的显示效果，具体包括文本内容的间距、对齐方式等。表 6-2 为常用的文本属性及含义说明。

表 6-2 文本属性

文本属性	含义	属性值
line-height	设置行间距	属性值可以为数值、inherit、normal
margin-left	设置网页的左边距	属性值为具体数值，单位为 px
margin-right	设置网页的右边距	属性值为具体数值，单位为 px
margin-top	设置网页的上边距	属性值为具体数值，单位为 px
margin-bottom	设置网页的下边距	属性值为具体数值，单位为 px
text-decoration	文本修饰	属性值可以为 inherit、none、underline、overline、line-through、blink
text-indent	段首空格	属性值可以为数值、inherit
text-align	水平对齐	属性值可以为 left、right、center、justify
writing-mode	书写方式	属性值可以为 lr-tb、tb-rl

表 6-3 为文档中颜色和背景常用的属性及含义说明。

表 6-3 颜色和背景常用属性

颜色和背景属性	含义	属性值
color	颜色设定	属性值为具体的颜色，例如 p{color:red}
background-color	背景颜色	属性值为具体的颜色，例如 p{background-color:red}

续表

颜色和背景属性	含义	属性值
background-image	背景图片	属性值为背景图片的路径，例如 p{background-image:url(a.jpg)}
background-repeat	背景重复	属性值可以为 inherit、no-repeat、repeat、repeat-x、repeat-y
background-attachment	背景固定	属性值可以为 fixed、scroll，例如 p{background-attachment:scroll}
background-position	背景定位	属性值可以为数值、top、bottom、left、right、center，例如 p{background-position:top}
background	背景样式	属性值可以为背景颜色、背景图像、背景重复、背景附件、背景位置，例如 p{background:url(a.jpg) top center}

表 6-4 为边框中常用的属性及含义说明。

表 6-4 边框属性

边框属性	含义	属性值
border-top-width	设置顶端边框宽度	thin、medium、thick、length
border-right-width	设置右侧边框宽度	thin、medium、thick、length
border-bottom-width	设置底端边框宽度	thin、medium、thick、length
border-left-width	设置左侧边框宽度	thin、medium、thick、length
border-width	设置边框宽度	thin、medium、thick、length
border-color	设置边框颜色	具体颜色
border-style	设置边框样式	none、dotted、dash、solid、double、groove、ridge、inset、outset
border-top	一次定义顶端的各种属性	border-top-width、border-style、color
border-right	一次定义右端的各种属性	border-top-width、border-style、color
border-bottom	一次定义底端的各种属性	border-top-width、border-style、color
border-left	一次定义左端的各种属性	border-top-width、border-style、color

表 6-5 为列表中常用的属性及含义说明。

表 6-5 列表属性

列表属性	含义	属性值
display	定义基本的显示方式	block、inline、list-item、none
white-space	对空白的处理	normal、pre、nowrap
list-style-type	在列表前加项目编号	disc、circle、square、decimal、lower-roman、upper-roman、upper-roman、lower-alpha、upper-alpha、none
list-style-image	在列表前加样式图片	<url>、none
list-style-position	列表项中第二行的起始位置	inside、outside
list-style	定义列表属性	<keyword>、<position>、<url>

实现 CSS 的定位最终还是要靠属性，表 6-6 为定位时常用的属性及含义说明。

表 6-6 定位属性

定位属性	含义	属性值
position	定义位置	absolute、relative、static
left	指定占用空间的横向坐标位置	length、percentage、auto
top	指定占用空间的纵向坐标位置	length、percentage、auto
width	指定占用空间的宽度	length、percentage、auto
height	指定占用空间的高度	length、percentage、auto
clip	剪切	shape、auto
overflow	内容超出时的处理方法	visible、hidden、scroll、auto
z-index	产生立体效果	auto、integer
visibility	定义可见性	inherit、visible、hidden

XML 文档中的标记不具有任何显示格式,因此通过 display 属性设定文字内容的基本显示格式,表 6-7 为 display 属性及含义说明。

表 6-7 display 属性

display 属性值	含义
block	一个独立的段落块,文字内容以新行显示
inline	此元素是现有块的一部分,文字内容与前面的文字内容在同一行
list-item	在元素前显示项目符号
none	用于隐藏不需要显示的内容

6.3.3 CSS 单位

每一条 CSS 声明都包含了属性和属性值,从背景颜色到字体大小,从元素的高度到段落行距,对于各种样式都需要给属性赋予不同的值来实现。不同属性需要不同类型的属性值,例如颜色有可能使用♯FFFFFF 这样的 RGB 颜色值。CSS 的单位对设置数值属性来说非常重要,单位主要有长度单位和颜色单位。

1. 长度单位

CSS 对于字体、边框等会设置其长度、宽度等信息,其实它们都属于长度。长度的单位主要有相对长度单位和绝对长度单位两种。相对长度需要依据另一个值来决定,而绝对长度大小固定不变。由于不同屏幕的大小和分辨率不同,因此相同大小的图像在不同的屏幕上显示的效果不同。相对长度往往能较好地解决这一问题,因此,在实际应用中相对长度单位应用得较多。表 6-8 为不同的长度单位及含义。

表 6-8 长度单位及含义

长度单位	名称	含义
相对长度单位	em	元素字体的高度
	ex	表示相对于字符 X 的高度,即高度随 X 的字体大小和字体的不同而不同
	px	像素,相对于屏幕分辨率
	%	百分比值,相对于其他数值

续表

长度单位	名称	含义
绝对长度单位	in	inch,英寸,1英寸＝2.54厘米
	cm	厘米
	mm	毫米
	pt	点,CSS2.1规范中定义的点相当于1/72英寸
	pc	pica,帕,1pc＝12pt

2. 颜色单位

在CSS中表示颜色通常用一个关键字。例如,red 或一个 RGB 格式的数字(例如 ♯ffffff)。

6.3.4 CSS选择器

CSS选择器的类型非常多,但是对 XML 有效的选择器比较有限,下面介绍几种对 XML 有效的选择器类型,它们的作用优先级逐渐升高。这些选择器如果作用范围重叠,后面的选择器有效。

- Selector{…}:该选择器对元素名为 Selector 的元素起作用。注意,当多个元素的显示效果相同时,多个选择器可以合并写为 Selector1,Selector2{…}的形式,该选择器对元素名为 Selector 的元素起作用。
- Selector[attr]{…}:该选择器对元素名为 Selector,并且包含属性 attr 的值的元素起作用。
- Selector[attr＝value]{…}:该选择器对元素名为 Selector,并且属性 attr 为 value 的元素起作用。
- Selector[attr～＝value]{…}:该选择器对元素名为 Selector,并且属性 attr 为多个值中间使用空格间隔,其中一个值为 value 的元素起作用。
- Selector[attr|＝value]{…}:该选择器对元素名为 Selector,并且属性 attr 为多个值中间使用或符号(|)间隔,其中一个值为 value 的元素起作用。

6.3.5 CSS实践

下面CSS文件中使用了常用的CSS属性以及不同的CSS单位进行约束和控制,CSS文件的示例代码见代码6-4。

代码6-4　CSS示例代码(cssproperty.css)

```
class
{
/*设置颜色*/
    background-color:♯99FFCC;
    color:♯000000;
/*设置文本属性*/
    margin-left:10%;
```

```css
    margin-right:auto;
    margin-top:10%;
}

name{
/*设置display*/
    display: block;
/*设置字体*/
    font-family:"宋体";
    font-size:22pt;
    font-style:oblique;
}
discription{
    display:list-item;
    background-color:yellow;
    font:normal "宋体";
}
/*将人员信息显示在表格中*/
students{
display:table;
border:1px black;
border-style:solid;
}
student{
display:table-row;
border-style:solid;
border:1px black;
}
stuname{
display:table-cell;
border:1px black;
border-style:solid;
}
age{
display:table-cell;
border:1px black;
border-style:solid;
}
sex{
display:table-cell;
border:1px black;
border-style:solid;
}
```

使用上述 CSS 文件 cssproperty.css 作为当前 XML 文件显示技术的示例代码见代码 6-5。

代码 6-5　使用 cssproperty.css 显示 XML 文件

```xml
<?xml version = "1.0" encoding = "UTF - 8"?>
<!-- 引入外部 CSS 文件 -->
<?xml - stylesheet href = "cssproperty.css" type = "text/css"?>
<class>
    <name>永远的 5 班</name>
    <discription>5 班是团结、和谐的班级!</discription>
    <students>
        <student>
            <stuname>小张</stuname>
            <age>20</age>
            <sex>男</sex>
        </student>
        <student>
            <stuname>小李</stuname>
            <age>18</age>
            <sex>女</sex>
        </student>
        <student>
            <stuname>小王</stuname>
            <age>21</age>
            <sex>男</sex>
        </student>
    </students>
</class>
```

上述 XML 文件通过浏览器查看的结果如图 6-2 所示。

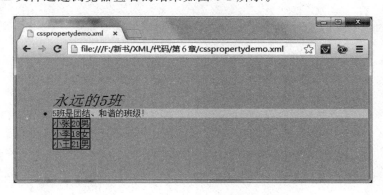

图 6-2　代码 6-5 文件的显示结果

6.4　本章小结

本章首先介绍了 XML 的显示技术，XML 的显示技术主要包括 CSS、XSL 和 XML 数据岛，然后对这 3 种显示技术在 XML 上应用的异同点进行了比较。读者应重点掌握如何在 XML 文件中引入 CSS 文件作为当前 XML 文件的显示技术。接下来重点讲解了 XML 的语法，列出了 CSS 属性中常用的属性，最后介绍了 CSS 的选择器。

习题 6

1. W3C 推荐的样式单显示技术分别是什么？
2. 简述如何在 XML 中引入 CSS 样式，并写出语法结构。

第7章 XPath

本章学习目标
- 了解 XPath 的基本概念
- 掌握 XPath 的路径
- 掌握 XPath 的运算符
- 了解 XPath 的函数

本章先向读者介绍 XPath 的基础知识,重点讲解 XPath 的完整路径结构,以及轴、结点测试和谓词。在实际应用中经常使用简化路径,因此本章用一定的篇幅讲解简化路径和完整路径的转换,最后介绍 XPath 的运算符和函数。

7.1 XPath 概述

XPath 是由 W3C 指定的,是在 XML 文档中进行寻址的表达式语言,它能够通过一个通用的句法和语义对 XML 文档中的结点进行检索和定位。

XPath 的内容包括以下 3 个部分:

(1) XPath 使用路径表达式在 XML 文档中进行导航。

(2) XPath 包含一个标准函数库。

(3) XPath 是 XSLT 中的主要元素。

目前有 XPath1.0、XPath2.0 和 XPath3.0 三个版本,其中,XPath1.0 在 1999 年成为 W3C 标准。2007 年确立了 XPath2.0 标准,XPath2.0 是非常重要的升级,XPath1.0 只能查询 XML 文档中的结点。XPath2.0 可以操作序列,序列可以包含结点(不会内容)以及字符串、整数和其他原子值。2014 年确立了 XPath3.0 标准,它是一个表达式语言,提供了包括动态函数调用、内联函数表达式、联合类型的支持等多种新特性。XPath 是 XSLT 和 XQuery 非常重要的基础。

7.2 XPath 结点

XPath 将 XML 文档看成一个结点树模型,将一个文档的内容看成由不同的结点构成。XML 文档一共包含了 7 种类型的结点,即元素结点、属性结点、文本结点、命名空间结点、处理指令结点、注释结点及文档结点(根结点)。

1. 根结点

根结点就是结点树的根,用"/"来表示。文档中的所有结点(包括处理指令结点、根元素结点等)都是根结点的子孙结点。文档根元素结点是根结点的子结点。根结点与文档根元素结点是不同的,文档根元素结点是 XML 文档的第一个顶层元素对应的元素结点。

2. 元素结点

XML 文档中的每一个元素都对应一个元素结点。元素结点可以包含的子结点有元素结点、属性结点、处理指令结点,以及该元素结点对应其文本内容的文本结点。一个元素结点的字符值是其本身包含的文本内容,或者是所有其子孙元素结点的文本值的串联。

3. 属性结点

XML 中的每一个元素的属性都对应一个属性结点,包含它的元素结点是该属性结点的父结点,但是它不是其父元素结点的子结点。元素从来不会共享它的属性结点,也就是说,如果一个元素结点与另一个元素结点不相同,那么它们的属性结点肯定不相同。

4. 文本结点

XML 文档中的字符数据被组织为文本结点,文本结点只有一个父结点,而且不会有任何的子结点及兄弟结点。

5. 命名空间结点

命名空间结点代表了 XML 文件中的 xmlns[:prefix]属性。

6. 处理指令结点

处理指令结点代表了 XML 文件中的处理指令。

7. 注释结点

注释结点即 XML 文件中的注释,表示<!--和-->中间的内容。

在此通过一个 XML 文档来理解这 7 种类型的结点,具体代码见代码 7-1。

代码 7-1 XML 文件代码

```
<?xml version = "1.0" encoding = "UTF - 8"?>
<?xml - stylesheet type = "text/xsl" href = "xslDemo.xsl" ?>
<!-- 个人信息 -->
< person id = "210212201104110821" xmlns = "http://www.china.person/dalian">
    <name>田诗琪</name>
    <birthdate>2011 - 04 - 11</birthdate>
</person>
```

在上述代码中,根结点即为整个文档,XPath 的根结点总是用"/"来表达。文档根元素结点为 person,元素结点包括 person、name、birthdate 3 个结点,其中,name 和 birthdate 结点是 person 结点的子元素结点。属性结点包括两个,第一个属性是 id 结点,另外一个属性

xmlns="http://www.china.person/dalian"是命名空间结点。文本结点也包括两个，分别是田诗琪、2011-04-11。注释结点即本例中的注释信息"个人信息"。处理指令结点即 XML 中的处理指令<?xml-stylesheet type="text/xsl" href="xslDemo.xsl" ?> XPath 构建的文档树如图 7-1 所示。

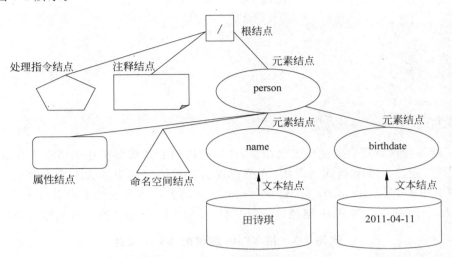

图 7-1 XPath 构建的文档树结构

在 XPath 中还有一个概念读者需要理解，即结点集对象。一个结点集是一组结点的无序组合，它是 XPath 表达式运算的直接结果。结点集能够包含来自任意 7 种不同类型的结点。结点集中每一个结点都被认为是集合中其他结点的兄弟结点。如果结点集中的结点包含子结点，这些子结点并不是结点集的一部分。例如，<name>田诗琪</name>代表了一个结点集，该结点集中包含元素结点和文本结点。

7.3 XPath 路径

XPath 路径由一个或多个 Step 组成，Step 常被翻译为步或步骤，不同 Step 之间使用"/"分隔。XPath 中 Step 的完整语法如下：

轴::结点测试[限定谓语]

- 轴：用于定义当前结点与所选结点的关系。
- 结点测试：用于指定轴内部的部分结点。
- 限定谓语：零个、一个或一个以上的判断语句，使用专用的表达式对轴和结点测试相匹配的结点做进一步限定。

在此举一个完整的 Step 的例子 child::id[text()=100]，在这一个步中进行了 3 次筛选，每一次筛选都是在上一次筛选的结果结点集的基础上进行下一步筛选。

(1) child 是轴，该轴表示当前路径的子结点集。

(2) id 表示从子结点集中筛选所有元素名称为 id 的子结点集。

(3) 谓词[text()=100]表示从中进一步筛选 id 值为 100 的子结点集。

下面在代码 7-2 的实例中继续理解上面的例子,该实例是一个 XML 文档,XPath 依据该文档来查找和匹配结点。

代码 7-2　XML 文件

```xml
<?xml version="1.0" encoding="UTF-8"?>
<root>
    <id>100</id>
    <id>101</id>
    <id>102</id>
    <name>103</name>
</root>
```

为了能够让读者更直观地感受到结果,这里利用第 8 章将要讲述的 XSLT 知识编写了相应的程序,通过 XPath 查找结点集,并把查找出来的结点集中的文本内容显示出来。下面代码 7-3 中的<xsl:template match="/root">标记表示将当前结点设置到 root 结点下,<xsl:value-of select="XPath 路径"/>标记用于显示 XPath 路径搜索到的结点集的内容。

代码 7-3　用 XPath 测试的 XSLT 文件

```xml
<?xml version="1.0" encoding="UTF-8"?>
<xsl:stylesheet version="2.0" xmlns:xsl="http://www.w3.org/1999/XSL/Transform" xmlns:fo="http://www.w3.org/1999/XSL/Format" xmlns:xs="http://www.w3.org/2001/XMLSchema" xmlns:fn="http://www.w3.org/2005/xpath-functions">
    <xsl:template match="/root">
        <!-- 第一行结果中显示的是 child::node()筛选出所有当前结点的子结点集的内容 -->
        <xsl:value-of select="child::node()"/><p/>
        <!-- 第二行结果中显示的是 child::id 筛选出的结点集中所有名字为 id 的结点内容 -->
        <xsl:value-of select="child::id"/><p/>
        <!-- 第三行结果中显示的是 child::id[text()=100]筛选出的结点集中所有名字为 id 并且结点的文本内容为 100 的结点集中的内容 -->
        <xsl:value-of select="child::id[text()=100]"/><p/>
    </xsl:template>
</xsl:stylesheet>
```

显示的结果如下:

```
100 101 102 103
100 101 102
100
```

从上面的例子可以看出以下几点。

(1) child::node():child 轴能够从当前结点/root 下查找出所有的子结点因此<id>100</id>、<id>101</id>、<id>102</id>、<name>103</name>都位于该结点集中,显示的结果为 100 101 102 103。

(2) child::id:从 child 轴筛选出的结果集中选择所有结点名为 id 的结点,因此去掉了<name>103</name>,结果集变成了<id>100</id>、<id>101</id>、<id>102</id>,显示的结果为 100 101 102。

(3) child::id[text()=100]：从 child::id 轴筛选出的结果集中选择所有 id 结点内文本结点的内容为 100 的结点，因此去掉了<id>101</id>、<id>102</id>，结果集变成了<id>100</id>，显示的结果为 100。

一个 XPath 路径可以包括多个步，例如/child::root/child::id[text()=100]中包含了两个步，在实际应用中经常使用简化的语法，简化后的语法为/root/id[text()=100]。

7.3.1 轴

在一个定位路径中，轴是一种相互关系，用于定位步长本身与上下文结点之间的关系。在 XPath 中，轴的名称及含义见表 7-1。

1. self 轴

self 轴返回上下文结点本身，则 self 轴返回的结点集只有自身结点一个，在使用时大家要注意。如果当前上下文结点的结点名为 nodename，只有 self::nodename 才会返回结点，否则该轴返回的值为空。

表 7-1 XPath 的轴及含义

轴的名称	含义
self	返回上下文结点本身
child	表示上下文结点的子结点
parent	表示上下文结点的父结点
descendant	在当前上下文结点以下的一层或更多层的所有结点
descendant-or-self	包含了上下文结点和它的所有后代结点
ancestor	上下文结点以上或更多层的结点
ancestor-or-self	包含了上下文结点和它所有的上层结点
following	文档顺序中上下文结点后面的结点
following-sibling	包含在文档顺序中作为上下文结点同一层次向后的结点，并共享相同的父结点
preceding	包括上下文结点在文档顺序之前的所有结点
preceding-sibling	可以认为是与 following-sibling 轴意义相反的轴，即 preceding-sibling 轴包含上下文结点向前的同胞结点
attribute	包含上下文结点的所有属性结点
namespace	包含上下文结点的名称空间结点

2. child 轴

child 轴是一个最常用的轴，它表示上下文结点的子结点。child 轴可以表示为"child::"，但很少这样使用，因为定位步长的默认轴就是 child。除了根结点外，任何结点都会是某个结点的子结点，因此，child 轴是默认轴。从顺序上看，child 轴是一个向前轴，向前轴是文档顺序的通常方向。

3. parent 轴

parent 轴表示上下文结点的父结点。对于任意给定的结点，只可能有一个父结点。从文档顺序的角度考虑，parent 轴是一个逆向轴，一个逆向轴表示了与正常文档顺序相反的方向。

4. descendant 轴

descendant 轴表示在当前上下文结点以下的一层或更多层的所有结点。从文档顺序上看，descendant 轴是向前轴。

5. descendant-or-self 轴

descendant-or-self 轴包含了上下文结点和它所有的后代结点，descendant-or-self 轴包含的结点比 descendant 轴包含的结点多了上下文结点本身。

6. ancestor 轴

ancestor 轴包含所有在上下文结点以上或更多层的结点，ancestor 轴总是包含根结点，除非上下文结点就是根结点。从文档顺序角度看，ancestor 轴也是一个逆向轴。

7. ancestor-or-self 轴

ancestor-or-self 轴包含了上下文结点和它的所有祖先结点，即 ancestor-or-self 轴包含的结点比 ancestor 轴包含的结点多了上下文结点本身。

8. following 轴

following 轴包含在文档顺序中上下文结点后面的结点。但是，上下文结点的后代结点不包括在 following 轴中，而所有向下的同胞结点以及它们的所有后代结点都包括在 following 轴中。following 轴可以从一个结点分支跳转到下一个分支，从顺序上看，following 轴是向前轴。

9. following-sibling 轴

following-sibling 轴包含在文档顺序中作为上下文结点同一层次向后的结点并共享相同的父结点。如果上下文结点是一个属性或命名空间结点，那么 following-sibling 轴返回的是一个空结点集，这是因为属性结点和命名空间结点没有任何顺序。从文档顺序上看，following-sibling 轴没有特定的文档顺序，是一个向前轴。

10. preceding 轴

preceding 轴包括上下文结点在文档顺序之前的所有结点。但是，这些结点不能是上下文结点的"祖先"。从顺序上看，preceding 轴是逆向轴。

11. preceding-sibling 轴

preceding-sibling 轴可以被认为是与 following-sibling 轴意义相反的轴，即 preceding-sibling 轴包含上下文结点向前的同胞结点。如果上下文结点是一个属性结点或命名空间结点，那么 preceding-sibling 轴返回的是一个空结点集。从文档顺序上看，preceding-sibling

轴是逆向轴。

12. attribute 轴

attribute 轴包含上下文结点的所有属性结点,只有元素结点才会有 attribute 结点。attribute 轴可以表示为"attribute::",但是在实际应用中,一般使用它的缩写形式来表示,缩写形式为"@"。从文档顺序上看,attribute 轴是无序轴。

13. namespace 轴

namespace 轴包含上下文结点的命名空间结点,只有当这个上下文结点是一个元素结点时,namespace 轴才可能有值,否则将是空的。换句话说,只有元素结点才会有 namespace 结点。从顺序上看,namespace 是一个无序轴。

读者可以参考图 7-2 更形象地了解 XPath 轴,并了解使用轴筛选出的结点集包括哪些结点。

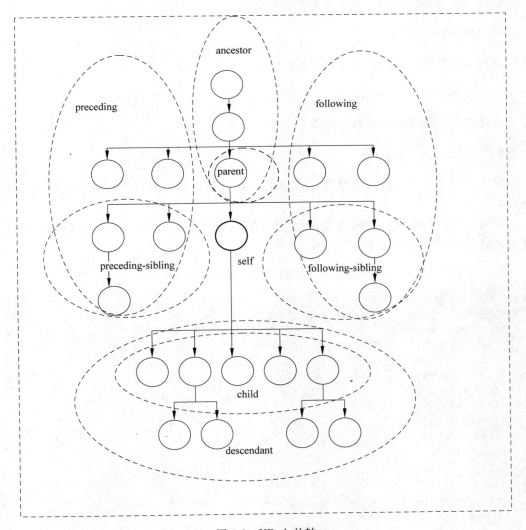

图 7-2　XPath 的轴

7.3.2 XPath 结点测试

使用 XPath 支持的结点测试语法,能够对轴筛选出的结果结点集做进一步过滤,下面介绍几种常用的语法。

1. nodename

从指定轴匹配的所有结点集中选出名称为 nodename 的结点。

2. node()

选择与指定轴匹配的所有类型的结点。

3. text()

选择与指定轴匹配的所有文本类型的结点。

4. comment()

选择与指定轴匹配的所有注释结点。

5. processing-instruction()

选择与指定轴匹配的所有处理指令结点。

6. *

星号(*)是结点测试的通配符,不对指定轴进行任何过滤获取所有的元素结点及文本结点。

下面使用 XPath 结点测试路径,通过最后的结果读者可以更好地理解这些结点测试的含义,示例代码见代码 7-4 和代码 7-5。

代码 7-4 XML 文档(nodetest.xml)

```
<?xml version="1.0" encoding="UTF-8"?>
<?style-sheet type="text/xsl" href="nodetestdemo.xslt"?>
<!-- demo comment -->
<root xmlns:xsi="http://www.w3.org/2001/XMLSchema-instance" xsi:noNamespaceSchemaLocation=
        "nodetestSchema.xsd">
    root content
    <id num="3" note="notice">100</id>
    <id>101</id>
    <id>102</id>
    <name>Dora</name>
</root>

<?xml version="1.0" encoding="UTF-8"?>
<xs:schema xmlns:xs="http://www.w3.org/2001/XMLSchema">
    <xs:element name="id">
```

```
            <xs:complexType>
                <xs:simpleContent>
                    <xs:extension base="xs:int">
                        <xs:attribute name="num" type="xs:int" use="optional"/>
                        <xs:attribute name="note" type="xs:string" use="optional"/>
                    </xs:extension>
                </xs:simpleContent>
            </xs:complexType>
        </xs:element>
        <xs:element name="name" type="xs:string">
        </xs:element>
        <xs:element name="root">
            <xs:complexType mixed="true">
                <xs:sequence>
                    <xs:element ref="id" maxOccurs="unbounded"/>
                    <xs:element ref="name"/>
                </xs:sequence>
            </xs:complexType>
        </xs:element>
</xs:schema>
```

代码 7-5 对 nodetest.xml 转换的 XSLT 文件

```
<?xml version="1.0" encoding="UTF-8"?>
<xsl:stylesheet version="2.0" xmlns:xsl="http://www.w3.org/1999/XSL/Transform" xmlns:fo
="http://www.w3.org/1999/XSL/Format" xmlns:xs="http://www.w3.org/2001/XMLSchema" xmlns:
fn="http://www.w3.org/2005/xpath-functions">
    <xsl:output encoding="gb2312" method="html" indent="yes" doctype-public="http://
www.w3.org/TR/html14/loose.dtd"
        doctype-system="-//W3C//DTD//DTD HTML 4.0.1 Transitional//EN"
        media-type="text/html"/>
    <xsl:template match="/">
        <html>
            <head>
                <title></title>
            </head>
            <body>
                Nodename:<xsl:value-of select="child::root"/><p/>
                node():<xsl:value-of select="child::node()"/><p/>
                text():<xsl:value-of select="root/child::text()"/><p/>
                processing-instruction:<xsl:value-of select="child::processing-
instruction()"/><p/>
                comment():<xsl:value-of select="child::comment()"/><p/>
                *:<xsl:value-of select="child::*"/><p/>
                element(nodename,type):<xsl:value-of select="child::root/child::element
(*,xs:string)"/><p/>
                attribute(nodename,type):<xsl:value-of select="child::root/child::id
[1]/attribute::attribute(*,xs:string)"/><p/>
```

```
                </body>
            </html>
        </xsl:template>
</xsl:stylesheet>
```

上述文件通过浏览器查看的结果如图7-3所示。

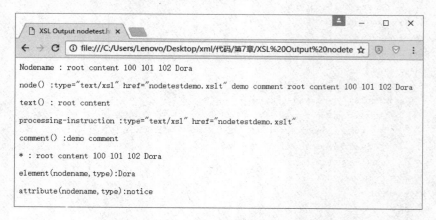

图7-3　浏览转换结果

定位当前结点通过<xsl:template match="/">标记中match的属性值设置的。"/"表示根结点，因此当前模板内的当前结点为根结点。

（1）Nodename：<xsl:value-of select="child::root"/>的XPath路径child::root是一个相对路径，表示筛选根结点的子轴名上名为root的结点，得到的结点集结果为：

```
<id>100</id>
<id>101</id>
<id>102</id>
<name>Dora</name>
    <xsl:value-of>标记将结点集中的文本内容显示出来：
root content 100 101 102 Dora
```

（2）node()：<xsl:value-of select="child::node()"/>的XPath路径child::node()是一个相对路径，表示根结点子轴的所有结点，根结点的子轴即为整个文档（除属性外），筛选出的结点集结果如下。

```
<?style-sheet type="text/xsl" href="nodetestdemo.xslt"?>
<!-- demo comment -->
<root>
    root content
    <id>100</id>
    <id>101</id>
    <id>102</id>
    <name>Dora</name>
</root>
```

<xsl:value-of>标记将结点集中的文本内容显示出来：

```
type = "text/xsl" href = "nodetestdemo.xslt" demo comment root content 100 101 102 Dora
```

(3) text()：<xsl:value-of select="root/child::text()"/>的 XPath 路径 root/ child::text()是一个相对路径，表示将当前结点（根结点）子轴上名为 root 的结点筛选出来，再基于筛选出来的结点集获取它们子轴的所有文本结点，最后筛选出的结果如下。

```
root content
    <xsl:value-of>标记将结点集的文本内容显示出来：
root content
```

(4) processing-instruction：<xsl:value-of select="child::processing-instruction()" />的 XPath 路径 child::processing-instruction()是一个相对路径，表示筛选出当前结点子轴的处理指令结点集，结果如下所示。

```
<?style-sheet type = "text/xsl" href = "nodetestdemo.xslt"?>
```

<xsl:value-of>标记将结点集的文本内容显示出来：

```
type = "text/xsl" href = "nodetestdemo.xslt"
```

(5) comment()：<xsl:value-of select="child::comment()"/>的 XPath 路径 child::comment()是一个相对路径，表示筛选出当前结点子轴下的注释结点集，结果如下所示。

```
<!-- demo comment -->
```

<xsl:value-of>标记将结点集的文本内容显示出来：

```
demo comment
```

(6) *：<xsl:value-of select="child::*"/>：的 XPath 路径 child::* 是一个相对路径，表示当前结点子轴的元素结点集合，"*"表示不对获取的元素结点集进行过滤，筛选出的结果如下所示。

```
<root>
    root content
    <id>100</id>
    <id>101</id>
    <id>102</id>
    <name>Dora</name>
</root>
```

<xsl:value-of>标记将结点集的文本内容显示出来：

```
root content 100 101 102 Dora
```

(7) element(nodename,type):<xsl:value-of select="child::root/child::element(*,xs:string)"/>的 XPath 路径是一个相对路径,共 2 步。第 1 步获取子轴上名为 root 的结点集;第 2 步在获取到的结点集基础上,获取子轴上的元素,element(*,xs:string)对元素进行筛选,只保留 Schema 中定义为 xs:string 类型的元素。选出的结果如下:

```
<name>Dora</name>
```

<xsl:value-of>标记将所有结点集的文本内容显示出来:

```
Dora
```

(8) attribute(nodename,type):<xsl:value-of select="child::root/child::id[1]/attribute::attribute(*,xs:string)"/>的 XPath 路径是一个相对路径,共分 3 步。第 1 步获取子轴上名为 root 的结点集,第 2 步在获取到的结点集基础上,继续获取子轴中第一个名为 id 的元素,第 3 步获取 attribute 轴上的属性,并通过 attribute(*,xs:string)筛选得到所有类型为 xs:string 的属性结点。

```
note="notice"
```

<xsl:value-of>标记将结点集的文本内容显示出来:

```
notice
```

7.3.3 谓词

谓词在步的语法中放在中括号中,一个步中可以包含零个或多个谓词。谓词本身是一个布尔类型表达式,例如 child::id[text()=100]中包含了一个谓词,表达的含义是过滤出文本内容等于 100 的值。在谓词中总会使用 XPath 的表达式以及函数。

在下面的示例中对代码 7-4 的 XML 文档(nodetest.xml)进行筛选,并且使用了谓词,具体代码见代码 7-6。

代码 7-6 使用谓词对 nodetest.xml 转换的 XSLT 文件

```
<?xml version="1.0" encoding="UTF-8"?>
<xsl:stylesheet version="2.0" xmlns:xsl="http://www.w3.org/1999/XSL/Transform" xmlns:fo
="http://www.w3.org/1999/XSL/Format" xmlns:xs="http://www.w3.org/2001/XMLSchema" xmlns:
fn="http://www.w3.org/2005/xpath-functions">
    <xsl:output encoding="gb2312" method="html" indent="yes" doctype-public="http://
www.w3.org/TR/html14/loose.dtd"
        doctype-system="-//W3C//DTD//DTD HTML 4.0.1 Transitional//EN"
        media-type="text/html"/>
    <xsl:template match="/">
    <html>
        <head>
            <title></title>
```

```
            </head>
            <body>
                <!--谓词的含义是筛选所有文本内容等于100的结点集-->
                一个谓词<xsl:value-of select="child::root/child::*[text()=100]">
</xsl:value-of><p/>
                <!--谓词的含义是筛选所有文本内容等于100或内容等于102的结点集-->
                多个谓词<xsl:value-of select="child::root/child::*[text()=100 or text()=102]"></xsl:value-of><p/>

            </body>
        </html>
    </xsl:template>
</xsl:stylesheet>
```

使用谓词转换后的结果视图如图7-4所示。

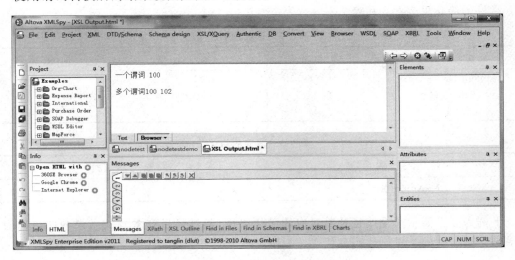

图7-4 使用谓词转换后的结果视图

下面分析上述代码及其结果。

(1) <xsl:value-of select="child::root/child::*[text()=100]"></xsl:value-of>的 XPath 路径 child::root/child::*[text()=100]是一个相对路径,表示根结点的子轴中名为 root 的所有结点集,再获取子轴的所有结点集,谓词 text()=100 表示从结点集中筛选出文本内容为100的结点,选出的结果如下:

```
<id>100</id>
```

<xsl:value-of>标记将所有结点集的文本内容显示出来:

```
100
```

(2) <xsl:value-of select="child::root/child::*[text()=100 or text()=102]"></xsl:value-of>的 XPath 路径 child::root/child::*[text()=100 or text()=102]是一个

相对路径,表示根结点的子轴中名为 root 的所有结点集,再获取子轴的所有结点集,谓词 [text()=100 or text()=102]表示从结点集中筛选出文本内容为 100、102 的结点,选出的结果如下:

```
<id>100</id>
<id>102</id>
```

<xsl:value-of>标记将所有结点集的文本内容显示出来:

```
100 102
```

7.3.4 简化路径

在 XPath 实际使用路径时,往往会简化路径,包括两种简化,即轴名称简化和谓词简化。常见的简化见表 7-2 和表 7-3。

表 7-2 轴名称简化

轴 名 称	简化路径	轴 名 称	简化路径
child::	(省略)	parent::	..
attribute::	@	descendant-or-self::	//
self::	.		

表 7-3 谓词的简化

谓 词	简化路径
[position()=1]	[1]

下例为读者演示了全路径及其对应的简化路径,通过最后查看到的结果视图可以看到结果是完全相同的。示例代码见代码 7-7 和代码 7-8。

代码 7-7 XML 文件源码

```
<?xml version = "1.0" encoding = "UTF-8"?>
<?style-sheet type = "text/css" href = "a.css"?>
<!-- demo comment -->
<root num = "101">
    root content
    <id>100</id>
    <id>101</id>
    <id>102</id>
    <name>103</name>
</root>
```

代码 7-8 XSLT 文件源码

```
<?xml version = "1.0" encoding = "UTF-8"?>
<xsl:stylesheet version = "2.0" xmlns:xsl = "http://www.w3.org/1999/XSL/Transform" xmlns:fo = "http://www.w3.org/1999/XSL/Format" xmlns:xs = "http://www.w3.org/2001/XMLSchema" xmlns:fn = "http://www.w3.org/2005/xpath-functions">
```

```xml
<xsl:output encoding="gb2312" method="html" indent="yes" doctype-public="http://www.w3.org/TR/html14/loose.dtd"
    doctype-system="-//W3C//DTD//DTD HTML 4.0.1 Transitional//EN"
    media-type="text/html"/>
<xsl:template match="/">
    <html>
        <head>
            <title></title>
        </head>
        <body>
        <table>
            <tbody>
                <tr id="1">
                    <td>全路径 child::root</td>
                    <td><xsl:value-of select="child::root"/></td>
                </tr>
                <tr>
                    <td>等价简化路径 root</td>
                    <td><xsl:value-of select="root"/></td>
                </tr>
                <tr id="2">
                    <td>全路径 self::node()/root:</td>
                    <td><xsl:value-of select="self::node()/root"/></td>
                </tr>
                <tr>
                    <td>等价简化路径 ./root</td>
                    <td><xsl:value-of select="./root"/></td>
                </tr>

                <tr>
                    <td>全路径 root/parent::node()</td>
                    <td><xsl:value-of select="root/parent::node()"/></td>
                </tr>
                <tr>
                    <td>等价简化路径 root/..</td>
                    <td><xsl:value-of select="root/.."/></td>
                </tr>


                <tr>
                    <td>全路径 descendant-or-self::id</td>
                    <td><xsl:value-of select="descendant-or-self::id"/></td>
                </tr>
                <tr>
                    <td>等价简化路径//id</td>
                    <td><xsl:value-of select="//id"/></td>
                </tr>


                <tr>
                    <td>全路径//id[position()=1]</td>
                    <td><xsl:value-of select="//id[position()=1]"/></td>
                </tr>
                <tr>
```

```
                    <td>等价简化路径//id[1]</td>
                    <td><xsl:value-of select="//id[1]"/></td>
                </tr>
            </tbody>
        </table>
    </body>
</html>
</xsl:template>
</xsl:stylesheet>
```

显示结果如图 7-5 所示。

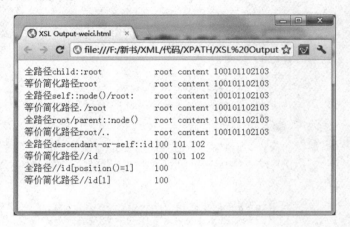

图 7-5　显示结果

下面介绍上例中使用的全路径及其对等的简化路径及其含义：

（1）child::root 对等的简化路径为 root，表示从当前结点集中获取子轴结点集中名为 root 的所有结点。

（2）self::node()/root 对等的简化路径为 ./root，表示从当前结点集中获取 self 轴的所有结点集，再从子轴的结点集中筛选出名为 root 的所有结点。

（3）root/parent::node() 对等的简化路径为 root/..，表示从当前结点集中获取子轴的结点集，再从 parent 轴中获取所有结点。

（4）descendant-or-self::id 对等的简化路径为 //id，表示从当前结点集中获取子轴及其后代轴中名为 id 的结点集。

（5）//id[position()=1] 对等的简化路径为 //id[1]，表示从当前结点集中获取子轴及其后代轴中名为 id 的结点集，通过谓词最后筛选出结点集中的第一个结点。

7.4　XPath 运算符

XPath 支持基本的运算功能，XPath 运算符的功能和其他语言基本一致，包括算术运算、逻辑运算和结点集，见表 7-4。XPath 的运算语句能被运用于谓词当中，作为条件判断的一部分。

表 7-4 XPath 运算符

运算符	含义	运算符	含义
+	加	>=	大于等于
-	减	<=	小于等于
*	乘	=	等于
div	除	!=	不等于
mod	取余	and	与
>	大于	or	或
<	小于	|	结点集

XPath 表达式的计算结果有 4 种。
- 结点集(node-set)：一个排序的没有重复的结点集合。
- 布尔值(boolean)：可以是 true 或者 false。
- 数字(number)：一个浮点数值。
- 字符串(string)：字符串数据。

7.5 XPath 函数

XPath 提供了丰富的函数，用来完成一些操作，调用这些函数类似于调用编程语言中的函数和方法。

调用 XPath 函数的格式如下：

```
functionname([arg]*)
```

- functionname：被调用的函数名称。
- arg：函数的变量，如果是多个变量，中间使用逗号(,)隔开。

XPath1.0 的函数库共包括 27 个函数，根据函数传入的参数可以分为 4 类，即结点集函数库、布尔函数库、数字函数库、字符串函数库。

1. 结点集函数库

结点集函数库就是传入的参数是结点或结点集的函数，它们的返回值可以是任何类型。结点集函数库具体包含的函数见表 7-5。

表 7-5 结点集函数库中的函数

函数名	含义
last()	返回当前选中结点集的最后一个结点的位置，是一个数字
position()	返回在当前正在处理的结点中处于选中的结点集的位置，是一个数字
count(ns)	返回当前选中的结点集的结点数量
local-name(ns?)	返回传入结点的本地名称
namespace-uri(ns?)	返回传入结点的命名空间 URI 部分
name(ns?)	返回传入结点的完整扩展名称，如果有命名空间则包括命名空间 URI 部分

使用结点集函数库中的函数的示例代码见代码7-9和代码7-10。

代码7-9　XML文件源码

```xml
<?xml version="1.0" encoding="UTF-8"?>
<?style-sheet type="text/xsl" href="nodetestdemo2.xslt"?>
<!-- demo comment -->
<root xmlns:s="http://www.dlut.edu.cn/xml">
    root content
    <s:id>100</s:id>
    <id>101</id>
    <id>102</id>
    <name>103</name>
</root>
```

代码7-10　使用结点函数的XSLT文件

```xml
<?xml version="1.0" encoding="UTF-8"?>
<xsl:stylesheet version="2.0" xmlns:xsl="http://www.w3.org/1999/XSL/Transform" xmlns:xs="http://www.w3.org/2001/XMLSchema" xmlns:fn="http://www.w3.org/2005/xpath-functions">
    <xsl:output encoding="gb2312" method="html" indent="yes" doctype-public="http://www.w3.org/TR/html14/loose.dtd"
        doctype-system="-//W3C//DTD//DTD HTML 4.0.1 Transitional//EN"
        media-type="text/html"/>
    <xsl:template match="/">
        将元素名和字符数据用等号连接:<br/>
        <xsl:for-each select="root/id">
            <!-- name函数获取当前元素的名称 -->
            <xsl:value-of select="name(.)"></xsl:value-of>=
            <!-- text函数获取当前元素的文本 -->
            <xsl:value-of select="text()"></xsl:value-of><br/>
        </xsl:for-each>
        "id"元素的数量:
        <!-- count函数获取当前所有结果集中结点的个数 -->
        <xsl:value-of select="count(root/id)">
        </xsl:value-of>
        <!-- position函数获取当前结点的位置 -->
        <br/><xsl:value-of select="position()"></xsl:value-of>
        <xsl:for-each select="root/*">
            <!-- "root/id"元素中所有元素的local-name -->
            <br/>localname:<xsl:value-of select="local-name()"></xsl:value-of>+
            <!-- "root/id"元素中所有元素的namespace-uri -->
            namespaceuri:<xsl:value-of select="namespace-uri()"></xsl:value-of>=
            name:<xsl:value-of select="name(.)">
            </xsl:value-of>value
            <xsl:value-of select="text()"></xsl:value-of>
        </xsl:for-each>
    </xsl:template>
</xsl:stylesheet>
```

显示结果如图 7-6 所示。

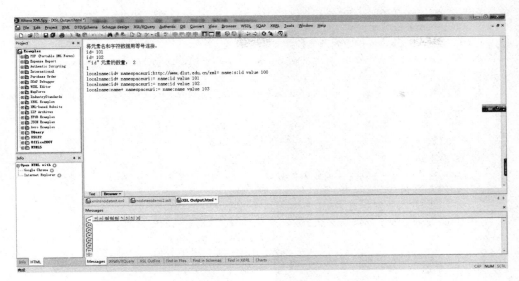

图 7-6　使用结点函数库中的函数显示的结果

2．布尔函数库

布尔函数库中的函数要求传入的参数是布尔变量，返回值一般也是布尔值，其具体包含的函数见表 7-6。

表 7-6　布尔函数库中的函数

函　数　名	含　　义
boolean(obj)	用于测试参数"obj"是否存在，如果 obj 指定的是一个结点集，当且仅当指定结点集不为空时返回的结果才为真；如果是一个字符串，当且仅当字符串长度大于零时返回值才为真；如果是一个数字，当且仅当数字大于零时才返回真，否则返回的结果为假
not(boolean)	对参数取反，即传入真时返回假，传入假时返回真
true()	简单地返回 true
false()	简单地返回 false
lang(str)	返回值为布尔值，根据上下文结点是否有 xml:lang 属性

使用布尔函数库中的函数的示例代码见代码 7-11。

代码 7-11　使用布尔函数的 XSLT 文件

```
<?xml version = "1.0" encoding = "UTF - 8"?>
<xsl:stylesheet version = "2.0" xmlns:xsl = "http://www.w3.org/1999/XSL/Transform" xmlns:xs
 = "http://www.w3.org/2001/XMLSchema" xmlns:fn = "http://www.w3.org/2005/xpath - functions">
    <xsl:output encoding = "gb2312" method = "html" indent = "yes" doctype - public = "http://
www.w3.org/TR/html14/loose.dtd"
    doctype - system = " - //W3C//DTD//DTD HTML 4.0.1 Transitional//EN"
```

```
            media-type="text/html"/>
    <xsl:template match="/">
        boolean 函数测试：
            <!-- boolean 函数判断当前结点集是否为空 -->
            boolean(root/id): <xsl:value-of select="boolean(root/id)"></xsl:value-of><br/>
            boolean(none): <xsl:value-of select="boolean(none)"></xsl:value-of><br/>
        not 函数测试：
        <!-- not 函数对参数值取反,true()返回 true,false()返回 false -->
        not(true()):<xsl:value-of select="not(true())">
        </xsl:value-of><br/>
        not(false()):<xsl:value-of select="not(false())"></xsl:value-of><br/>
        lang 函数测试：
        <!-- lang 函数判断是否含有属性 xml:lang -->
        lang(root/id[1]):<xsl:value-of select="lang(root/id[1])"></xsl:value-of><br/>
    </xsl:template>
</xsl:stylesheet>
```

使用布尔函数显示转换后的结果视图如图 7-7 所示。

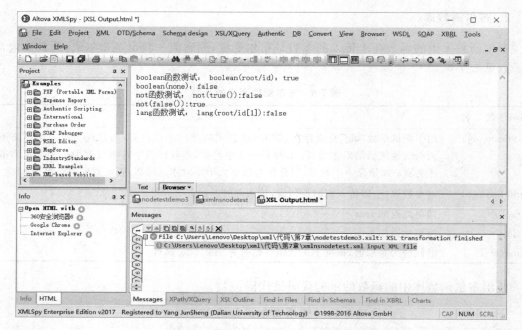

图 7-7　使用布尔函数显示转换后的结果视图

3．数字函数库

使用数字函数库中的函数可以对数字进行一些简单的转换和运算，其具体包含的函数见表 7-7。

表 7-7 数字函数库中的函数

函 数 名	含 义
number(obj)	将一个对象转换为数字
sum(ns?)	把传入的结点集中的每一个结点转换为数字并求和
floor(num)	利用截断原则取整的函数
ceiling(num)	利用进一法原则取整的函数
round(num)	返回四舍五入原则取整的函数

使用数字函数库中的函数的示例见代码 7-12。

代码 7-12 使用数字函数的 XSLT 文件

```
<?xml version = "1.0" encoding = "UTF-8"?>
<xsl:stylesheet version = "2.0" xmlns:xsl = "http://www.w3.org/1999/XSL/Transform" xmlns:xs
= "http://www.w3.org/2001/XMLSchema" xmlns:fn = "http://www.w3.org/2005/xpath-functions">
    <xsl:output encoding = "gb2312" method = "html" indent = "yes" doctype-public = "http://
www.w3.org/TR/html14/loose.dtd"
        doctype-system = "-//W3C//DTD//DTD HTML 4.0.1 Transitional//EN"
        media-type = "text/html">
    <xsl:template match = "/">
        <xsl:for-each select = "root/id">
            <xsl:value-of select = "."/>
            转换为数字:
            <!-- number 将结点内容转换为数字 -->
            <xsl:value-of select = "number(.)">
            </xsl:value-of><br/>
        </xsl:for-each>
        <!-- sum 将结点集内容求和 -->
        sum(root/id) = <xsl:value-of select = "sum(root/id)"></xsl:value-of><br/>
        <!-- floor 将内容向下取整 -->
        floor(1.6) = <xsl:value-of select = "floor(1.6)">
        </xsl:value-of><br/>
        <!-- ceiling 将内容向上取整 -->
        ceiling(1.1) = <xsl:value-of select = "ceiling(1.1)">
        </xsl:value-of><br/>
        <!-- round 将内容四舍五入 -->
        round(1.6) = <xsl:value-of select = "round(1.6)">
        </xsl:value-of><br/>
        round(1.1) = <xsl:value-of select = "round(1.1)">
        </xsl:value-of><br/>
    </xsl:template>
</xsl:stylesheet>
```

显示结果如图 7-8 所示。

4．字符串函数库

使用字符串函数库中的函数能够对字符串进行连接、截断、查找等操作，其具体包含的函数见表 7-8。

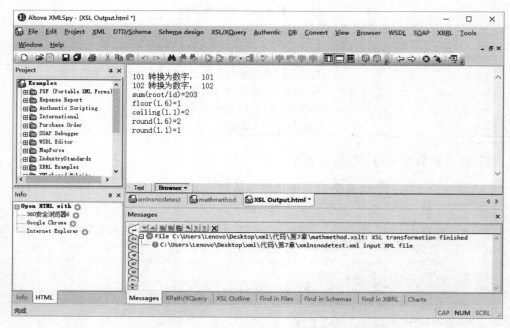

图 7-8 使用数字函数显示的转换后的结果

表 7-8 字符串函数库中的函数

函 数 名	含 义
string(any)	以 XPath 中的 4 种类型对象为参数,将其转换为一个字符串
concat(string,string,…)	传入参数为字符串或模式表达式,返回由两个或更多字符串组成的字符串
substring(string,number,number?)	返回指定位置的子串
contains()	检查字符串中是否包含另外一个字符串

使用字符串函数库中的函数的示例见代码 7-13。

代码 7-13 使用字符串函数的 XSLT 文件

```
<?xml version="1.0" encoding="UTF-8"?>
<xsl:stylesheet version="2.0" xmlns:xsl="http://www.w3.org/1999/XSL/Transform" xmlns:xs="http://www.w3.org/2001/XMLSchema" xmlns:fn="http://www.w3.org/2005/xpath-functions">
    <xsl:output encoding="gb2312" method="html" indent="yes" doctype-public="http://www.w3.org/TR/html14/loose.dtd"
        doctype-system="-//W3C//DTD//DTD HTML 4.0.1 Transitional//EN"
        media-type="text/html"/>
    <xsl:template match="/">
        <xsl:for-each select="root/id">
            <xsl:value-of select="."/>是否包含数字"2":
            <xsl:value-of select="contains(.,'2')">
            </xsl:value-of><br/>
        </xsl:for-each>
        <xsl:value-of select="concat('aaa','bbbb')"></xsl:value-of><br/>
        <xsl:value-of select="normalize-space('   a     a      a')">
```

```
            </xsl:value-of><br/>
        <xsl:for-each select="root/id">
            <xsl:value-of select="."/>是否以数字"1"开头:
            <xsl:value-of select="starts-with(string(.),string(1))">
            </xsl:value-of><br/>
        </xsl:for-each>
        <xsl:for-each select="root/id">
            <xsl:value-of select="."/>单词的长度:
            <xsl:value-of select="string-length(.)"/><br/>
        </xsl:for-each>
    </xsl:template>
</xsl:stylesheet>
```

显示结果如图 7-9 所示。

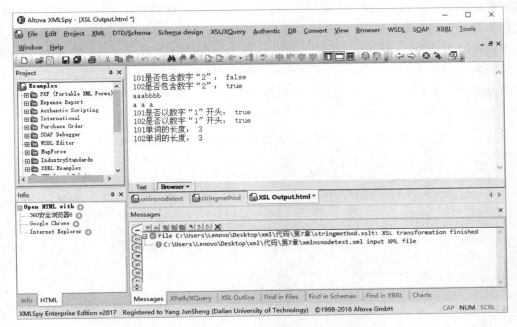

图 7-9 使用字符串函数显示的转换后的结果

7.6 表达式

XPath 支持循环和变量,引入了 for、let、if、some、every 等表达式。常用的表达式说明如表 7-9 所示。

表 7-9 常用的 XPath 表达式说明

表 达 式	含 义
for $ var in sequence return reexpression	循环访问序列中的每一项,并返回 reexpression 表达式计算的结果

续表

表达式	含义
let [$var := num,]* $var := num return reexpression	声明一个或多个变量,并返回reexpression表达式计算的结果
if(condition) then reVal [else if(condition) then reVal]* else other value	条件判断表达式,当判断条件成立时返回相应的reVal,当所有条件都不成立时返回other value
some $var in sequence satisfies condition	遍历sequence,只要其中有一项满足condition时即返回true否则返回false
every $var in sequence satisfies condition	遍历sequence,只有所有项都满足condition才返回true,否则返回false

使用表7-9表达式的示例(见代码7-14),代码转换时使用的XML文件为代码7-4,转换结果如图7-10。其中,for $i in (1 to 3) return $i*5代码循环执行了3次,每次将$i的值乘以5得到结果返回,故代码结果为5 10 15;let $i := 5 return $i+2设置$i的值为5返回结果故为7;if(root/id[2] > 100) then 'yes' else 'no'中root/id[2]的值为102故返回结果为yes;some $test in root/id satisfies $test > 101中root/id的值为101和102,其中102满足条件$test > 101,故返回结果为true;every $test in root/id satisfies $test > 101范围为false的原因是存在项101不满足条件。

代码7-14 XPath表达式使用(xpathexpression.xslt)

```
<?xml version = "1.0" encoding = "UTF-8"?>
<xsl:stylesheet version = "3.0" xmlns:xsl = "http://www.w3.org/1999/XSL/Transform" xmlns:xs = "http://www.w3.org/2001/XMLSchema" xmlns:fn = "http://www.w3.org/2005/xpath-functions" xmlns:math = "http://www.w3.org/2005/xpath-functions/math" xmlns:array = "http://www.w3.org/2005/xpath-functions/array" xmlns:map = "http://www.w3.org/2005/xpath-functions/map" xmlns:xhtml = "http://www.w3.org/1999/xhtml" exclude-result-prefixes = "array fn map math xhtml xs">
    <xsl:output method = "html" encoding = "UTF-8" indent = "yes"/>
    <xsl:template match = "/">
    for $i in (1 to 3) return $i*5 : <xsl:value-of select = "for $i in (1 to 3) return $i*5"/>
    <p/>
    let $i := 5 return $i+2 : <xsl:value-of select = "let $i := 5 return $i+2"/>
    <p/>
    if(root/id[2] > 100) then 'yes' else 'no' : <xsl:value-of select = "if(root/id[2] > 100) then 'yes' else 'no'"/>
    <p/>
    some $test in root/id satisfies $test > 101: <xsl:value-of select = "some $test in root/id satisfies $test > 101"/>
    <p/>
    every $test in root/id satisfies $test > 101:<xsl:value-of select = "every $test in root/id satisfies $test > 101"/>
    </xsl:template>
</xsl:stylesheet>
```

XSLT 2.0和XQuery 1.0有许多共同点。两种语言都基于同一基础:XPath 2.0。

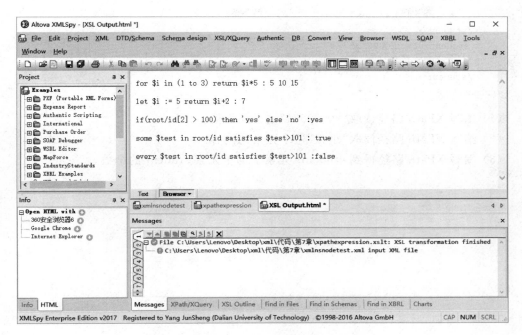

图 7-10 表达式 XSLT 文件转换后的输入结果

7.7 本章小结

本章对 XPath 路径进行了详细讲解，XPath 是 XSL 和 XQuery 的重要基础。XPath 将一个 XML 文件看成是结点的集合，共包括了 7 种类型结点，即元素、属性、文本、命名空间、处理指令、注释及文档结点（根结点）。XPath 的路径是由"/"分隔的多个步，每一个步的完整语法为轴::结点测试[限定谓语]。本章对于步的每一个部分都进行了详细的讲解，最后介绍了 XPath 的运算符、函数表达式及其用法，它们多用于限定谓语中。

习题 7

1. 如何区分 XPath 的根路径与相对路径？
2. Xpath 的轴有哪些？
3. 分别写出以下路径对应的简化路径：

```
child::root
self::node()/root
descendant-or-self::id
//id[position()=1]
```

4. 现有以下 XML 文档：

```
<students>
    <student id="20090534">
```

```
            <name>小王</name>
        </student>
        <student id="20090535">
            <name>小张</name>
        </student>
</students>
```

(1) 编写 XPath 路径读取"20090534"这个属性值。
(2) 编写 XPath 路径读取"小张"这个元素的内容。
(3) 编写 XPath 路径得到 students 元素下的子元素 student 的个数。

第8章 XSLT

本章学习目标
- 了解 XSLT 的基本概念
- 掌握 CSS 与 XSLT 的区别
- 了解 XSLT 的运行规则
- 掌握 XSLT 的基本语法
- 掌握如何在 XML 中引入 XSLT
- 了解 XSLT 的复用
- 熟悉如何在 XSLT 中使用脚本语言

本章先向读者介绍 XSLT 的基础知识、CSS 与 XSLT 的区别,然后重点讲解 XSLT 的语法知识,最后介绍 XSLT 的复用。

8.1 XSLT 概述

8.1.1 XSLT 的基本概念

可扩展样式表语言 XSL 是由 W3C 制定的。XSL 是通过 XML 进行定义的,遵守 XML 的语法规则,可以说 XSL 本身就是一个 XML 文档,系统可以使用同一个 XML 解析器对 XML 文档及其相关的 XSL 文档进行解释处理。

类似于样式表 CSS 对 HTML 的作用,XSL 被称为 XML 的样式表,其实 XSL 比 CSS 要复杂得多,其作用也远远超出了样式表的范围。XSL 由 XSLT、XPath 和 XSL-FO 3 个部分组成。

(1) XSLT:它是 eXtensible Stylesheet Language Transformation 的缩写,称为可扩展样式表语言转换。XSLT 的作用是将一个 XML 文档转换为另一种类别的文档(包括 HTML、XML 等类型文档),因此,可以利用 XSLT 将 XML 文档转换为 HTML,以便于在浏览器上显示。W3C 最新的 XSLT 规范版本是 XSLT 3.0。

(2) XPath:XPath 的作用是指定访问 XML 数据的寻址路径表达式。由于在第 7 章中已经对 XPath 进行了详细讲述,在此不再赘述。

(3) XSL-FO(XSL Formatting Objects):XSL-FO 的作用是对 XML 文档中的数据进行排版,以显示设计美观的版面,满足印刷、打印的要求。

在 XSL 的 3 个部分中，基于 XPath 的 XSLT 应用最为广泛，XSL-FO 虽然也有一定的用途，但是相对来说使用较少。

XSLT 是一种声明性语言，也就是在编写 XSLT 程序时，你不需要关注如何做某些事，应该关注的是如何描述希望得到的结果。XSLT 是一种功能性语言。输出被认为是对于输入的一个或多个函数的执行结果。

XSLT 作为 XML 的显示技术，其突出思想是转换，即把源 XML 文档转换为新的文档，转换后的文档可能是异构的 XML 文档、能够提供良好显示效果的 HTML 文档或 XHTML 文档，或者是一个普通的文本文档。XSLT 不断发展，它已经具备了处理非 XML 文件的能力，可以将一个纯文本文件转化为一个 XML 文件。XSLT 本身也是一个 XML 文档，在 XSLT 文档中使用的命名空间为 http://www.w3.org/1999/XSL/Transform，通常将该命名空间的前缀定义为 xsl。

8.1.2 使用 XMLSpy 工具创建 XSLT

本节介绍使用 XMLSpy 工具创建 XSLT 文件的方法。XSLT 实际上是 XSL 的一部分，因此，如果我们想编辑 XSLT，创建 XSLT 文件或 XSL 文件都是可以的。接下来讲解创建 XSLT 文件、XSL 文件的方法以及它们的区别。

创建 XSLT 文件的方法如下。

（1）选择 File 中的 New 命令，会弹出一个对话框，需要用户选择要创建的文件类型。由于此处要创建的文件为 XSLT 文件，因此需要选择 xslt，本书中使用的 XMLSPY2017 支持 XSLT 的版本包括 1.0、2.0 和 3.0，如图 8-1 所示。选择具体的版本后，单击 OK 按钮。

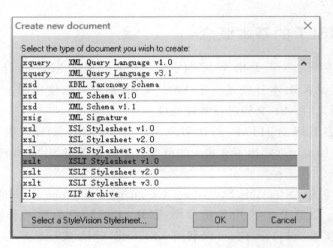

图 8-1　选择创建新文档的类型

（2）在弹出的对话框中选择 Generic XSL/XSLT transformation 单选按钮，如图 8-2 所示，然后单击 OK 按钮。

分别使用这 3 个版本 XSLT 创建文件，被创建后文件模板见代码 8-1～8-3。

图 8-2　为 XSLT 文件选择转换的 XML 文件

代码 8-1　使用 XSLT Stylesheet v1.0 创建的程序代码

```
<?xml version = "1.0" encoding = "UTF-8"?>
<xsl:stylesheet version = "1.0" xmlns:xsl = "http://www.w3.org/1999/XSL/Transform">
<xsl:output method = "xml" version = "1.0" encoding = "UTF-8" indent = "yes"/>
</xsl:stylesheet>
```

代码 8-2　使用 XSLT Stylesheet v2.0 创建的程序代码

```
<?xml version = "1.0" encoding = "UTF-8"?>
<xsl:stylesheet version = "2.0" xmlns:xsl = "http://www.w3.org/1999/XSL/Transform" xmlns:xs = "http://www.w3.org/2001/XMLSchema" xmlns:fn = "http://www.w3.org/2005/xpath-functions">
<xsl:output method = "xml" version = "1.0" encoding = "UTF-8" indent = "yes"/>
</xsl:stylesheet>
```

代码 8-3　使用 XSLT Stylesheet v3.0 创建的程序代码

```
<?xml version = "1.0" encoding = "UTF-8"?>
<xsl:stylesheet version = "3.0" xmlns:xsl = "http://www.w3.org/1999/XSL/Transform" xmlns:xs = "http://www.w3.org/2001/XMLSchema" xmlns:fn = "http://www.w3.org/2005/xpath-functions" xmlns:math = "http://www.w3.org/2005/xpath-functions/math" xmlns:array = "http://www.w3.org/2005/xpath-functions/array" xmlns:map = "http://www.w3.org/2005/xpath-functions/map" xmlns:xhtml = "http://www.w3.org/1999/xhtml" exclude-result-prefixes = "array fn map math xhtml xs">
<xsl:output method = "xml" version = "1.0" encoding = "UTF-8" indent = "yes"/>
</xsl:stylesheet>
```

所有创建的代码都使用<xsl:stylesheet>作为根标记，属性 version 的值标识了 XSLT 的版本，exclude-result-prefixes="array fn map math xhtml xs"表示不在结果树中显示前

缀 array、fn、map、math、xhtml、xs，不同版本下可能声明不同的命名空间，见表8-1。

表8-1　XSLT不同版本下的命名空间声明

命名空间声明	含义	版本
xmlns:xsl="http://www.w3.org/1999/XSL/Transform"	XSLT文档使用的命名空间	XSLT 1.0,XSLT 2.0,XSLT 3.0
xmlns:xs="http://www.w3.org/2001/XMLSchema"	Schema文档使用的命名空间	XSLT 2.0,XSLT 3.0
xmlns:fn="http://www.w3.org/2005/xpath-functions"	XPath函数使用的命名空间	XSLT 2.0,XSLT 3.0
xmlns:math="http://www.w3.org/2005/xpath-functions/math"	数学函数使用的命名空间	XSLT 3.0
xmlns:array="http://www.w3.org/2005/xpath-functions/array"	数组函数使用的命名空间	XSLT 3.0
xmlns:map="http://www.w3.org/2005/xpath-functions/map"	地图函数使用的命名空间	XSLT 3.0
xmlns:xhtml="http://www.w3.org/1999/xhtml"	xhtml使用的命名空间	XSLT 3.0

模板中还包含了一个output标记，<xsl:output method="xml" version="1.0" encoding="UTF-8" indent="yes"/>，含义是转换出的新文件为XML文件。

创建的XSLT文件在保存时扩展名为".xslt"，程序员可以在此模板代码的基础上，继续编辑文件以达到实际的功能需求。

8.1.3　第一个XSLT

第7章中已有关于XSLT文件的介绍，但关注了XPath的内容，没有仔细地理解XSLT文件。下面我们将从XSLT角度，看一个例子。

被转换的XML文档见代码8-4。

代码8-4　被转换的XML文档（demo01.xml）

```
<?xml version="1.0" encoding="UTF-8"?>
<!-- 通过处理指令引入 XSLT 文档 -->
<?xml-stylesheet type="text/xsl" href="simple.xslt"?>
<person>
    <name>田诗琪</name>
    <birthdate>2011-04-11</birthdate>
    <sex>女</sex>
    <high>83cm</high>
</person>
```

打开XSLT文件后，选择菜单XSL/XQuery的子菜单XSL Transformation，如图8-2所示，在弹出的对话框中单击Browse按钮选择被转换的XML，最后单击OK按钮，如图8-3所示，转换得到的结果见代码8-5。

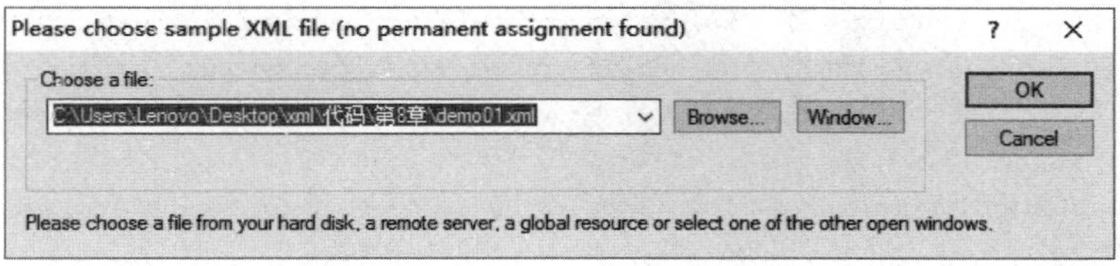

图 8-3 选择转换的 XML 文件

代码 8-5 转换后得到的 XML 文档代码

```
<?xml version = "1.0" encoding = "UTF-8"?>
田诗琪
2011-04-11
女
83cm
```

从输出的结果不难发现,虽然 XSLT 文件没有任何转换规则,但是却输出了 XML 文档的全部文本内容。这是因为对于 XML 文档的每一种类型结点(元素结点,属性结点等)都有一个内置规则。如果 XSLT 文件中没有显示指定规则,则使用默认规则,这种情况下代码 8-2 等价于代码 8-6。

代码 8-6 XSLT 的内置模板和规则

```
<?xml version = "1.0" encoding = "UTF-8"?>
<xsl:stylesheet version = "2.0" xmlns:xsl = "http://www.w3.org/1999/XSL/Transform" xmlns:xs = "http://www.w3.org/2001/XMLSchema" xmlns:fn = "http://www.w3.org/2005/xpath-functions">
    <xsl:output method = "xml" version = "1.0" encoding = "UTF-8" indent = "yes"/>
    <xsl:template match = "/">
        <xsl:apply-templates select = "*"/>
    </xsl:template>
</xsl:stylesheet>
```

继续编写 XSLT 文件增加规则,编写后的文件见代码 8-7。

代码 8-7 simple.xslt 代码

```
<?xml version = "1.0" encoding = "UTF-8"?>
<xsl:stylesheet version = "2.0" xmlns:xsl = "http://www.w3.org/1999/XSL/Transform" xmlns:fo = "http://www.w3.org/1999/XSL/Format" xmlns:xs = "http://www.w3.org/2001/XMLSchema" xmlns:fn = "http://www.w3.org/2005/xpath-functions">
    <xsl:output method = "html" indent = "yes" encoding = "gb2312"></xsl:output>
    <xsl:template match = "/">
        <html>
            <head>
                <title>个人信息介绍</title>
            </head>
            <body>
                <h1>姓名:<xsl:value-of select = "person/name"/></h1>
                <ul>
```

```
            <li>生日:<xsl:value-of select="person/birthdate"/></li>
            <li>性别:<xsl:value-of select="person/sex"/></li>
            <li>身高:<xsl:value-of select="person/high"/></li>
          </ul>
        </body>
      </html>
    </xsl:template>
</xsl:stylesheet>
```

通过 XML Spy 工具的转换功能,会得到输出的 HTML 文档,生成的 HTML 文档见代码 8-8。

代码 8-8　转换后输出的 HTML 文档代码

```
<html>
    <head>
        <meta http-equiv="Content-Type" content="text/html; charset=gb2312">
        <title>个人信息介绍</title>
    </head>
    <body>
        <h1>姓名:田诗琪</h1>
        <ul>
            <li>生日:2011-04-11</li>
            <li>性别:女</li>
            <li>身高:83cm</li>
        </ul>
    </body>
</html>
```

具体的转换规则下面将分开进行讲解。

(1) <xsl:output method="html" indent="yes" encoding="gb2312"></xsl:output>:本例中的 XSLT 文件是把源 XML 文件转换输出为 HTML 文档。属性 method 的值为 html,指定了转换的目标类型文件为 html 文件。indent 属性设为 yes,表示转换后的 html 文件是一个独立的文件,不依赖于其他文件。encoding 指定转换后的 html 文件编码方式为 gb2312。转换后的 html 文件代码为<meta http-equiv="Content-Type" content="text/html; charset=gb2312">。

(2) <xsl:template match="/">…</xsl:template>:模板是 XSLT 中最重要的概念。模板是通过<xsl:template>标记定义的,当前 XML 文件仅定义了一个模板,match 属性值为"/",指出该模板匹配的是 XML 文件的根元素,即当前模板为根模板。转换就是从这一模板开始执行的。

(3) <xsl:value-of select="…"/>:模板中定义了一些文字和 html 标记,这些内容会直接被放到转换后的目标 HTML 文件中。但是,其中包含了 4 个<xsl:value-of>标记,select 属性值即 XPath 路径,该路径从 XML 文件中查找到结果集元素,该标记能够将结果集元素的内容显示出来。

① person/name 查找的结果为"<name>田诗琪</name>",标记<xsl:value-of select=

"person/name" />执行后的结果为"田诗琪"。

② person/birthdate 查找的结果为"< birthdate > 2011-04-11 </birthdate >",标记< xsl:value-of select = "person/birthdate" />执行后的结果为"2011-04-11"。

③ person/sex 查找的结果为"<sex>女</sex>",标记< xsl:value-of select = "person/sex" />执行后的结果为"女"。

④ person/high 查找的结果为"< high > 83cm </high >",标记< xsl:value-of select = "person/high" />执行后的结果为"83cm"。

通过上面的例子,我们对 XSLT 标记以及转换过程对 XSLT 文件有了一个简单的了解。XSLT 文件还包括了更多的内容,接下来的章节将从 XML 中引入 XSLT、XSLT 的转换机制和 XSLT 的语法 3 个方面进行介绍。

8.2 在 XML 中引用 XSLT

在 XML 文件中引入 XSLT 与在 XML 中引入 CSS 的方法大同小异,也是通过处理指令<? xml-stylesheet ? >方式引入的,具体的代码格式如下:

```
<?xml - stylesheet type = "text/xsl" href = "xslt 文件路径"?>
```

- <?xml-stylesheet?>:处理指令,为 XML 解析器指定显示时使用的样式。
- type:指定样式表文件的格式,如果要引入的是 XSLT 或 XSL 文件,则该属性值必须为"text/xsl"。
- href:用于指定 XSLT 文件或 XSL 文件的 URI。

在 XML 中引入 XSLT 文件的示例代码见代码 8-9。

代码 8-9 在 XML 文件中引入 XSLT 文件的示例代码

```
<?xml version = "1.0" encoding = "UTF - 8"?>
<!-- -被引入的文件为 XSLT 文件,文件 URI 为 simple.xslt -->
<?xml - stylesheet type = "text/xsl" href = "simple.xslt"?>
< person >
    < name >田诗琪</name >
    < birthdate >2011 - 04 - 11 </birthdate >
    < sex >女</sex >
    < high >83cm </high >
</person >
```

在 XML 文件中引入 XSLT 的代码,可以使用 XMLSpy 工具自动生成,程序员需要打开 XML 文件,然后选择菜单 XSL/XQuery 的子菜单 Assign XSL,如图 8-4 所示。

随后在弹出的图 8-5 所示窗口中单击"确定"按钮,提示框告诉使用者接下来具体的操作情况包括会转换你的 XML 文本,可能会格式化或美化原 XML 文件。

在弹出的图 8-6 窗口中通过 Browse 按钮选择要使用的 XSLT 文件,再单击 OK 按钮。

操作完毕后,会在源 XML 文件中增加一行代码。其中,href 的属性值会根据实际选择的 XSLT 文件给出其绝对路径,具体代码如下:

```
<?xml - stylesheet type = "text/xsl" href = "file:///F:/%e6%96%b0%e4%b9%a6/XML/%e4%bb%a3%e7%a0%81/%e7%ac%ac%e5%85%ab%e7%ab%a0/simple.xslt"?>
```

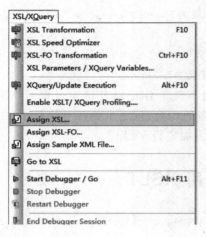

图 8-4　选择为 XML 指派的 XSL 文件

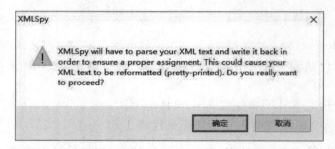

图 8-5　警告窗口

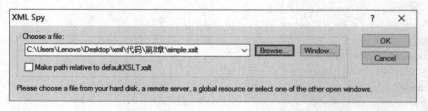

图 8-6　选择转换 XML 文件所使用的 XSLT 文件

8.3　XSLT 的转换模式

　　XSLT 最重要的思想就是转换,具体的转换过程包括两种,服务器端转换模式和客户端转换模式。

1. 服务器端转换模式

服务器端转换模式下，XML 文件在服务器端先由 XSLT 文件转换为一个新的文件，通常是 HTML 文件，然后再将该文件发送给浏览器，由浏览器进行解析。服务器转换的工具有 Saxon、Xalan、微软的 msxsl.exe，以及 XMLSpy 自带的工具等。

服务器转换还可以细分为实时转换和批量转换。

（1）实时转换：当服务器接收到来自客户端的请求时，借助于动态脚本语言（例如 JSP）根据 XSLT 对 XML 进行转换，将转换后的结果（例如 HTML）发送给客户端，如图 8-7 所示。

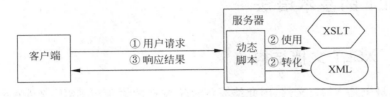

图 8-7　实时转换示意图

（2）批量转换：批量转换预先根据 XSLT 对 XML 转换，将转换后的结果保存到服务器上，当接到客户端请求时将预先转换好的结果文件发送给客户端，如图 8-8 所示。

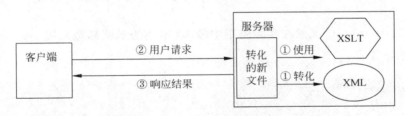

图 8-8　批量转换示意图

无论是实时转换还是批量转换的过程都是在服务器上执行的，因此响应的结果都是转换后生成的新文件。实时转换适用于 XML 变化频率较高的情况，但是实时转换效率较低，批量转换适用于 XML 变化频率较低的情况，该方式下效率更高。

接下来介绍一个常用的服务器转换工具 Saxon。2004 年由 Michael Key 博士创建，Saxon 是一个 XSLT、XQuery 和 XML Schema 处理器，官方网站为 http://saxonica.com。Saxon 使用 XML 文档和样式表作为输入，将生成结果文档作为输出的处理程序，支持 C、Java 等多种语言。目前，最新版本为 9.7，已全面支持 XSLT 3.0、XPath 3.1 和 XQuery 3.0。

2. 客户端转换模式

客户端转换模式是将 XML 文件和 XLST 文件都传送到客户端，由浏览器进行实时转换。这种模式下浏览器必须支持 XML 和 XSLT。目前 IE6、Firefox 3.0、Opera 9.5 及以上版本对 XSLT 都有较好的支持，具体的版本匹配关系读者需要进一步查看相关文档。客户端转换模式的具体转换过程如图 8-9 所示。

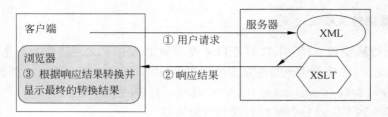

图 8-9　批量转换示意图

8.4　XSLT 的基本语法

8.4.1　XSLT 文档结构

XSLT 本身也是 XML 文件,因此编写 XSLT 文档的语法与 XML 文件相同。文件也需要有一个根元素,其内部嵌套了多种标记,每种标记表达了不同的含义。本节重点讲解这些标记、属性的含义,以及它们之间的嵌套关系。

XSLT 的根元素可以是<stylesheet>和<transform>,实际编写时使用任何一个都是被允许的。

(1)<xsl:stylesheet>元素在实际应用中较多(本书的示例都是采用 stylesheet 作为根标记),具体语法如下:

```
<xsl:stylesheet
    id = "id"
    version = "版本号">
    <!-- Content: (xsl:import *, top-level-elements) -->
</xsl:stylesheet>
```

(2)<xsl:transform>具体语法如下:

```
<xsl:transform
    id = "id"
    version = "版本号">
    <!-- Content: (xsl:import *, top-level-elements) -->
</xsl:transform>
```

这两个根元素包含了相同的属性,且属性含义相同,属性的含义如下:

- version:指定 XSLT 文档的版本。目前主要有 1.0、2.0 或 3.0。
- id:唯一标识符。
- 命名空间声明:xmlns:xsl="http://www.w3.org/1999/XSL/Transform"。

XSLT 其余标记均嵌入在 XSLT 根标记中,XSLT 常见标记及其说明如表 8-2 所示。

表 8-2　XSLT 中的其他标签及说明

XSLT 标签	说　明
<xsl:output>	控制输出文档的类型及格式
<xsl:template>	构建模板
<xsl:apply-templates>	调用模板
<xsl:call-template>	调用模板函数
<xsl:param>	变量的定义
<xsl:with-param>	参数的传递
<xsl:value-of>	获取所选择的 XML 元素或属性内容
<xsl:element>	创建 XML 元素
<xsl:attribute>	创建 XML 标记的属性
<xsl:comment>	创建注释
<xsl:for-each>	对指定的元素及子元素进行遍历
<xsl:if>	对指定元素进行条件选择,当符合条件时应用该模板
<xsl:choose>	条件分支
<xsl:when>	条件分支
<xsl:otherwise>	条件分支
<xsl:copy>	浅层复制,只复制当前的结点
<xsl:copy-of>	深层复制,复制当前结点、属性及其子结点和属性
<xsl:sort>	用指定的排序规则对输出的元素进行排序

8.4.2　output 标签

XSLT 基于转换的思想,将源 XML 文件根据 XSLT 文件的定义转换为一个新的文件,新文件可能的类型包括 HTML、XML、Text 和 XHTML 四种。转换得到的新文件类型,以及一些属性的设定都是通过 output 标签给出的。

<xsl:output>标签用于控制输出文档的类型及格式。该元素作为<xsl:stylesheet>或<xsl:transform>的子元素。语法格式如下:

```
<xsl:output method = "xml|html|text" vesion = "" encoding = "" omit-xml-declaration = "yes|no" standalone = "" doctype-public = "" doctype-system = "" cdata-section-elements = "" indent = "" edia-type = "text/xml|text/html|text/plain">
```

设定 XSLT 文件会将源 XML 文档转换为不同格式的新文档,如图 8-10 所示。

其中,比较常用的是转换为 HTML 文档或异构的 XML 文档,下面介绍这两种输出格式时 output 元素的设定。

(1) 转换为 XML 文档的 output 标签设定:

```
<xsl:output method = "xml" version = "1.0" encoding = "UTF-8" indent = "yes"/>
```

转换为新的 XML 文档后的代码如下:

```
<?xml version = "1.0" encoding = "UTF-8"?>
```

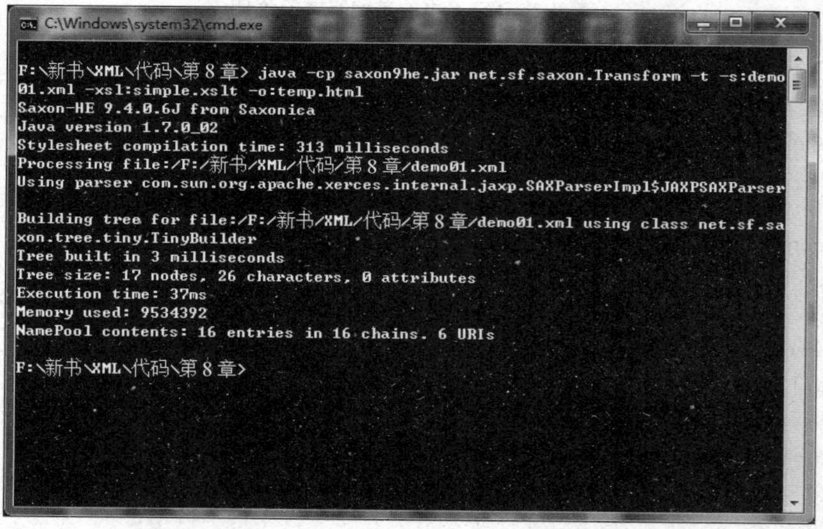

图 8-10　XSLT 转换示意图

(2) 转换为 HTML 文档,即可以通过 output 设定完整属性,也可以使用其中部分属性简单书写。

① ouput 标签设定输出 HTML 完整属性设定。

```
<?xml version = "1.0" encoding = "UTF-8"?>
<xsl:stylesheet version = "2.0" xmlns:xsl = "http://www.w3.org/1999/XSL/Transform" xmlns:xs
= "http://www.w3.org/2001/XMLSchema" xmlns:fn = "http://www.w3.org/2005/xpath-functions">
    <xsl:output method = "html" encoding = "utf-8" indent = "yes" doctype-system = " -//
W3C//DTD HTML 4.0.1 Transitional//EN"
    doctype-public = "http://www.w3.org/TR/html4/loose.dtd" media-type = "text/html"/>
    <xsl:template match = "/"><html><head><title></title></head><body></body></html>
</xsl:template>
</xsl:stylesheet>
```

转换得到的 HTML 结果:

```
<!DOCTYPE HTML PUBLIC " http://www.w3.org/TR/html4/loose.dtd" " -//W3C//DTD HTML 4.0.1
Transitional//EN"><html>
    <head>
        <meta http-equiv = "Content-Type" content = "text/html; charset = utf-8">
        <title></title></head><body /></html>
```

② ouput 标签设定输出 HTML 简单设定。

```
<xsl:output method = "html" encoding = "gb2312"></xsl:output>
```

转换 HTML 后的结果:

```
<meta http-equiv = "Content-Type" content = "text/html; charset = gb2312">
```

8.4.3 模板及模板调用

XSLT 将 XML 文档看作一个对象,可以用树结构表示(即第 7 章 XPath 所描述的树状结构),XML 的根元素对应根结点,各子元素分别对应树的结点。XSLT 处理器从 XML 文档树中查找指定的结点(元素),找到后,再从 XSLT 文档中找到与该结点匹配的模板,按模板内指定的样式显示数据。XSLT 处理器总是从根模板开始实施 XSL 转换。

本节案例使用的源 XML 文件的示例见代码 8-10。

代码 8-10　XML 文件代码(demo0843.xml)

```
<?xml version = "1.0" encoding = "UTF - 8"?>
<students>
    <student id = "20100101">
        <name>王宏</name>
        <java>96</java>
        <oracle>88</oracle>
        <uml>90</uml>
    </student>
    <student id = "20100102">
        <name>李娜</name>
        <java>76</java>
        <oracle>56</oracle>
        <uml>70</uml>
    </student>
    <student id = "20100103">
        <name>孙武</name>
        <java>77</java>
        <oracle>70</oracle>
        <uml>80</uml>
    </student>
</students>
```

XSLT 模板是 XSLT 最重要的概念。XSLT 模板用 template 元素声明,包含一系列 XSL 指令,控制 XSLT 转换流程并指定 XSLT 转换的输出内容。XSLT 模板有两种,即模板规则(Template Rule)和具名模板(Named Template)。

1. 模板规则

所谓模板规则,是指定义模板匹配并处理指定的 XML 结点,其中必须包含 match 属性,属性值为 XPath 表达式,指明该模板可匹配哪些 XML 结点。

(1) 使用<xsl:template>标记定义模板规则的语法如下:

```
<xsl:template match = "" mode = "">
…规则
</xsl:template>
```

属性说明：

- match 属性用于关联 XML 元素和模板，属性值是 XPath 路径，用于指定模板应用于哪些结点，一个模板对应一组规则，模板中的规则用于控制 XML 文档的输出，也可以用来为整个文档定义模板（例如，match="/" 定义整个文档）。
- mode 属性是一个可选属性，当需要对同一个结点定义不同规则的模板，在不同情况下需要使用不同的模板时，定义模板就需要使用 mode 属性，mode 属性的属性值必须唯一。

（2）<xsl:apply-templates>标记用来调用已定义的模板规则，<apply-templates>标记的语法如下：

```
<xsl:apply-templates [select=" "] [mode="a"]/>
```

属性说明：

- select 是一个可选属性，该属性值必须是一个 XPath 值，用于指定哪些标记需要调用另一个模板来处理。如果 select 属性被省略，则按照当前结点集顺序来处理每一个结点，每一个结点都由另一个模板来处理。
- 使用带有 mode 属性的模板时，apply-template 元素也需要增加 mode 属性，且属性值与模板定义的属性值相同。

例如，调用上述模板的示例代码见代码 8-11。

第一个案例中包含了两个模板规则，其中一个是根模板，另外一个模板用来处理数据。

代码 8-11　XSLT 文件代码（templaterule01.xslt）

```
<?xml version="1.0" encoding="UTF-8"?>
<xsl:stylesheet version="2.0" xmlns:xsl="http://www.w3.org/1999/XSL/Transform" xmlns:xs="http://www.w3.org/2001/XMLSchema" xmlns:fn="http://www.w3.org/2005/xpath-functions">
    <!-- 转换后的文件为 HTML 文件,该文件的编码方式为 gb2312 -->
    <xsl:output method="html" encoding="gb2312"></xsl:output>
    <!-- 模板规则,当前定义的模板为根模板,XSLT 解析器从根模板开始执行 -->
    <xsl:template match="/">
        <html>
            <head>
                <title>成绩单</title>
            </head>
            <body>
                <table border="1">
                    <tbody>
                        <tr>
                            <th>姓名</th>
                            <th>Java 成绩</th>
                            <th>Oracle 成绩</th>
                            <th>UML 成绩</th>
```

```
                    </tr>
                    <!-- 调用模板规则,调用匹配 students 标记的模板规则 -->
                    <xsl:apply-templates select="students"/>
                </tbody>
            </table>
        </body>
    </html>
</xsl:template>
<!-- 模板规则,当前定义的模板匹配 students 标记 -->
<xsl:template match="students">
    <tr>
        <!-- 显示 select 属性值 XPath 指定的结点集内容 -->
        <td><xsl:value-of select="student[1]/name"/></td>
        <td><xsl:value-of select="student[1]/java"/></td>
        <td><xsl:value-of select="student[1]/oracle"/></td>
        <td><xsl:value-of select="student[1]/uml"/></td>
    </tr>
</xsl:template>
</xsl:stylesheet>
```

转换后的新 HTML 文件的代码见代码 8-12。

代码 8-12　转换后的 HTML 文件代码

```
<html>
    <head>
        <meta http-equiv="Content-Type" content="text/html; charset=gb2312">
        <title>成绩单</title>
    </head>
    <body>
        <table border="1">
            <tbody>
                <tr>
                    <th>姓名</th>
                    <th>Java 成绩</th>
                    <th>Oracle 成绩</th>
                    <th>UML 成绩</th>
                </tr>
                <tr>
                    <td>王宏</td>
                    <td>96</td>
                    <td>88</td>
                    <td>90</td>
                </tr>
            </tbody>
        </table>
    </body>
</html>
```

使用 XMLSpy 中的浏览器显示该 HTML 文件,结果如图 8-11 所示。

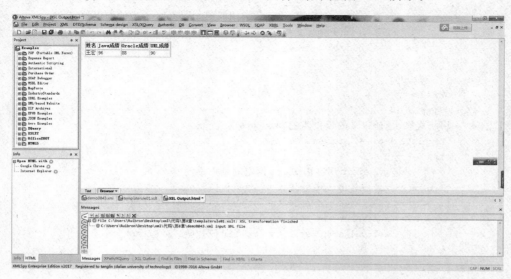

图 8-11 转换后的 HTML 文件的浏览器显示结果

上例中的 XSLT 文件(templaterule01.xslt)定义了两个模板规则,XSLT 解析器从根模板开始执行,在根模板中调用了另外一个匹配 students 标记的模板,显示的执行结果如图 8-11 所示。

如果上例中显示的结果不能满足需要,例如除显示所有人的具体成绩外,最后还要显示每一个科目的平均分,我们可以采用以下方式实现 XSLT 文件,示例见代码 8-13。

代码 8-13　使用 mode 属性的 XSLT 文件代码(templaterule02.xslt)

```xml
<?xml version="1.0" encoding="UTF-8"?>
<xsl:stylesheet version="2.0" xmlns:xsl="http://www.w3.org/1999/XSL/Transform" xmlns:xs="http://www.w3.org/2001/XMLSchema" xmlns:fn="http://www.w3.org/2005/xpath-functions">
    <!-- 转换后的文件为 HTML 文件,该文件编码方式为 gb2312 -->
    <xsl:output method="html" encoding="gb2312"></xsl:output>
    <!-- 模板规则,当前定义的模板为根模板,XSLT 解析器从根模板开始执行 -->
    <xsl:template match="/">
        <html>
            <head>
                <title>成绩单</title>
            </head>
            <body>
                <table border="1">
                    <tbody>
                        <tr>
                            <th>姓名</th>
                            <th>Java 成绩</th>
                            <th>Oracle 成绩</th>
                            <th>UML 成绩</th>
                        </tr>
```

```xml
                    <!-- 调用模板规则,调用匹配 students 且 mode 属性值为 a 的模板
                        规则 -->
                    <xsl:apply-templates select="students" mode="a"/>
                </tbody>
            </table>
            <hr/>
            <!-- 调用模板规则,调用匹配 students 且 mode 属性值为 b 的模板规则 -->
            <xsl:apply-templates select="students" mode="b"/>
        </body>
    </html>
</xsl:template>
<!-- 模板规则,当前定义的模板匹配 students,由于匹配 students 的模板规则不止一个,因此
    需要使用 mode 属性,属性值保证唯一命名为 a -->
<!-- 当前模板规则用于显示学生成绩的表格 -->
<xsl:template match="students" mode="a">
    <tr>
        <!-- 显示 select 属性值 XPath 指定的结点集内容 -->
        <td><xsl:value-of select="student[1]/name"/></td>
        <td><xsl:value-of select="student[1]/java"/></td>
        <td><xsl:value-of select="student[1]/oracle"/></td>
        <td><xsl:value-of select="student[1]/uml"/></td>
    </tr>
    <tr>
        <!-- 显示 select 属性值 XPath 指定的结点集内容 -->
        <td><xsl:value-of select="student[2]/name"/></td>
        <td><xsl:value-of select="student[2]/java"/></td>
        <td><xsl:value-of select="student[2]/oracle"/></td>
        <td><xsl:value-of select="student[2]/uml"/></td>
    </tr>
    <tr>
        <!-- 显示 select 属性值 XPath 指定的结点集内容 -->
        <td><xsl:value-of select="student[3]/name"/></td>
        <td><xsl:value-of select="student[3]/java"/></td>
        <td><xsl:value-of select="student[3]/oracle"/></td>
        <td><xsl:value-of select="student[3]/uml"/></td>
    </tr>
</xsl:template>

<!-- 模板规则,当前定义的模板匹配 students,由于匹配 students 的模板规则不止一个,因此
    需要使用 mode 属性,属性值保证唯一命名为 b -->
<!-- 当前模板规则用于平均成绩的无序列表显示 -->
<xsl:template match="students" mode="b">

    <ul>
        <!-- XPath:avg(//Java)表示计算所有 Java 的平均成绩 -->
        <li>Java 平均分：<xsl:value-of select="avg(//java)"/></li>
        <li>Oracle 平均分：<xsl:value-of select="avg(//oracle)"/></li>
        <li>UML 平均分：<xsl:value-of select="avg(//uml)"/></li>
    </ul>
</xsl:template>
</xsl:stylesheet>
```

转换后的新 HTML 文件的代码见代码 8-14。

代码 8-14　templaterule02.xslt 文件转换后的 HTML 文件代码

```html
<html>
    <head>
        <meta http-equiv="Content-Type" content="text/html; charset=gb2312">
        <title>成绩单</title>
    </head>
    <body>
        <table border="1">
            <tbody>
                <tr>
                    <th>姓名</th>
                    <th>Java 成绩</th>
                    <th>Oracle 成绩</th>
                    <th>UML 成绩</th>
                </tr>
                <tr>
                    <td>王宏</td>
                    <td>96</td>
                    <td>88</td>
                    <td>90</td>
                </tr>
                <tr>
                    <td>李娜</td>
                    <td>76</td>
                    <td>56</td>
                    <td>70</td>
                </tr>
                <tr>
                    <td>孙武</td>
                    <td>77</td>
                    <td>70</td>
                    <td>80</td>
                </tr>
            </tbody>
        </table>
        <hr>
        <ul>
            <li>Java 平均分：83</li>
            <li>oracle 平均分：71.3333333333333</li>
            <li>uml 平均分：80</li>
        </ul>
    </body>
</html>
```

使用 XMLSpy 中的浏览器显示该 HTML 文件，结果如图 8-12 所示。

上例中的 XSLT 文件(templaterule02.xslt)定义了 3 个模板规则，XSLT 解析器从根模板开始执行，在根模板中调用了另外两个匹配 students 标记的模板，这两个模板匹配了同

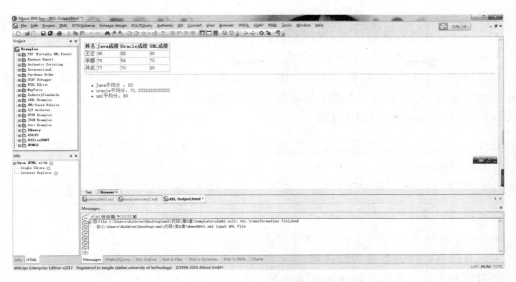

图 8-12　转换后的 HTML 文件的浏览器显示结果

样的标记,因此使用 mode 属性加以区分。

2．具名模板

所谓具名模板是具有具体名称的模板,可以被 call-template 元素反复调用,处理当前的 XML 上下文内容,且必须有 name 属性,以便于调用。

(1) 使用<xsl:template>标记定义具名模板的语法如下:

```
<xsl:template name = "">
…规则
</xsl:template>
```

name 属性用于定义模板的名字,该名字是一个固定的值。

(2) <xsl:call-template>标记用来调用已定义的具名模板,<xsl:call-template>标记的语法如下:

```
<xsl:call-template name = "value">
```

name 属性用于指定所调用的具名模板的名字。

具名模板不具有上下文结点,因此,如果需要在调用具名模板时向具名模板传递参数,需要在<xsl:call-template>元素中使用一个或多个<xsl:with-param> 元素,定义传递给模板的参数的值。

(3) <xsl:with-param> 标记的语法如下:

```
<xsl:with-param name = "name" select = "expression">
  <!-- Content:template -->
</xsl:with-param>
```

属性说明：
- name 属性是必须给出的，规定了参数的名称。
- select 属性给出了定义的参数的值，是一个 XPath 表达式。

获取传递的参数需要使用<xsl:param>元素，该元素用于声明局部或全局参数。如果在模板内声明参数，就是局部参数；如果作为顶层元素来声明，就是全局参数。

（4）<xsl:param>标记的语法如下：

```
<xsl:param name="name" select="expression">
<!-- Content:template -->
</xsl:param>
```

属性说明：
- name 属性是必须给出的，规定了参数的名称。
- select 属性值是参数的默认值，是一个 XPath 表达式。

使用具名模板与使用模板规则非常类似，只是具名模板中 name 属性的值是一个固定的名字。以下 XSLT 文件将所有学生的成绩显示到表格中，其中使用了具名模板的定义和调用，具体的定义和调用见代码 8-15。

代码 8-15　使用具名模板的 templatename01.xslt 文件

```xml
<?xml version="1.0" encoding="UTF-8"?>
<xsl:stylesheet version="2.0" xmlns:xsl="http://www.w3.org/1999/XSL/Transform" xmlns:xs="http://www.w3.org/2001/XMLSchema" xmlns:fn="http://www.w3.org/2005/xpath-functions">
    <!-- 转换后的文件为 HTML 文件，该文件编码方式为 GB2312 -->
    <xsl:output method="html" encoding="gb2312"></xsl:output>
    <!-- 模板规则,当前定义的模板为根模板,XSLT 解析器从根模板开始执行 -->
    <xsl:template match="/">
        <html>
            <head>
                <title>成绩单</title>
            </head>
            <body>
                <table border="1">
                    <tbody>
                        <tr>
                            <th>姓名</th>
                            <th>Java 成绩</th>
                            <th>Oracle 成绩</th>
                            <th>UML 成绩</th>
                        </tr>
                        <!-- 调用模板规则,调用匹配 students 标记且 mode 属性值为 a 的模板规则 -->
                        <xsl:apply-templates select="students"/>
                    </tbody>
                </table>
            </body>
        </html>
```

```
        </xsl:template>
        <!-- 模板规则,当前定义的模板匹配 students 标记 -->
        <!-- 当前模板规则用于显示学生成绩的表格 -->
        <xsl:template match = "students">
            <!-- 使用 call-template 调用具名模板,显示第 1 个同学王宏的成绩信息 -->
            <xsl:call-template name = "value">
                <!-- 传递参数 -->
                <xsl:with-param name = "student" select = "student[1]"/>
            </xsl:call-template>
            <!-- 显示第 2 个同学李娜的成绩信息 -->
            <xsl:call-template name = "value">
                <xsl:with-param name = "student" select = "student[2]"/>
            </xsl:call-template>
            <!-- 显示第 3 个同学孙武的成绩信息 -->
            <xsl:call-template name = "value">
                <xsl:with-param name = "student" select = "student[3]"/>
            </xsl:call-template>
        </xsl:template>
        <!-- 定义具名模板 -->

        <xsl:template name = "value">
            <!-- 使用 call 调用的模板,它没有上下文结点,通过 param 获取传递的参数,定义了一个局部参数 --->
            <xsl:param name = "student"/>
            <tr>
                <!-- 显示 select 属性值对应的结点集内容: $ student 方式使用变量 student -->
                <td><xsl:value-of select = "$ student/name"/></td>
                <td><xsl:value-of select = "$ student/java"/></td>
                <td><xsl:value-of select = "$ student/oracle"/></td>
                <td><xsl:value-of select = "$ student/uml"/></td>
            </tr>
        </xsl:template>
</xsl:stylesheet>
```

转换后的新 HTML 文件的示例见代码 8-16。

代码 8-16　templatename01.xslt 文件转换后的 HTML 文件代码

```
<html>
    <head>
        <meta http-equiv = "Content-Type" content = "text/html; charset = gb2312">
        <title>成绩单</title>
    </head>
    <body>
        <table border = "1">
            <tbody>
                <tr>
                    <th>姓名</th>
                    <th>Java 成绩</th>
                    <th>Oracle 成绩</th>
```

```
                    <th>UML成绩</th>
                </tr>
                <tr>
                    <td>王宏</td>
                    <td>96</td>
                    <td>88</td>
                    <td>90</td>
                </tr>
                <tr>
                    <td>李娜</td>
                    <td>76</td>
                    <td>56</td>
                    <td>70</td>
                </tr>
                <tr>
                    <td>孙武</td>
                    <td>77</td>
                    <td>70</td>
                    <td>80</td>
                </tr>
            </tbody>
        </table>
    </body>
</html>
```

使用 XMLSpy 中的浏览器显示该 HTML 文件，结果如图 8-13 所示。

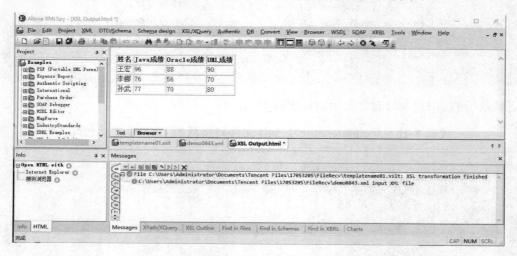

图 8-13　转换后的 HTML 文件的浏览器显示结果

上例中的 XSLT 文件(templatename01.xslt)定义了 3 个模板规则，XSLT 解析器从根模板开始执行，在根模板中调用了另外一个模板规则，该规则匹配 students 标记，在这个模板中使用了 call-template 元素重复调用具名模板 3 次，用于显示 3 个同学的成绩信息，具名模板被定义为 name，该模板中显示了学生的姓名，以及 Java 成绩、Oracle 成绩和 UML 成绩。具名模板没有上下文结点，因此如果要传递数据，需要通过参数方式传递。

8.4.4 转换为 HTML 文档常用标记

大家经常会借助于 XSLT 文件将源文件转换为 HTML 文件，接下来介绍在转换为 HTML 文件时常用的部分标记。当然，这些标记也有可能在转化为其他类型的文件中使用。

1. <xsl:value-of>标记

<xsl:value-of>标记用于输出结点的内容。<xsl:value-of>标记的语法如下：

```
<xsl:value-of select="" [disable-output-escaping="yes|no"]/>
```

- select：该属性是一个 XPath 表达式，用于将该表达式所对应的内容显示出来。
- disable-output-escaping：该属性是一个可选属性，表示输出文本内容时是否禁用转义。

2. <xsl:for-each>标记

<xsl:for-each>标记用于遍历被选择的结点集，在遍历过程中被迭代处理的结点作为当前结点。<xsl:for-each>标记的语法如下：

```
<xsl:for-each select="">
迭代体
</xsl:for-each>
```

select 属性必须给出，该属性值是一个 XPath 表达式，表示一个结点集。

3. <xsl:if>标记

<xsl:if>标记的作用相当于 if 语句，<if>标记的语法如下：

```
<xsl:if test="">
内容
</xsl:if>
```

test 属性必须给出，该属性值是一个布尔表达式或一个布尔值。当属性值为 true 时，计算输出该元素包含的内容，否则不执行。

4. <xsl:choose>、<xsl:when>和<xsl:otherwise>标记

<xsl:choose>、<xsl:when>和<xsl:otherwise>标记类似于 switch 语句执行多条件判断。注意，<xsl:choose>、<xsl:when>和<xsl:otherwise>标记中可以包含多个分支<xsl:when>，表示当每一个分支的条件都不满足时，如果有<xsl:otherwise>，则执行该分支。

其语法格式如下：

```
<xsl:choose>
[<xsl:when test>内容</when>]+
[<xsl:otherwise>内容</otherwise>]?
</xsl:choose>
```

test 属性必须给出，该属性值是一个布尔表达式或一个布尔值。当属性值为 true 时，计算输出该元素包含的内容，否则不执行。

5. <xsl:sort>标记

<xsl:sort>标记用于将元素按照指定的顺序进行排序，<xsl:sort>标记的语法如下：

```
<xsl:sort select = "XPath 表达式"
lang = ""
data-type = "text|number|QName"
order = "ascending|descending"
case-order = "upper-first|lower-first"
/>
```

- select：该属性值为一个 XPath 表达式。
- lang：用于指定排序顺序的语言字母表。
- data-type：指定字符串的数据类型，如果不指定，则使用表达式的类型作为默认类型。
- order：指定使用升序(ascending)还是降序(descending)。
- case-order：指定大写字母在小写字母之前(upper-first)还是之后(lower-first)。

下面使用 XSLT 中常用的 HTML 标记，将源 XML 文档转换为以下格式的 HTML 文档，转换后的视图如图 8-14 所示。

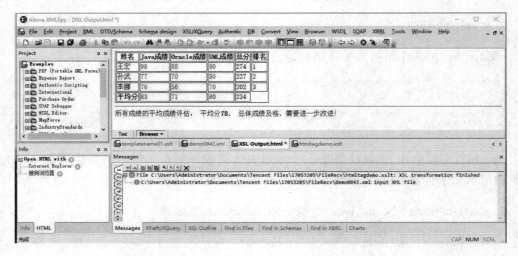

图 8-14　转换后的 HTML 文件的浏览器显示结果 4

实现上述要求的 XSLT 文件示例见代码 8-17 和代码 8-18。

代码 8-17　htmltagdemo.xslt 文件

```xml
<?xml version="1.0" encoding="UTF-8"?>
<xsl:stylesheet version="2.0" xmlns:xsl="http://www.w3.org/1999/XSL/Transform" xmlns:fo="http://www.w3.org/1999/XSL/Format" xmlns:xs="http://www.w3.org/2001/XMLSchema" xmlns:fn="http://www.w3.org/2005/xpath-functions">
<xsl:output method="html" encoding="GB2312" indent="yes" doctype-system="-//W3C//DTD HTML 4.0.1 Transitional//EN"
    doctype-public="http://www.w3.org/TR/html4/loose.dtd" media-type="text/html"/>
    <!-- 所有成绩的平均分 -->
    <xsl:param name="avg" select="round((avg(//java)+avg(//oracle)+avg(//uml)) div 3)"/>
    <!-- 模板规则,根模板整个转换后的 HTML 格式设定 -->
    <xsl:template match="/">
        <html>
            <head>
                <title>成绩统计表</title>
            </head>
            <body>
                <table border="1">
                    <tbody>
                        <tr>
                            <th>姓名</th>
                            <th>Java 成绩</th>
                            <th>Oracle 成绩</th>
                            <th>UML 成绩</th>
                            <th>总分</th>
                            <th>排名</th>
                        </tr>
                        <xsl:apply-templates/>
                    </tbody>
                </table>
                <hr/>
                所有成绩的平均成绩评估:
                <!-- 显示所有成绩的平均分 -->
                平均分<b><xsl:value-of select="$avg"/></b>,
                <!-- 根据具体的成绩做评估 -->
                <xsl:choose>
                    <xsl:when test="$avg>=90">总体成绩非常出色,请继续保持</xsl:when>
                    <xsl:when test="$avg>=80">总体成绩良好</xsl:when>
                    <xsl:when test="$avg>=60">总体成绩及格,需要进一步改进</xsl:when>
                    <xsl:otherwise>总体成绩不合格,需要进一步调查问题原因,及时改进</xsl:otherwise>
                </xsl:choose>!
            </body>
        </html>
    </xsl:template>
    <!-- 模板规则,匹配 students 元素的模板整个转换后的表格的数据内容显示 -->
```

```xml
<xsl:template match="students">
    <!--遍历所有的 student 元素-->
    <xsl:for-each select="student">
        <!--XPath:sum(.//*[position()>1]) :计算每一个 student 的总成绩-->
        <!--根据总成绩降序排列显示-->
        <xsl:sort select="sum(.//*[position()>1])" order="descending"/>
        <tr>
            <!--显示 name 结点的内容-->
            <td><xsl:value-of select="name"></xsl:value-of></td>
            <!--调用具名模板-->
            <td><xsl:call-template name="colorset">
                    <xsl:with-param name="paramName" select="java"/>
                </xsl:call-template></td>
            <td><xsl:call-template name="colorset">
                    <xsl:with-param name="paramName" select="oracle"/>
                </xsl:call-template></td>
            <td><xsl:call-template name="colorset">
                    <xsl:with-param name="paramName" select="uml"/>
                </xsl:call-template></td>
            <!--显示总成绩-->
            <td><xsl:value-of select="sum(.//*[position()>1])"/></td>
            <!--显示排名-->
            <td><xsl:value-of select="position()"/></td>
        </tr>
    </xsl:for-each>
    <tr>
        <th>平均分</th>
        <!--XPath:round(avg(//java)):计算出所有的 Java 成绩的平均分,并对结果进行四舍五入,最后得到一个整数-->
        <td><xsl:value-of select="round(avg(//java))"/></td>
        <td><xsl:value-of select="round(avg(//oracle))"/></td>
        <td><xsl:value-of select="round(avg(//uml))"/></td>
        <td><xsl:value-of select="round((sum(.//student/*[position()>1]))div(count(//student)))"/></td>
    </tr>
</xsl:template>

<!--具名模板-->
<xsl:template name="colorset">
    <xsl:param name="paramName"/>
    <!--判断文本内容是否大于等于 60-->
    <xsl:if test="$paramName/text()&gt;=60">
        <font color="green"><xsl:value-of select="$paramName"></xsl:value-of></font>
    </xsl:if>
    <!--判断文本内容是否小于 60-->
    <xsl:if test="$paramName/text()&lt;60">
        <font color="red"><xsl:value-of select="$paramName"></xsl:value-of></font>
    </xsl:if>
</xsl:template>
</xsl:stylesheet>
```

代码 8-18　htmltagdemo.xslt 文件转换后的 HTML 文件代码

```html
<!DOCTYPE HTML PUBLIC "http://www.w3.org/TR/html4/loose.dtd" "-//W3C//DTD HTML 4.0.1 Transitional//EN"><html>
    <head>
        <meta http-equiv="Content-Type" content="text/html; charset=GB2312">
        <title>成绩统计表</title>
    </head>
    <body>
        <table border="1">
            <tbody>
                <tr>
                    <th>姓名</th>
                    <th>Java 成绩</th>
                    <th>Oracle 成绩</th>
                    <th>UML 成绩</th>
                    <th>总分</th>
                    <th>排名</th>
                </tr>
                <tr>
                    <td>王宏</td>
                    <td><font color="green">96</font></td>
                    <td><font color="green">88</font></td>
                    <td><font color="green">90</font></td>
                    <td>274</td>
                    <td>1</td>
                </tr>
                <tr>
                    <td>孙武</td>
                    <td><font color="green">77</font></td>
                    <td><font color="green">70</font></td>
                    <td><font color="green">80</font></td>
                    <td>227</td>
                    <td>2</td>
                </tr>
                <tr>
                    <td>李娜</td>
                    <td><font color="green">76</font></td>
                    <td><font color="red">56</font></td>
                    <td><font color="green">70</font></td>
                    <td>202</td>
                    <td>3</td>
                </tr>
                <tr>
                    <th>平均分</th>
                    <td>83</td>
                    <td>71</td>
                    <td>80</td>
                    <td>234</td>
                </tr>
```

```
                </tbody>
            </table>
            <hr>
                所有成绩的平均成绩评估：
                平均分<b>78</b>,
                总体成绩及格,需要进一步改进!
            </body>
</html>
```

在 htmltagdemo.xslt 文件中使用了转换为 HTML 文件常用的标记,其中显示结点内容时,多次使用了标记<xsl:value-of>;多名同学均要将其成绩显示到表格中,使用了<xsl:for-each>改进程序;根据成绩判断成绩显示的颜色,如果大于等于 60 分显示为绿色,否则显示红色,使用了标记<xsl:if>;对所有成绩的平均分给出初步评估结论,使用了标记<xsl:choose>、<xsl:when>和<xsl:otherwise>;最终显示的成绩根据总成绩倒序排列,使用了标记<xsl:sort>。本例实现的预期目标中还定义了多个模板规则和具名模板。

8.4.5 转换为 XML 文档常用标记

借助于 XSLT 文件将源 XML 文件转换为异构的 XML 文件也经常被使用,下面介绍在转换为 XML 文件时常用的部分标记,这些标记也有可能在转化为其他类型的文件中使用。

1. <xsl:element>标记

<xsl:element>标记用于在结果树中动态地创建元素。使用<xsl:element>标记创建的元素,元素名称和元素值都是可变的。其语法格式如下：

```
<xsl:element name = "" [namespace = ""]
[use-attribute-sets = ""]/>
```

- name：该属性是必需属性,用于指定所要创建的元素名称。
- namespace：该属性是可选属性,如果包含命名空间,该属性用于指定命名空间。
- use-attribute-sets：多个属性的集合,多个名字中间以空白间隔。

2. <xsl:attribute>标记

<xsl:attribute>标记用于向元素添加属性。其语法格式如下：

```
<xsl:attribute name = "" [namespace = "uri"]/>
```

- name：该属性是必需属性,用于指定所要创建的属性名称。
- namespace：该属性是可选属性,如果包含命名空间,该属性用于指定命名空间。

3. <xsl:variable>标记

<xsl:variable>标记的语法如下：

```
<xsl:variable name = "name" select = "expression"/>
```

- name：变量名。
- select：一个 XPath 表达式,该表达式的值作为变量的值。

4. <xsl:attribute-set>标记

多个属性经常放在一起使用,为了方便复用,可以使用<attribute-set>标记。该标记作为<xsl:stylesheet>或<xsl:transform>的子元素。其语法格式如下:

```
<xsl:attribute-set name = "" [use-attribute-sets = ""]>
<xsl:attribute> +
</xsl:attribute-set>
```

- name：该属性是必需属性,用于指定该属性集的名字。
- use-attribute-sets：可以指定多个属性集的名字,多个名字之间以空白间隔。

5. <xsl:copy>和<xsl:copy-of>标记

用户可以将源文档的结点直接复制到结果文档中,为此,XSLT 提供了两个标记,其中,<xsl:copy>用于将源文档的结点复制到结果文档中,该结点的子结点和属性均不会被复制;<xsl:copy-of>用于将源文档中的结点集复制到结果文档中。其语法格式如下:

```
<xsl:copy [use-attribute-sets = ""]/>
```

use-attribute-sets 表示元素或属性名集合,多个名称中间使用空格分隔。

```
<xsl:copy-of select = ""/>
```

select 是必需属性,用于指定被复制的结点集合。

6. <xsl:comment>标记

<xsl:comment>标记用于建立注释文字,例如:

```
<xsl:comment>
This is a comment!
</xsl:comment>
```

7. <xsl:processing-instruction>标记

<xsl:processing-instruction>标记用于创建处理指令,其语法格式如下:

```
<xsl:processing-instruction name = "">
```

其中,name 是处理指令的名称。

将源 XML 文件转换为异构 XML 文档,异构 XML 文档的代码见代码 8-19。

代码 8-19　转换后的 XML 文件源代码

```xml
<?xml version = "1.0" encoding = "UTF-8"?>
<!-- 经过统计后生成的新 XML 文档 -->
<?xml-stylesheet type = "text/css" href = "my.css"?>
<students num = "3" avg = "78">
    <student id = "20100101">
        <name>王宏</name>
        <java/>
        <oracle>88</oracle>
        <uml>90</uml>
        <total>274</total>
    </student>
    <student id = "20100102">
        <name>李娜</name>
        <java/>
        <oracle>56</oracle>
        <uml>70</uml>
        <total>202</total>
    </student>
    <student id = "20100103">
        <name>孙武</name>
        <java/>
        <oracle>70</oracle>
        <uml>80</uml>
        <total>227</total>
    </student>
</students>
```

实现该转换的 XSLT 文件的代码见代码 8-20。

代码 8-20　实现转换的 XSLT 文件源代码

```xml
<?xml version = "1.0" encoding = "UTF-8"?>
<xsl:stylesheet version = "2.0" xmlns:xsl = "http://www.w3.org/1999/XSL/Transform" xmlns:xs = "http://www.w3.org/2001/XMLSchema" xmlns:fn = "http://www.w3.org/2005/xpath-functions">
    <xsl:output method = "xml" version = "1.0" encoding = "UTF-8" indent = "yes"/>

        <!-- 该属性集(attribute-set)包含了两个属性,可作为整体应用到输出文档 -->
        <xsl:attribute-set name = "studentsparams">
            <xsl:attribute name = "num">
                <xsl:value-of select = "count(students/student)"/>
            </xsl:attribute>
            <xsl:attribute name = "avg">
                <xsl:value-of select = "round((avg(//java) + avg(//oracle) + avg(//uml)) div 3)"/>
            </xsl:attribute>
```

```xml
        </xsl:attribute-set>

        <!--模板规则,根模板-->
    <xsl:template match="/">
        <!--生成转换后的 XML 文档注释-->
        <xsl:comment>经过统计后生成的新 XML 文档</xsl:comment>
        <!--生成转换后的 XML 文档的处理指令-->
        <xsl:processing-instruction name="xml-stylesheet">type="text/css" href="my.css"</xsl:processing-instruction>
        <!--在输出文档中创建元素结点,结点名称为 students,该结点包含属性集的两个属性,作为 students 的属性输出-->
        <xsl:element name="students" use-attribute-sets="studentsparams">
            <!--遍历所有的 student 元素-->
            <xsl:for-each select="students/student">
                <!--在输出文档中创建元素结点,结点名称为 student-->
                <xsl:element name="student">
                    <!--向元素 student 添加属性 id-->
                    <xsl:attribute name="id">
                        <!--添加属性 id 的属性值为对应的源 XML 文档的 id 属性值-->
                        <xsl:value-of select="@id"/>
                    </xsl:attribute>
                    <!--创建当前结点的 name 的一个备份(带有子结点及属性)-->
                    <xsl:copy-of select="name"/>
                    <xsl:apply-templates select="java"/>
                    <xsl:copy-of select="oracle"/>
                    <xsl:copy-of select="uml"/>
                    <!--在输出文档中创建元素结点,结点名称为 total-->
                    <xsl:element name="total">
                        <!--作为元素 total 的内容-->
                        <xsl:value-of select="sum(*[position()>1])"/>
                    </xsl:element>
                </xsl:element>
            </xsl:for-each>
        </xsl:element>
    </xsl:template>
    <xsl:template match="java">
    <!--创建当前结点的 java 的一个备份(不带有子结点及属性)-->
        <xsl:copy/>
    </xsl:template>
</xsl:stylesheet>
```

上述 XSLT 文件实现了预期的转换。在根模板中,使用了<xsl:comment>标记在转换后的 XML 文件中产生注释;使用了<xsl:processing-instruction>标记在转换后的 XML 文件中产生处理指令;使用了<xsl:attribute-set>标记定义了一个属性集(attribute-set),它包含的两个属性是 num 和 avg,该属性集在元素 students 中使用,作为该元素的属性;<xsl:element>标记在输出文档中创建元素结点,这些结点在当前文档中大量应用;<xsl:attribute>标记用于定义属性,本例中定义的属性 id 向元素 student 添加;<xsl:copy-of/>

标记将源文档中的结点集(包括子元素和属性)复制到结果文档中,文档中使用<xsl:copy-of/>标记复制了 name、oracle、uml;<xsl:copy>标记将源文档中的 Java 结点(不包括子元素和属性)复制到结果文档中。

8.5 XSLT 的复用

XSLT 允许用以下两种方式复用 XSLT 文件:
- 使用<xsl:import>标记导入另一份样式表文件。
- 使用<xsl:include>标记包含另一份样式表文件。

1. <xsl:import>标记

使用<xsl:import>可导入另一份 XSLT 样式表。注意,<xsl:import>只能作为<xsl:stylesheet>和<xsl:transform>的子元素,并且位于其他子元素之前,重复样式的优先级从高到低为原样式表的样式、后导入的样式表的样式、先导入的样式表的样式、调用被覆盖的样式<xsl:apply-imports>。<xsl:import>的语法如下:

```
<xsl:import href=""/>
```

其中,href 用来指定被导入的 XSLT 文档的 URI 地址。

由于 8.4.4 节中的 XSLT 文件较长,在此将该 XSLT 文件拆分为两个 XSLT 文件,并通过<xsl:import>实现复用,其代码见代码 8-21 和代码 8-22。

代码 8-21 拆分的 imported01.xslt 文件源代码

```xml
<?xml version="1.0" encoding="UTF-8"?>
<xsl:stylesheet version="2.0" xmlns:xsl="http://www.w3.org/1999/XSL/Transform" xmlns:xs="http://www.w3.org/2001/XMLSchema" xmlns:fn="http://www.w3.org/2005/xpath-functions">
    <!-- 具名模板 -->
    <xsl:template name="colorset">
        <xsl:param name="paramName"/>
        <!-- 判断文本内容是否大于等于 60 -->
        <xsl:if test="$paramName/text()&gt;=60">
            <font color="green"><xsl:value-of select="$paramName"></xsl:value-of></font>
        </xsl:if>
        <!-- 判断文本内容是否小于 60 -->
        <xsl:if test="$paramName/text()&lt;60">
            <font color="red"><xsl:value-of select="$paramName"></xsl:value-of></font>
        </xsl:if>
    </xsl:template>
</xsl:stylesheet>
```

代码 8-22 拆分的 imported02.xslt 文件源代码

```xml
<?xml version="1.0" encoding="UTF-8"?>
<xsl:stylesheet version="2.0" xmlns:xsl="http://www.w3.org/1999/XSL/Transform" xmlns:xs="http://www.w3.org/2001/XMLSchema" xmlns:fn="http://www.w3.org/2005/xpath-functions">
<!-- 导入另一份 XSLT 样式表 imported01.xslt -->
<xsl:import href="imported01.xslt"/>
    <!-- 模板规则,匹配 students 元素的模板整个转换后的表格的数据内容显示 -->
    <xsl:template match="students">
        <!-- 遍历所有的 student 元素 -->
        <xsl:for-each select="student">
            <!-- XPath:sum(.//*[position()>1]):计算每一个 student 的总成绩 -->
            <!-- 根据总成绩降序排列显示 -->
            <xsl:sort select="sum(.//*[position()>1])" order="descending"/>
            <tr>
                <!-- 显示 name 结点的内容 -->
                <td><xsl:value-of select="name"></xsl:value-of></td>
                <!-- 调用具名模板 -->
                <td><xsl:call-template name="colorset">
                    <xsl:with-param name="paramName" select="java"/>
                    </xsl:call-template></td>
                <td><xsl:call-template name="colorset">
                    <xsl:with-param name="paramName" select="oracle"/>
                    </xsl:call-template></td>
                <td><xsl:call-template name="colorset">
                    <xsl:with-param name="paramName" select="uml"/>
                    </xsl:call-template></td>
                <!-- 显示总成绩 -->
                <td><xsl:value-of select="sum(.//*[position()>1])"/></td>
                <!-- 显示排名 -->
                <td><xsl:value-of select="position()"/></td>
            </tr>
        </xsl:for-each>
        <tr>
            <th>平均分</th>
            <!-- XPath:round(avg(//java)):计算出所有的 Java 成绩的平均分,并
对结果进行四舍五入,最后得到一个整数 -->
            <td><xsl:value-of select="round(avg(//java))"/></td>
            <td><xsl:value-of select="round(avg(//oracle))"/></td>
            <td><xsl:value-of select="round(avg(//uml))"/></td>
            <td><xsl:value-of select="round((sum(.//student/*[position()>1]))div(count(//student)))"/></td>
        </tr>
    </xsl:template>
</xsl:stylesheet>
```

对于拆分的 imported02.xslt 文件,需要使用 imported01.xslt 文件中定义的具名模板,因此通过<xsl:import href="imported01.xslt"/>实现复用,见代码 8-23。

代码 8-23 拆分的 importdemo01.xslt 文件源代码

```xml
<?xml version="1.0" encoding="UTF-8"?>
<xsl:stylesheet version="2.0" xmlns:xsl="http://www.w3.org/1999/XSL/Transform" xmlns:fo
 ="http://www.w3.org/1999/XSL/Format" xmlns:xs="http://www.w3.org/2001/XMLSchema" xmlns:
fn="http://www.w3.org/2005/xpath-functions">

<!-- 导入另一份 XSLT 样式表 imported02.xslt -->
<xsl:import href="imported02.xslt"/>

<xsl:output method="html" encoding="GB2312" indent="yes" doctype-system="-//W3C//DTD HTML 4.0.1 Transitional//EN"
    doctype-public="http://www.w3.org/TR/html4/loose.dtd" media-type="text/html"/>

    <xsl:param name="avg" select="round((avg(//java) + avg(//oracle) + avg(//uml)) div 3)"/>
    <!-- 模板规则,根模板整个转换后的 HTML 格式设定 -->
    <xsl:template match="/">
        <html>
            <head>
                <title>成绩统计表</title>
            </head>
            <body>
                <table border="1">
                    <tbody>
                        <tr>
                            <th>姓名</th>
                            <th>Java 成绩</th>
                            <th>Oracle 成绩</th>
                            <th>UML 成绩</th>
                            <th>总分</th>
                            <th>排名</th>
                        </tr>
                        <!-- 此时调用的是当前样式表中的覆盖模板规则 -->
                        <xsl:apply-templates/>
                    </tbody>
                </table>
                <hr/>
                所有成绩的平均成绩评估:
                平均分<b><xsl:value-of select="$avg"/></b>,
                <xsl:choose>
                    <xsl:when test="$avg>=90">总体成绩非常出色,请继续保持</xsl:when>
                    <xsl:when test="$avg>=80">总体成绩良好</xsl:when>
                    <xsl:when test="$avg>=60">总体成绩及格,需要进一步改进</xsl:when>
                    <xsl:otherwise>总体成绩不合格,需要进一步调查问题原因,及时改进</xsl:otherwise>
                </xsl:choose>!
            </body>
```

```
            </html>
        </xsl:template>
        <!-- 覆盖被包含文件 imported02 的模板规则 -->
        <xsl:template match = "students">
            <!-- 调用被覆盖的模板规则 -->
            <xsl:apply-imports></xsl:apply-imports>
        </xsl:template>

</xsl:stylesheet>
```

对于拆分的 importdemo01.xslt 文件,需要使用 imported02.xslt 文件中定义的模板规则 students,因此通过<xsl:import href="imported02.xslt"/>实现复用。需要注意的是,当前样式表中也定义了模板规则 students,因此覆盖了被复用的 imported02.xslt 的模板规则,要想调用被覆盖的模板规则,需要使用<xsl:apply-imports>标记。拆分后的 importdemo01.xslt 文件实现的功能与 8.4.4 节案例中的 XSLT 文件的功能相同。

2. <xsl:include>标记

<xsl:include>标记用于包含另一份 XSLT 文档。注意,被包含文件和包含文件的样式不能相同,如果相同会出现异常。

<xsl:include>的语法如下:

```
<xsl:include href=""/>
```

其中,href 用来指定被导入的 XSLT 文档的 URI 地址。

代码 importdemo01.xslt 文件使用了<xsl:import href="imported02.xslt"/>实现复用,该代码还可以使用<xsl:include href="imported02.xslt"/>实现复用,但是使用 include 包含另一份 XSLT 文档,被包含文件和包含文件的样式不能相同。将 importdemo01.xslt 修改为使用 include 元素实现复用,完成相同的功能,其代码见代码 8-24。

代码 8-24 使用 include 实现复用的 XSLT 文件源代码

```
<?xml version = "1.0" encoding = "UTF-8"?>
<xsl:stylesheet version = "2.0" xmlns:xsl = "http://www.w3.org/1999/XSL/Transform" xmlns:fo
 = "http://www.w3.org/1999/XSL/Format" xmlns:xs = "http://www.w3.org/2001/XMLSchema" xmlns:
fn = "http://www.w3.org/2005/xpath-functions">
<!-- 使用 include 元素实现样式表复用 -->
<xsl:include href = "imported02.xslt"/>
<xsl:output method = "html" encoding = "GB2312" indent = "yes" doctype-system = " - //W3C//DTD
HTML 4.0.1 Transitional//EN"
    doctype-public = "http://www.w3.org/TR/html4/loose.dtd" media-type = "text/html"/>
    <xsl:param name = "avg" select = "round((avg(//java) + avg(//oracle) + avg(//uml))div
3)"/>
    <!-- 模板规则,根模板整个转换后的 HTML 格式设定 -->
    <xsl:template match = "/">
        <html>
```

```
                <head>
                    <title>成绩统计表</title>
                </head>
                <body>
                    <table border="1">
                        <tbody>
                            <tr>
                                <th>姓名</th>
                                <th>Java 成绩</th>
                                <th>Oracle 成绩</th>
                                <th>UML 成绩</th>
                                <th>总分</th>
                                <th>排名</th>
                            </tr>
                            <!-- 此时调用的是当前样式表中的覆盖模板规则 -->
                            <xsl:apply-templates/>
                        </tbody>
                    </table>
                    <hr/>
                    所有成绩的平均成绩评估:
                    平均分<b><xsl:value-of select="$avg"/></b>,
                    <xsl:choose>
                        <xsl:when test="$avg>=90">总体成绩非常出色,请继续保持</xsl:when>
                        <xsl:when test="$avg>=80">总体成绩良好</xsl:when>
                        <xsl:when test="$avg>=60">总体成绩及格,需要进一步改进</xsl:when>
                        <xsl:otherwise>总体成绩不合格,需要进一步调查问题原因,及时改进
                        </xsl:otherwise>
                    </xsl:choose>!
                </body>
            </html>
        </xsl:template>
</xsl:stylesheet>
```

8.6 XSLT 进阶

随着对 XML 文件不断复杂化的操作需求,XSLT 也需要相应提供一些处理功能,使用户能够通过相对简单的方法处理。最常见的进阶需求包括多 XML 文档输入、多 XML 文档输出、用户自定义函数、XML 文档的分组处理以及异常处理等。这些进阶需求常用的标签见表 8-3,常用的函数见表 8-4。

表 8-3 XSLT 进阶中常用的标签

XSLT 标签	说 明
<xsl:result-document>	输出标准输出外的其他结果文档
<xsl:for-each-group>	对结果进行分组重排,被分组的信息通过 select 属性获取
<xsl:function>	自定义函数

续表

XSLT 标签	说 明
< xsl:analyze-string >	依据正则表达式分解字符串,并迭代处理各子字符串
< xsl:matching-substring >	作为< xsl:analyze-string >的子标记,在迭代中用于处理匹配正则表达式的字串
< xsl:non-matching-substring >	作为< xsl:analyze-string >的子标记,在迭代中用于处理不匹配正则表达式的字串
< xsl:sequence >	用于构造任意的序列
< xsl:on-empty >	嵌入在< xsl:sequence >标记中使用,当构造的序列内容为空时,执行该标记
< xsl:on-non-empty >	嵌入在< xsl:sequence >标记中使用,当构造的序列内容不为空时,执行该标记
< xsl:where-populated >	流方式构造元素
< xsl:map >	流方式 Map 构造器
< xsl:map-entry >	嵌套在< xsl:map >标记中,每一个元素构造一个键-值对
< xsl:try >	用于捕获< xsl:try >元素内包含的表达式出现的动态错误
< xsl:catch >	如果< xsl:try >元素内有异常发生,嵌套在< xsl:try >元素内的< xsl:catch >负责处理错误信息
< xsl:fallback >	一个顺序构造器
< xsl:package >	定义一个模式的集合
< xsl:expose >	定义组件在同一个包内及不同包间的可见性
< xsl:accept >	定义组件在同一个包内的可见性
< xsl:override >	覆盖被引用包下的组件
< xsl:apply-imports >	导入样式表中的模板规则
< xsl:next-match >	调用下一个匹配的模板规则

表 8-4 XSLT 进阶中常用的函数

XSLT 函数	说 明
document()	用于访问除了初始数据以外的其他 XML 资源方法,该方法能够处理一个 XML 文件
collection()	用于访问除了初始数据以外的其他 XML 资源方法,该方法能够处理一个完整的文件夹或含有嵌套关系的文件夹
current-group()	返回分组后,当前组所包含的结点集
current-grouping-key()	返回分组后,当前组的分组条件值
unparsed-text()	读取外部文件不解析

8.6.1 多 XML 文档输入

在实际应用中,除了 XSLT 初始处理的 XML 数据外,XSLT 处理器常常需要处理额外的一个 XML 文件或者多个 XML 文件,XSLT 中提供的 document() 和 collection() 函数就是用于解决这类问题的。

实际中常有类似于这样的应用,学校以 XML 文件形式提供了一个统计信息的模板,每个班级老师以规定的 XML 形式提供了自己的信息,班级中包括多名同学信息,每一个同学基于规定的 XML 文件形式提供了自己的个人信息。我们需要将这些信息整合成为一个 XML 文件输出。具体程序见 8-25~8-30。

代码 8-25　统计信息模板 templateInit.xml

```xml
<?xml version = "1.0" encoding = "UTF-8"?>
<!-- 统计信息模板 -->
<!-- 班级信息 -->
<information-class>
    <!-- 班导师信息 -->
    <!-- 学生信息 -->
    <students>
    </students>
</information-class>
```

代码 8-26　教师信息 teacherInfo.xml

```xml
<?xml version = "1.0" encoding = "UTF-8"?>
<!-- 老师基本信息 -->
<teacher>
    <name>唐琳</name>
    <age>36</age>
    <sex>女</sex>
</teacher>
```

代码 8-27　第一个学生信息 student/student1.xml

```xml
<?xml version = "1.0" encoding = "UTF-8"?>
<!-- 学生基本信息 -->
<student id = "201601001">
    <name>小王</name>
    <age>19</age>
    <sex>男</sex>
    <hometown>大连</hometown>
</student>
```

代码 8-28　第二个学生信息 student/student2.xml

```xml
<?xml version = "1.0" encoding = "UTF-8"?>
<!-- 学生基本信息 -->
<student id = "201601002">
    <name>小张</name>
    <age>20</age>
    <sex>女</sex>
    <hometown>北京</hometown>
</student>
```

代码 8-29　处理多 XML 文档输入的 XSLT 文件 FilesInputXSLT.xslt

```xml
<?xml version="1.0" encoding="UTF-8"?>
<xsl:stylesheet version="3.0" xmlns:xsl="http://www.w3.org/1999/XSL/Transform" xmlns:xs="http://www.w3.org/2001/XMLSchema" xmlns:fn="http://www.w3.org/2005/xpath-functions" xmlns:math="http://www.w3.org/2005/xpath-functions/math" xmlns:array="http://www.w3.org/2005/xpath-functions/array" xmlns:map="http://www.w3.org/2005/xpath-functions/map" xmlns:xhtml="http://www.w3.org/1999/xhtml" exclude-result-prefixes="array fn map math xhtml xs">
    <xsl:output method="xml" version="1.0" encoding="UTF-8" indent="yes"/>
    <xsl:template match="/">
        <xsl:copy select="information-class">
            <!-- 使用 document 函数访问资源 teacherInfo.xml 并复制该文件内的结点集合 -->
            <xsl:copy-of select="fn:document('teacherInfo.xml')/."/>
            <xsl:copy select="students">
                <!-- 使用 collection 函数访问资源 student 文件夹中所有以 student 开头的 xml 文件,遍历该文件集合,复制每一个文件内的结点集合 -->
                <xsl:for-each select="fn:collection('student/student*.xml')">
                    <xsl:copy-of select="."/>
                </xsl:for-each>
            </xsl:copy>
        </xsl:copy>
    </xsl:template>
</xsl:stylesheet>
```

代码 8-30　（手工格式化后）得到的最终输出结果

```xml
<?xml version="1.0" encoding="UTF-8"?>
<information-class>
<!-- 老师基本信息 -->
<teacher>
<name>唐琳</name>
<age>36</age>
<sex>女</sex>
</teacher>
<students>
<!-- 学生基本信息 -->
<student?id="201601001">
<name>小王</name>
<age>19</age>
<sex>男</sex>
<hometown>大连</hometown>
</student>
<!-- 学生基本信息 -->
<student?id="201601002">
<name>小张</name>
<age>20</age>
<sex>女</sex>
<hometown>北京</hometown>
</student>
```

```
</students>
</information-class>
```

其中,代码 8-29 为 XSLT 文件源码。代码 8-25 作为标准输入 XML 文件,代码 8-26 是通过 document()函数访问到的 XML 资源文件,代码 8-27 和代码 8-28 是通过 collection()函数访问到的多个 XML 资源文件。最终的输入结果为代码 8-30,可以看到确实按照需求将多个文档进行了整合,输出为一个完整的 XML 文件。

8.6.2 多 XML 文档输出

很多情况下需要处理 XML 文件输出为多个 XML 文档。除标准输出外,如果要输出其他额外的文档,需要使用标签<xsl:result-document/>。

代码 8-31 为一个多 XML 文档输出的实际应用示例。学校批改成绩后得到一个总的学生成绩 XML 文件(使用代码 8-10 中的 demo0843.xml 文件),最终需要拆解为每一个学生一个独立的 XML 成绩文件,输出的文件命名为 student+学号 id.xml 的形式。

代码 8-31　输出多个 XML 文件 multioutput.xlst

```
<?xml version="1.0" encoding="UTF-8"?>
<xsl:stylesheet version="3.0" xmlns:xsl="http://www.w3.org/1999/XSL/Transform" xmlns:xs
="http://www.w3.org/2001/XMLSchema" xmlns:fn="http://www.w3.org/2005/xpath-functions"
xmlns:math="http://www.w3.org/2005/xpath-functions/math" xmlns:array="http://www.w3.
org/2005/xpath-functions/array" xmlns:map="http://www.w3.org/2005/xpath-functions/map"
xmlns:xhtml="http://www.w3.org/1999/xhtml" exclude-result-prefixes="array fn map math
xhtml xs">
    <xsl:template match="/">
        <xsl:for-each select="students/student">
            <!-- 使用标记<xsl:result-document>输出额外的文档,名字为 student20100101.
xml 的形式,学号通过{@id}方式获取 -->
            <xsl:result-document href="student{@id}.xml">
                <!-- 将 student 及其子结点,深层复制到输出文档中 -->
                <xsl:copy-of select="."/>
            </xsl:result-document>
        </xsl:for-each>
    </xsl:template>
</xsl:stylesheet>
```

上述代码中由于没有<xsl:output/>标记,因此,执行该 XSLT 文件后没有标准的 XML 输出,输出文档是由<xsl:result-document/>标记输出的。由于该标记被嵌入到了<xsl:for-each/>标记中,因此循环每执行一次便会输出一个 XML 文件,文件的名字包括固定字符串 student 和当前被遍历的学生 id 值两个部分,id 值的获取通过 xpath 表达式@id 得到,表达式被嵌入在{}中,使处理器能够将大括号里面的内容作为表达式解析。每一个文档输出的内容通过标记<xsl:copy-of/>做深层复制得到。根据被解析的 XML 文档中 student 元素数量决定输出的 XML 文档个数。本例中 demo0843.xml 包括 3 个学生信息,因此,一共输出 3 个 XML 文件,输出的每一个 XML 文件结构相似。第一个 XML 文件(student201000101.xml)的内容见代码 8-32。

代码 8-32　输出的第一个 XML 文件（student201000101.xml）

```
<?xml version = "1.0" encoding = "UTF-8"?>
<student id = "20100101">
    <name>王宏</name>
    <java>96</java>
    <oracle>88</oracle>
    <uml>90</uml>
</student>
```

8.6.3　自定义函数

尽管 XPath 中提供了较为丰富的函数库，但仍然不能满足所有实际运用需求。从 XSLT 2.0 开始引入了自定义函数，允许用户根据需要定义函数，定义自定义函数的标记为 <xsl:function>。

以下为一个实际应用的示例。统计了所有学生成绩的 XML 文件，所包含的成绩为数值型，但是显示时要求根据成绩分数高低替换为"优""良""中""及格"和"不及格"的文字进行描述。在 XSLT 代码编写中，可以自定义函数完成数据的转换，达到优化程序代码的目的，XLST 文件见代码 8-33。

代码 8-33　带有函数定义和函数调用的 XSLT 文件（functionDemo.xslt）

```
<?xml version = "1.0" encoding = "UTF-8"?>
<xsl:stylesheet version = "3.0" xmlns:xsl = "http://www.w3.org/1999/XSL/Transform" xmlns:xs
= "http://www.w3.org/2001/XMLSchema" xmlns:fn = "http://www.w3.org/2005/xpath-functions"
xmlns:math = "http://www.w3.org/2005/xpath-functions/math" xmlns:array = "http://www.w3.
org/2005/xpath-functions/array" xmlns:map = "http://www.w3.org/2005/xpath-functions/map"
xmlns:xhtml = "http://www.w3.org/1999/xhtml" exclude-result-prefixes = "array fn map math
xhtml xs scoreFunction"
xmlns:scoreFunction = "http://www.dlut.edu.cn/xml/scorefunction">
    <xsl:output method = "xml" version = "1.0" encoding = "UTF-8" indent = "yes"/>
    <!-- 成绩转换函数,将数值型数据转换为文字型数据显示 -->
    <xsl:function name = "scoreFunction:scoreChange" as = "xs:string">
        <!-- 输入的数值 -->
        <xsl:param name = "score" as = "xs:integer"/>
        <xsl:choose>
            <xsl:when test = "$score >= 90">
                <!-- 当成绩大于等于90时,函数的输出结果为"优" -->
                <xsl:value-of select = "'优'" />
            </xsl:when>
            <xsl:when test = "$score >= 80">
                <!-- 当成绩小于90且大于等于80时,函数的输出结果为"良" -->
                <xsl:value-of select = "'良'" />
            </xsl:when>
            <xsl:when test = "$score >= 70">
                <!-- 当成绩小于80且大于等于70时,函数的输出结果为"中" -->
```

```xml
                <xsl:value-of select="'中'"/>
            </xsl:when>
            <xsl:when test="$score >= 60">
                <!-- 当成绩小于70且大于等于60时,函数的输出结果为"及格" -->
                <xsl:value-of select="'及格'"/>
            </xsl:when>
            <xsl:otherwise>
                <!-- 当成绩小于60时,函数的输出结果为"不及格" -->
                <xsl:value-of select="'不及格'"/>
            </xsl:otherwise>
        </xsl:choose>
    </xsl:function>
    <xsl:template match="/">
        <xsl:copy select="students">
            <xsl:for-each select="student">
                <xsl:copy select=".">
                    <xsl:copy select="@id"></xsl:copy>
                    <xsl:copy-of select="name"/>
                    <xsl:copy select="java">
                        <!-- 调用函数转换 java 成绩 -->
                        <xsl:value-of select="scoreFunction:scoreChange(text())"/>
                    </xsl:copy>
                    <xsl:copy select="oracle">
                        <!-- 调用函数转换 oracle 成绩 -->
                        <xsl:value-of select="scoreFunction:scoreChange(text())"/>
                    </xsl:copy>
                    <xsl:copy select="uml">
                        <!-- 调用函数转换 uml 成绩 -->
                        <xsl:value-of select="scoreFunction:scoreChange(text())"/>
                    </xsl:copy>
                </xsl:copy>
            </xsl:for-each>
        </xsl:copy>
    </xsl:template>
</xsl:stylesheet>
```

上述代码中包含了一个自定义函数名为 scoreChange,自定义函数要求必须位于特定命名空间下,当前定义的函数位于命名空间 http://www.dlut.edu.cn/xml/scorefunction 中,该函数前缀被声明为 scoreFunction。因此,声明自定义函数时<xsl:function>标记的 name 属性值为 scoreFunction:scoreChange;该标记的 as 属性表示了函数的返回值类型,上述代码中定义的返回值类型为字符串,故 as="xs:string"。函数内部通过<xsl:param name="score" as="xs:integer"/>定义了一个参数。参数的名为 score 类型为整数。以下访问该参数时,需要在名称前加 $ 符号。函数体通过<xsl:choose>、<xsl:when>和<xsl:otherwise>实现,函数的返回值通过<xsl:value-of>标记输出。自定义的函数通过 scoreFunction:scoreChange(text()) 的形式调用,其中 text() 表示传入该函数的参数。

代码 8-33 执行时选择被转换的 XML 文件为 demo0843.xml,输入结果按预期替换掉了所有数值成绩,具体输出见代码 8-34。

代码 8-34　输出的第一个 XML 文件内容

```xml
<?xml version = "1.0" encoding = "UTF-8"?>
<students>
    <student id = "20100101">
        <name>王宏</name>
        <java>优</java>
        <oracle>良</oracle>
        <uml>优</uml>
    </student>
    <student id = "20100102">
        <name>李娜</name>
        <java>中</java>
        <oracle>不及格</oracle>
        <uml>中</uml>
    </student>
    <student id = "20100103">
        <name>孙武</name>
        <java>中</java>
        <oracle>中</oracle>
        <uml>良</uml>
    </student>
</students>
```

8.6.4　分组重排

从 XSLT 2.0 开始提供了分组重排功能,这一功能通过标记<xsl:for-each-group>实现。该标记的语法结构如下:

```
<xsl:for-each-group select = "结点集" [group-by|group-adjacent|group-starting-with| group-ending-with] = "分组的规则">
```

标记属性:

select:用于指定被分组重排的结点集。

group-by:用于指定分组的条件。

group-adjacent:用于指定分组的条件,要求符合条件的两个元素必须相邻才能被分为一组。

group-start-with:用于指定分组的条件,当遇到符合条件的元素时,结束上一个分组,该元素作为新的一组的开始。

group-ending-with:用于指定分组的条件,当遇到符合条件的元素时,结束当前分组,该元素作为当前分组的最后一个元素。

以上分组条件属性 group-by、group-adjacent、group-start-with、group-ending-with,在实际应用中,根据应用要求选择一个进行使用。

被分组的 XML 文件见代码 8-35。

代码 8-35　输入的 XML 文件（student.xml）

```xml
<?xml version="1.0" encoding="UTF-8"?>
<students>
    <student id="20141801">
        <name>王晓</name>
        <sex>女</sex>
        <birthday>2001-10-10</birthday>
    </student>
    <student id="20141802">
        <name>李娜</name>
        <sex>女</sex>
        <birthday>2001-8-10</birthday>
    </student>
    <student id="20141803">
        <name>张军</name>
        <sex>男</sex>
        <birthday>2001-10-10</birthday>
    </student>
    <student id="20141804">
        <name>武丽</name>
        <sex>女</sex>
        <birthday>2000-3-3</birthday>
    </student>
    <student id="20141804">
        <name>秋雨</name>
        <sex>男</sex>
        <birthday>2000-3-8</birthday>
    </student>
</students>
```

以下案例（见代码 8-36）基于 4 种不同的分组条件对 XML 文件进行分组。

代码 8-36　XSLT 文件（xsltgroup.xslt）

```xml
<?xml version="1.0" encoding="UTF-8" standalone="yes"?>
<xsl:stylesheet version="2.0"
    xmlns:xsl="http://www.w3.org/1999/XSL/Transform"
    xmlns:xs="http://www.w3.org/2001/XMLSchema"
    exclude-result-prefixes="xs">
<xsl:template match="/">
    <!-- 用性别属性 sex 进行分组,输出到 student-grouptype1.xml 文件中 -->
    <xsl:result-document href="student-grouptype1.xml">
        <people>
            <xsl:comment>
                用性别属性 sex 进行分组(group-by="sex")
            </xsl:comment>
            <xsl:for-each-group select="students/student" group-by="sex">
                <!-- current-grouping-key()函数值为当前分组 sex 属性对应的值 -->
                <sex value="{current-grouping-key()}">
                    <!--当前分组包含的结点集 -->
```

```xml
            <xsl:for-each select="current-group()">
                <student name="{name}"/>
            </xsl:for-each>
        </sex>
    </xsl:for-each-group>
</people>
</xsl:result-document>

<!-- 用性别属性 sex 进行相邻分组,输出到 student-grouptype2.xml 文件中 -->
<xsl:result-document href="student-grouptype2.xml">
<people>
    <xsl:comment>
用性别属性 sex 进行相邻分组(group-adjacent="sex"),相邻的结点属性值相同会被分为一组,否则,将建立新的一组
    </xsl:comment>
    <xsl:for-each-group select="students/student" group-adjacent="sex">
        <!-- position()获取当前分组的索引值,第一个分组值为 1 -->
        <group index="{position()}" group-key="{current-grouping-key()}">
            <xsl:for-each select="current-group()">
                <student name="{name}"/>
            </xsl:for-each>
        </group>
    </xsl:for-each-group>
</people>
</xsl:result-document>

<!-- 每 3 人分一组,输出到 student-grouptype3.xml 文件中 -->
<xsl:result-document href="student-grouptype3.xml">
<people>
    <xsl:for-each-group select="students/student" group-starting-with="*[(position()-1) mod 3 = 0]">
        <group index="{position()}">
            <xsl:for-each select="current-group()">
                <student name="{name}"/>
            </xsl:for-each>
        </group>
    </xsl:for-each-group>
</people>
</xsl:result-document>

<!-- 每 3 人分一组,输出到 student-grouptype4.xml 文件中 -->
<xsl:result-document href="student-grouptype4.xml">
<people>
    <xsl:for-each-group select="students/student" group-ending-with="*[(position()-1) mod 3 = 2]">
        <group index="{position()}">
            <xsl:for-each select="current-group()">
                <student name="{name}"/>
            </xsl:for-each>
        </group>
```

```
                </xsl:for-each-group>
            </people>
        </xsl:result-document>
    </xsl:template>
</xsl:stylesheet>
```

上述 XSLT 文件中只有一个模板规则,匹配的是根结点。在模板规则中包含了 4 个 <xsl:result-document>标记分别输出了 4 个不同的文件。

第一个输出文件是"student-grouptype1.xml",输出内容见代码 8-37。该输出的 XML 文件基于 sex 字段的值作为分组(group-by="sex")。由于源 XML 文件中 sex 属性只有两个值,所以输出的 XML 包含 2 组<sex value="女">…</sex>和<sex value="男">…</sex>。

代码 8-37 格式化后输入文件代码(student-grouptype1.xml)

```
<?xml version="1.0" encoding="UTF-8"?>
<people>
    <!-- 用性别属性 sex 进行分组 -->
    <sex value="女">
        <student name="王晓"/>
        <student name="李娜"/>
        <student name="武丽"/>
    </sex>
    <sex value="男">
        <student name="张军"/>
        <student name="秋雨"/>
    </sex>
</people>
```

第二个输出文件是"student-grouptype2.xml",输出内容见代码 8-38。代码中输出的规则为 group-adjacent="sex",此规则要求相邻的结点且属性值相同时才能被分到同一组。从输出结果看,王晓和李娜性别同为女且结点相邻被分到了同一组中。张军和秋雨虽然性别相同,但由于结点不相邻被划分到不同的组中。

代码 8-38 格式化后输入文件代码(student-grouptype2.xml)

```
<?xml version="1.0" encoding="UTF-8"?>
<people>
    <!-- 用性别属性 sex 进行相邻分组 -->
    <group index="1" group-key="女">
        <student name="王晓"/>
        <student name="李娜"/>
    </group>
    <group index="2" group-key="男">
        <student name="张军"/>
    </group>
    <group index="3" group-key="女">
        <student name="武丽"/>
    </group>
```

```xml
    <group index = "4" group-key = "男">
        <student name = "秋雨"/>
    </group>
</people>
```

第三个输出文件"student-grouptype3.xml"和第四个输出文件"student-grouptype4.xml"内容完全相同,见代码 8-39。这两个分组的条件分别是:

- group-starting-with="*[(position() - 1) mod 3 = 0]"表示当前结点的索引值(从 1 开始)减去 1,除 3 取余,如果余数为 0 则该结点重新开始新的分组。
- group-ending-with="*[(position() - 1) mod 3 = 2]" 表示当前结点的索引值(从 1 开始)减去 1,除 3 取余,如果余数为 2 则该结点结束当前的分组。

两个条件等价,所以得到的输出结果相同。

代码 8-39 代码(**student-grouptype3.xml 和 student-grouptype4.xml**)

```xml
<?xml version = "1.0" encoding = "UTF-8"?>
<people>
    <group index = "1">
        <student name = "王晓"/>
        <student name = "李娜"/>
        <student name = "张军"/>
    </group>
    <group index = "2">
        <student name = "武丽"/>
        <student name = "秋雨"/>
    </group>
</people>
```

8.6.5 字符串处理

字符串处理时依据的是内置函数调用,例如 substring。但是,对字符串的处理功能仍然较弱,XSLT 2.0 中提供的<xsl:analyze-string>标记支持基于正则表达式处理字符串,语法格式如下:

```xml
<xsl:analyze-string select = "xpathExpression" regex = "regExpression">
    [<xsl:matching-substring>
            <!-- 指定符合正则表达式的子字符串所要执行的动作 -->
    </xsl:matching-substring>]
    [<xsl:non-matching-substring>
            <!-- 指定不符合正则表达式的子字符串所要执行的动作 -->
    </xsl:non-matching-substring>]
</xsl:analyze>
```

标记属性:

- select:用于指定一个 XPath 表达式,<analyze-string…/>元素会处理该 XPath 表达式指定要处理的字符串。

- regex：给出正则表达式，用于指定分析字符串的分析规则。

<xsl:analyze-string>的执行过程：首先将输入字符串按照正则表达式分隔，再对分隔后的子字符串集合进行遍历，每一次循环执行时，如果当前子字符串符合正则表达式，执行<xsl:matching-substring>指令（如果存在该指令）；如果不符合正则表达式，就执行<xsl:non-matching-substring>指令（如果存在该指令）。

下面给出了使用<xsl:analyze-string>标记解析字符串的例子，被解析的 XML 文件见代码 8-40：

代码 8-40 被解析的 XML 文件（content.xml）

```xml
<?xml version="1.0" encoding="UTF-8"?>
<content>
ab2334er34trr44466ere
</content>
```

代码 8-41 XSLT 文件（analyzestring.xslt）

```xml
<?xml version="1.0" encoding="UTF-8"?>
<xsl:stylesheet version="3.0" xmlns:xsl="http://www.w3.org/1999/XSL/Transform" xmlns:xs="http://www.w3.org/2001/XMLSchema" xmlns:fn="http://www.w3.org/2005/xpath-functions" xmlns:math="http://www.w3.org/2005/xpath-functions/math" xmlns:array="http://www.w3.org/2005/xpath-functions/array" xmlns:map="http://www.w3.org/2005/xpath-functions/map" xmlns:xhtml="http://www.w3.org/1999/xhtml" exclude-result-prefixes="array fn map math xhtml xs">
    <xsl:output method="xml" version="1.0" encoding="UTF-8" indent="yes"/>
    <xsl:template match="/">
        <xsl:analyze-string select="content" regex="\d{{4}}">
            <xsl:matching-substring>
                <num><xsl:value-of select="."/></num>
            </xsl:matching-substring>
            <xsl:non-matching-substring>
                <word><xsl:value-of select="."/></word>
            </xsl:non-matching-substring>
        </xsl:analyze-string>
    </xsl:template>
</xsl:stylesheet>
```

使用代码 8-41 的 XSLT 文件转换代码 8-39 的 XML 文件，XSLT 文件中 select 属性通过 XPath 表达式指定了<content>的内容作为被转换的字符串，regex 的属性值\d{{4}}为正则表达式，读者会发现这与一般的正则表达式不同，是因为 regex 的属性值是一般字符串，XSLT 处理器在解析一般字符串时，认为被大括号（{…}）括起来的内容是 XPath 表达式，所以这里必须再多嵌套一层大括号，正则表达式匹配的规则是连续 4 个数字。解析字符串 ab2334er34trr44466ere 为 ab, 2334, er34trr, 4446, 6ere 共 5 个子串，后面对这 5 个子串进行迭代，将符合规则的子串 2334, 4446 通过<xsl:matching-substring>标记体处理，前后加上<num></num>标签；将不符合规则的子串 ab, er34trr, 6ere 通过<xsl:non-matching-substring>处理，前后加上<word></word>标签。转换的结果见代码 8-42。

代码 8-42 转换输出的结果

```xml
<?xml version="1.0" encoding="UTF-8"?>
<word>ab</word>
<num>2334</num>
<word>er34trr</word>
<num>4446</num>
<word>6ere</word>
```

8.6.6 XSLT 其他常用标记

XSLT 中提供了一些标记,能够提升编程和执行效率,下面分别介绍这些标记。

XSLT 2.0 中的<xsl:sequence>能够构建任意的结点或/和原子值序列,其语法结构为:

```
<xsl:sequence select="XPath 表达式"/>
```

或者

```
<xsl:sequence>
[通过标记获取结点集,使用的标记可能是<xsl:value-of>或<xsl:apply-templates>等]
[<xsl:on-empty></xsl:on-empty>]
[<xsl:on-non-empty>Have sub1.</xsl:on-non-empty>]
</xsl:sequence>
```

其中,select 属性用于获取构建序列的结点集。如果不包含 select 属性,序列的结点集可以通过<xsl:value-of>或<xsl:apply-templates>等标记获取,如果未获取到结点集,且包含<xsl:on-empty>标记,则会执行该标记。如果获取到结点集,并且代码中包含<xsl:on-non-empty>标记,则会执行该标记。

使用<xsl:sequence>标记的应用实例见代码 8-43。

代码 8-43 sequence.xslt 文件

```xml
<?xml version="1.0" encoding="UTF-8"?>
<xsl:stylesheet version="3.0" xmlns:xsl="http://www.w3.org/1999/XSL/Transform" xmlns:xs="http://www.w3.org/2001/XMLSchema" xmlns:fn="http://www.w3.org/2005/xpath-functions" xmlns:math="http://www.w3.org/2005/xpath-functions/math" xmlns:array="http://www.w3.org/2005/xpath-functions/array" xmlns:map="http://www.w3.org/2005/xpath-functions/map" xmlns:xhtml="http://www.w3.org/1999/xhtml" exclude-result-prefixes="array fn map math xhtml xs">
    <xsl:output method="xml" version="1.0" encoding="UTF-8" indent="yes"/>
    <xsl:template match="/">
        <root>
            <num>
                <!-- 构建出序列 1,3,5,9 -->
                <xsl:sequence select="1,3,5,9"/>
            </num>
            <num>
```

```
                <!-- 建出序列 1,2,3,4,5 -->
                <xsl:sequence select = "1 to 5"/>
            </num>
            <num>
<!-- 通过 XPath 表达式 root/sub 获取结点集,如果不存在,显示 No sub.,如果存在,显示结点集中文
本的内容,并显示 Have sub. -->
                <xsl:sequence>
                    <xsl:value-of select = "root/sub"/>
                    <xsl:on-empty>No sub.</xsl:on-empty>
                    <xsl:on-non-empty>Have sub.</xsl:on-non-empty>
                </xsl:sequence>
            </num>
            <num>
<!-- 通过 XPath 表达式 root/sub1 获取结点集,如果不存在,显示 No sub1.,如果
存在,显示结点集中文本的内容,并显示 Have sub1. -->
                <xsl:sequence>
                    <xsl:value-of select = "root/sub1"/>
                    <xsl:on-empty>No sub1.</xsl:on-empty>
                    <xsl:on-non-empty>Have sub1.</xsl:on-non-empty>
                </xsl:sequence>
            </num>
        </root>
    </xsl:template>
</xsl:stylesheet>
```

被转换执行的 XML 文件见代码 8-44。

代码 8-44 test.xml 文件

```
<?xml version = "1.0" encoding = "UTF-8"?>
<root>
    <sub>aa</sub>
    <sub>bb</sub>
</root>
```

执行的结果如下所示:

```
<?xml version = "1.0" encoding = "UTF-8"?>
<root>
    <num>1 3 5 9</num>
    <num>1 2 3 4 5</num>
    <num>
        <sub>aa</sub>
        <sub>bb</sub>
    </num>
    <num>aa bbHave sub.</num>
    <num/>
    <num>No sub1.</num>
</root>
```

XSLT 3.0 引入了异常处理能力标记,包括<xsl:try>和<xsl:catch>,以下为这两个标记的简单使用,见代码 8-45。

代码 8-45　trycatch.xslt

```xml
<?xml version = "1.0" encoding = "UTF - 8"?>
<xsl:stylesheet version = "3.0" xmlns:xsl = "http://www.w3.org/1999/XSL/Transform" xmlns:xs = "http://www.w3.org/2001/XMLSchema" xmlns:fn = "http://www.w3.org/2005/xpath - functions" xmlns:math = "http://www.w3.org/2005/xpath - functions/math" xmlns:array = "http://www.w3.org/2005/xpath - functions/array" xmlns:map = "http://www.w3.org/2005/xpath - functions/map" xmlns:xhtml = "http://www.w3.org/1999/xhtml" exclude - result - prefixes = "array fn map math xhtml xs">
    <xsl:output method = "xml" version = "1.0" encoding = "UTF - 8" indent = "yes"/>
    <xsl:template match = "/">
    <root>
        <sub>
        <xsl:try>3 div 0 = <xsl:value - of select = "3 div 0"/>
            <xsl:catch>除数不能为 0</xsl:catch>
        </xsl:try>
        </sub>
        <sub>
        <xsl:try>9 div 3 = <xsl:value - of select = "9 div 3"/>
            <xsl:catch>除数不能为 0</xsl:catch>
        </xsl:try>
        </sub>
    </root>
    </xsl:template>
</xsl:stylesheet>
```

代码的执行结果如下:

```xml
<?xml version = "1.0" encoding = "UTF - 8"?>
<root>
    <sub>除数不能为 0</sub>
    <sub>9 div 3 = 3</sub>
</root>
```

从代码执行结果可以看到,如果<xsl:try>标记体中代码抛出异常,则会由<xsl:catch>标记捕获,并执行该标记体的内容。因此,第一个<xsl:try>标记代码块 3 div 0 执行时抛出异常,执行的结果是除数不能为 0;第二个<xsl:try>标记代码块没有抛出异常,正常执行,显示结果为 9 div 3=3。

XSLT 的<xsl:where-populated>标记能够以流方式构建元素。下例为该标记的应用。当包含一个或更多的 event 子元素时,产生<events>元素。代码可以写为:

```xml
<xsl:if test = "exists(event)">
  <events>
    <xsl:copy - of select = "event"/>
  </events>
</xsl:if>
```

但是,上面的代码不能保证以流方式处理,因为<event>元素可以多于一个。为了保证代码作为流方式处理,上述代码可以重写为:

```
<xsl:where-populated>
  <events>
    <xsl:copy-of select="event"/>
  </events>
</xsl:where-populated>
```

8.7 本章小结

本章介绍了 W3C 针对 XML 文件所定义的样式表技术 XSL,XSL 由 3 部分组成:①XSLT 称为可扩展样式表语言转换;②XPath 是指定访问 XML 数据的寻址路径表达式;③XSL-FO。

本章针对 XSLT 进行了详细的讲解,具体包括使用 XMLSpy 工具创建 XSLT 文件、修改 XSLT 文件及实现服务器的转换;XSLT 的转换模式包括服务器端转换和客户端转换;XSLT 文档编写所涉及的基本语法;实现 XSLT 文件的复用。

通过本章的学习,读者应该能够根据实际需要编写出合适的 XSLT 文档,并且能够运用正确的转换模式进行转换。

习题 8

1. 下列描述正确的是( )。
   A. CSS 及 XSL 是一种数据表示的定义方法
   B. CSS 及 XSL 不是 W3C 推荐的
   C. CSS 及 XSL 都不是转换语言
   D. XSL 在实现对 XML 文档内容的样式显示时,可生成新的文档
2. 下列不是 XSLT 的元素的是( )。
   A. xsl:element   B. xsl:copy
   C. xsl:else   D. xsl:apply-templates
3. 在 XSLT 中调用模板的指令是( )。
   A. <xsl:value-of>   B. <xsl:apply-templates>
   C. <xsl:template>   D. <xsl:sort>
4. 按照显示结果编写相应的 XSLT 文件。

```
<?xml version="1.0" encoding="UTF-8"?>
<?xsl-stylesheet type="text/xsl" href="xmlxslt.xslt"?>
<students>
    <student id="20100101">
        <name>王宏</name>
        <java>96</java>
```

```
            < oracle > 88 </oracle >
            < uml > 90 </uml >
        </student >
        < student id = "20100102">
            < name >李娜</name >
            < java > 76 </java >
            < oracle > 56 </oracle >
            < uml > 70 </uml >
        </student >
        < student id = "20100103">
            < name >孙武</name >
            < java > 77 </java >
            < oracle > 70 </oracle >
            < uml > 80 </uml >
        </student >
</students >
```

显示结果如图 8-15 所示。

姓名	Java 成绩	Oracle 成绩	UML 成绩
王宏	96	88	90
孙武	77	70	80
李娜	76	56	70

图 8-15　显示结果

第9章 XQuery 基础

9.1 XQuery 介绍

随着 XML 的广泛应用,数据库、文件系统中存储的 XML 信息不断增大,信息的结构也越来越复杂,不仅包括结构化和半结构化数据,甚至包含了非结构化数据。实际操作数据时,往往关注的是 XML 其中部分数据或需要对数据格式重新转换,甚至计算。这些操作的实现就是本章讲解的 XQuery 语言。

1999 年 W3C 的 XML 查询工作组开始制定 XQuery 语言。XQuery 语言允许用户根据需求查询、选择、转换甚至重新组织 XML 数据元素,它的全称是 XML Query。XQuery 本身依赖于 XPath、XSLT、SQL 和 XML Schema。XQuery 查询的 XML 数据不仅可以是 XML 文档,还可以是以 XML 形态呈现的数据,甚至是数据库,它们都能非常高效地返回访问结果。它对 XML 的作用相当于数据库中的 SQL,因此被称为"XML 的 SQL"。

1. XQuery 和 XPath 的关系

XPath 在 XQuery 之前发布,XQuery 1.0 是在 XPath 2.0 基础上扩展而来的,所以 XQuery 1.0 和 XPath 2.0 使用相同的数据模型,而且支持相同的函数和运算符。也就是说任何一个 XPath 2.0 的表达式都可以用 XQuery 表达式表示。XQuery 中包含大量的路径表达式,用于定位树中的结点,所以 XQuery 必须建立在 XPath 基础之上。XQuery 3.0 使用了 XPath 3.0 版本。

2. XQuery 和 XSLT 的关系

XQuery 和 XSLT 都是建立在 XPath 基础之上的,而且都可用于提取 XML 文档中的数据。因此,它们之间存在很多相似和重叠的地方。二者的区别包括两个方面:从功能上看,XQuery 更擅长从 XML 文档中选取数据,并可以将提取的数据放入任意的文档片段之中,而 XSLT 则更擅长于将 XML 文档转换为其他文档,XSLT 常被用于 XML 文档的整体转换;从语法上看,XQuery 采用全新的查询语法,更加紧凑、简单易用,XSLT 使用样式单文档进行转换,依然使用 XML 语法。

9.2 第一个 XQuery

9.2.1 路径表达式

以下为一个名为 students.xml 的 XML 文件,包含了多名学生成绩。该文件通过 XMLSpy 创建并保存,具体内容见代码 9-1。

代码 9-1 students.xml

```xml
<?xml version = "1.0" encoding = "UTF-8"?>
<students>
    <student major = "software">
        <name>小王</name>
        <java>88</java>
        <oracle>78</oracle>
        <xml>99</xml>
    </student>
    <student major = "computer">
        <name>小李</name>
        <java>98</java>
        <oracle>88</oracle>
        <xml>89</xml>
    </student>
    <student major = "software">
        <name>小刘</name>
        <java>68</java>
        <oracle>58</oracle>
        <xml>69</xml>
    </student>
</students>
```

使用 XQuery 从 XML 文件中查找第一个学生的信息,首先创建一个 XQuery 文件,如图 9-1 所示,XMLSpy 2017 版本支持 XQuery 1.0 和 3.1 两个版本的创建,读者可以任选其一进行创建。

XQuery 文件中只需要使用一个路径表达式即可实现,具体见代码 9-2。

代码 9-2 XQuery 路径表达式

```
doc("students.xml")/students/student[1]
```

上述的路径表达式首先通过 doc 函数打开 students.xml 文件,使用 XPath 表达式 /students/student[1] 读取 students 下的第一个子 student 元素的内容。

选择 XSL/XQuery 菜单中的 XQuery/Update Execution 子菜单,执行 XQuery 文件,也可以使用快捷键 Alt+F10,如图 9-2 所示。随后会弹出图 9-3,由于 XQuery 中已经指定了使用的 XML 文件,故此处单击 Skip XML 按钮。如果没有在 XQuery 中指定 XML 文件,则需要单击 Browse 按钮选择 XML 文件,最后选择 Execute 按钮执行。

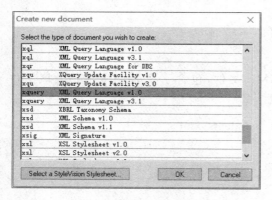

图 9-1　创建 XQuery 文件

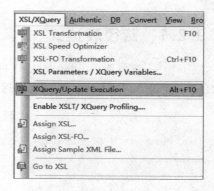

图 9-2　执行 XQuery 文件

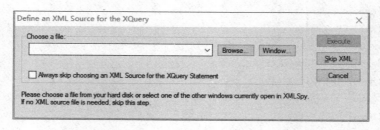

图 9-3　定义 XQuery 的 XML 源文件

代码执行的结果为:

```
< student major = "software">
    < name >小王</name >
    < java > 88 </java >
    < oracle > 78 </oracle >
    < xml > 99 </xml >
</student >
```

9.2.2　FLWOR 表达式

以下 XQuery 代码实现目标为从 students.xml(代码 9-1)中选择专业是软件专业的学生(即 major 属性值为 software),并按照总成绩由低到高排列。具体的实现见代码 9-3。

代码 9-3　FLWOR 表达式实现

```
for $ student in doc("students.xml")/students/student
where $ student/@major = "software"
order by sum( $ student/ * [position()>1])
return $ student
```

FLWOR 表达式是 XQuery 特有的查询表达式，它的名字是由 for、let、where、order by、return 这 5 个表达式的首字母组成，因为与英文的花很类似，所以被读作 flower。for 语句实现了循环，其中被迭代的集合为所有的 student 元素，通过 doc("students.xml")/students/student 路径表达式获取，迭代过程中每次被遍历的 student 元素赋给了变量 $student；循环体中包含了 where 子句作为筛选的条件，此处要求 student 元素的属性 major 的值为 software；凡是符合 where 条件的元素均通过 return 语句返回，返回的内容为 $student 变量中的内容。所有被返回的元素会通过 order by 子句排序，排序条件为学生所有科目的总成绩，即 sum($student/*[position()>1])。上述代码执行的结果为：

```
<student major = "software">
    <name>小刘</name>
    <java>68</java>
    <oracle>58</oracle>
    <xml>69</xml>
</student><student major = "software">
    <name>小王</name>
    <java>88</java>
    <oracle>78</oracle>
    <xml>99</xml>
</student>
```

上述结果虽然实现了预定的目标，但是并不符合 XML 规范，我们希望在最外层能够通过 XQuery 增加一个根标记 <students>。那么，代码 9-3 需要修改为代码 9-4。

代码 9-4 使用元素构造器的 XQuery 表达式

```
<students>
{
for $student in doc("students.xml")/students/student
where $student/@major = "software"
order by sum($student/*[position()>1])
return $student
}
</students>
```

代码 9-3 的内容被嵌套在一对大括号中，包含大括号的这段代码被称为元素构造器，大括号内部的表达式将会被执行，而其外部的内容将被保留，执行代码 9-4 的结果为：

```
<students>
    <student major = "software">
        <name>小刘</name>
        <java>68</java>
        <oracle>58</oracle>
        <xml>69</xml>
    </student>
    <student major = "software">
        <name>小王</name>
        <java>88</java>
```

```
            <oracle>78</oracle>
            <xml>99</xml>
        </student>
    </students>
```

9.3 XQuery 的处理过程

XQuery 查询指从一个或多个 XML 文档中选择或处理内容,并生成一个 XML 结果,这一过程可以通过图 9-4 直观地表示出来。

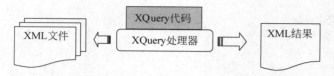

图 9-4　XQuery 的处理过程

XQuery 代码就是程序员需要根据 XQuery 语言编写的代码,该代码最常见的存储形式是文件,其扩展名为.xquery。XQuery 代码需要建立在 XQuery 处理器之上,XQuery 处理器是分析处理 XQuery 查询的软件,用于对 XQuery 代码进行编译和执行。XQuery 代码在执行时可能会从一个或多个 XML 文件中读取数据,程序执行后,会产生相应的 XML 结果。

当 XQuery 所要实现的功能较为复杂时,可以将代码存储到多个文件中,称每一个文件为一个模块。模块包括两种形式：主模块和库模块,主模块可以调用库模块,库模块也可以调用其他库模块。调用结构如图 9-5 所示。

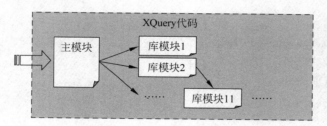

图 9-5　XQuery 模块代码结构

我们将 9.2.2 节中代码 9-4 所实现的功能代码进行重写,基于多模块调用实现。转换后的代码包括一个库模块(libModule.xquery)和一个主模块(mainModule.xquery)。

库模块包含了一个通用功能方法,用于计算 Java、Oracle 和 XML 三门课程的总成绩,见代码 9-5。

代码 9-5　libModule.xquery

```
xquery version "3.1";
(:模块声明:)
module namespace studentutil = "http://www.dlut.edu.cn/xquery/student";
(:函数声明:)
```

```
declare function studentutil:sumScore( $scoreJava as xs:decimal, $scoreOracle as xs:
decimal, $scoreXML as xs:decimal) as xs:decimal
{
    $scoreJava + $scoreOracle + $scoreXML
};
```

基于上述案例代码逐一说明,并额外补充讲解相关内容的语法知识。

1. 版本声明

第一行代码"xquery version "3.1";"是版本声明,版本声明的语法格式如下:

```
xquery version "版本号" [encoding "字符集"];
```

该声明可选,无论是库模块还是主模块,都可以拥有版本声明,本例中使用的 XQuery 版本为 3.1 版本,encoding 属性指定文件编码所使用的字符集,该属性可以省略。

2. 注释

为了使读者更加清晰模块代码内容,代码需要增加注释信息。XQuery 的注释是以"(:"开始,以":)"结束。注释内可以包含任何信息(包括 XML 标记),在处理过程中是被忽略的,不会影响 XQuery 的执行。

3. 模块声明

模块声明只有库模块才允许有,表示该模块声明的所有内容位于哪一个命名空间之下,其语法格式如下:

```
module namespace xxx = "URI";
```

上述代码声明了命名空间"http://www.dlut.edu.cn/xquery/student",该模块的命名空间的别名为 studentutil。

4. 用户自定义函数

XQuery 允许用户创建自己的函数,这样就可以被重复使用。一个模块下可以包括若干个函数,函数之间也可以互相调用,自定义函数的语法格式如下:

```
declare function <函数名>( [ $变量1 as xs:类型1 , $xxx as xs:xxx, …]) as <返回类型>
{
    <函数主体>
};
```

上述库模块定义了一个函数,用于计算 Java、Oracle 和 XML 成绩的总和。函数名为 sumScore,函数中包含了 3 个参数,类型均为 xs:decimal,函数的返回值类型也是 xs:decimal,函数主体是由一对大括号括起来的,当前函数的主体非常简单,只是将 3 个参

数进行相加 $scoreJava＋$scoreOracle＋$scoreXML，虽然没有 return 语句，表达式的结果仍为函数的返回值。

主模块包含了查询主体，实现了对 students.xml 文档的查询及筛选，并借助于库模块的函数实现了排序操作，见代码 9-6。

代码 9-6 mainModule.xquery

```
xquery version "3.1";
(:命名空间声明:)
declare namespace s = "http://www.dlut.edu.cn/students";
(:设置器边界空白声明,保留空白:)
declare boundary-space preserve;
(:导入库模块:)
import module namespace studentutil = "http://www.dlut.edu.cn/xquery/student" at "libModule.xquery";
(:查询主体:)
<s:students>
    {
    for $student in doc("students.xml")/students/student
    where $student/@major = "software"
    order by studentutil:sumScore($student/*[2], $student/*[3], $student/*[4])
    return $student
    }
</s:students>
```

5. 命名空间声明

主模块第二行为命名空间声明，为当前 XQuery 文件声明一个自定义的命名空间，语法格式如下：

```
declare namespacexxx = "自定义的命名空间 URI";
```

当前主模块的命名空间为"http://www.dlut.edu.cn/students"，该命名空间的别名 s。查询主体中 students 元素为该命名空间下的元素。

XQuery 预声明了如下几个限定前缀，使用这些限定前缀无须使用命名空间声明：

xml = http://www.w3.org/XML/1998/namespace
xs = http://www.w3.org/XML/2001/XMLSchema
xsi = http://www.w3.org/XML/2001/XMLSchema-instance
fn = http://www.w3.org/XML/2005/xpath-functions
local = http://www.w3.org/XML/2005/xquery-local-functions

6. 设置器(setter)

设置器包括边界空白声明、默认排序规则声明、基础 URI 声明、构造声明、排序模式声明、空顺序声明和复制命名空间声明几种。

1) 边界空白声明

边界空白声明的语法格式如下：

```
declare boundary-space (preserve|strip)
```

边界空白声明用于指定是否保留元素构造中的边界空白,如果指定 preserve 属性值,则表示保留边界空白;如果指定 strip 属性值,则表示删除边界空白。为了保证输出的 XML 文档的缩进格式,这里使用了设置器设置了边界空白的方式为 preserve,即保留空白。

2) 默认排序规则声明

默认排序规则主要在字符串比较时起作用,如果在进行字符串比较时没有指定排序规则(即 order by 子句没有通过 collection 指定排序规则),则默认排序规则生效。

```
declare default collection "排序规则名称"
```

3) 基础 URI 声明

基础 URI 声明用于指定该模块中其他 URI 的基础 URI。该模块内的其他 URI 都是以该 URI 为基础的。基础 URI 声明的语法格式如下:

```
declare base-uri "命名空间 URI"
```

4) 构造声明

构造声明指定默认的构造行为,其语法格式如下:

```
declare construction (strip|preserve)
```

如果构造行为指定为 preserve,表示构造的元素结点类型是 xs:anyType,结点在构造过程中复制的元素和属性将保留他们原有的类型;如果构造行为指定为 strip,则构造的元素结点的类型是 xs:untyped,结点构造过程中复制的所有元素结点的类型将是 xs:untyped,复制的所有属性结点的类型将是 xs:untypedAtomic。

5) 排序模式声明

排序模式声明用于设置 XQuery 中的排序模式,其语法格式如下:

```
declare ordering (ordered|unordered)
```

当指定排序模式为 ordered 时,将根据文档顺序对返回的结果序列进行排序,否则结果序列将是不稳定的。

6) 空顺序声明

空顺序声明用于设置空序列和 NaN 在排序中的位置,它将和 FLWOR 表达式中所有的 order 子句一起起作用。

在 FLWOR 表达式的 order by 子句中可以指定 empty(greatest|least)。如果在 FLWOR 表达式的 order by 子句中没有指定,则以空顺序声明为准,否则优先使用 FLWOR 表达式的 order by 子句中的空顺序声明。

7) 复制命名空间声明

当通过元素构造器或文档构造器复制现有的元素结点时,复制命名空间声明可控制是否复制已有结点上的命名空间定义。复制命名空间声明的语法格式如下:

```
declare copy-namespaces (preserve|no-preserve) (inherit|no-inherit)
```

为 XQuery 声明一个自定义的命名空间,默认命名空间声明的语法格式如下:

```
declare default(element|function) namespace <命名空间 URI>;
```

其中,<命名空间 URI>就是希望 XQuery 定义的命名空间。

7. 变量声明

变量声明允许在 XQuery 中定义一个变量。在序言中声明的变量具有全局属性,对 XQuery 模块全局有效,其语法格式如下:

```
declare variable $ 变量 [as 类型] ( := 初始值) | [external]
```

上面的语法格式中,$变量用于指定声明的变量名,定义变量时可通过可选的 as 类型来指定该变量的数据类型。在序言中声明变量时,如果给定初始值就是序言声明的变量,也就是说,一旦为该变量指定了初始值,后面将不能再改变。如果变量有 external 关键字,表明该变量的值由外部给定,此时不能给定初始值。

在 XQuery 中使用变量有一点需要注意:XQuery 中的所有变量都必须是前向声明的。也就是说,如果希望在其他变量声明和函数声明中引用某个变量,则该变量必须在前面已经定义。

8. 查询主体

查询主体与代码 9-4 基本类似,只是求和不再使用内置的 sum 函数,而是调用了自定义函数 studentutil:sumScore($ student/*[2], $ student/*[3], $ student/*[4]),自定义函数包含 3 个参数,这里对应传入了 3 个参数。

执行代码 9-6 的结果为:

```
<s:students xmlns:s = "http://www.dlut.edu.cn/students">
    <student major = "software">
        <name>小刘</name>
        <java>68</java>
        <oracle>58</oracle>
        <xml>69</xml>
    </student><student major = "software">
        <name>小王</name>
        <java>88</java>
        <oracle>78</oracle>
        <xml>99</xml>
    </student>
</s:students>
```

总结上述代码,一个好的 XQuery 查询设计需要代码清晰,模块化设计可以包括一个主模块和若干个库模块,主模块和库模块都可以导入和调用其他的库模块。

一个 XQuery 查询从文档代码的内容上看分为查询头部和查询主体。查询头部出现在查询的开始,是一个可选的部分。尽管它叫查询头部,但是它通常比查询主体要长。查询头部包含以分号分隔的各种声明,包括命名空间的声明、Schema 的导入、变量的声明、函数的声明以及其他内容。库模块的查询头可以包括模块声明,主模块不允许。查询主体是一个单一的表达式,但是这个表达式可以由一个或多个表达式的序列组成,多个表达式中间用逗号分隔。只有主模块才可以有查询主体。

9.4 XQuery 基本语法

函数的查询主体由多种表达式组成,主要包括基本表达式、比较表达式、条件表达式、逻辑表达式、路径表达式、构造器、FLWOR、量化表达式、序列相关表达式、类型相关表达式和运算表达式。以下将分别介绍这些表达式。

9.4.1 基本表达式

基本表达式包括常量、变量、带有括号的表达式、函数调用表达式和上下文项表达式5种。常量表达式包括字符串和数值,字符串须由单引号或双引号引起来。常量表达式可以是如下形式:"aa"、'bb'、123、123.56。XQuery 中的变量表达式有一个明显的标志,就是以 $ 开头,后面加上变量的名字,例如 $b。括号表达式主要用于改变运算的优先级,例如 (5+3)*8 中包含括号即可使加法优先运算。函数调用表达式中调用的函数由函数名和参数列表两部分组成。例如 sum($student/*[position()>1]) 调用了内置函数 sum 和 position;studentutil:sumScore($student/*[2],$student/*[3],student/*[4]) 调用了自定义函数。上下文表达式使用"."表示当前上下文项。

9.4.2 比较表达式

XQuery 根据被比较的内容将比较运算符划分为三类,分别是数值比较运算符、一般比较运算符和结点比较运算符。

数值比较运算符只能对单个数值进行比较,具体的运算符包括 eq(等于)、ne(不等于)、lt(小于)、le(小于等于)、gt(大于)和 ge(大于等于)。具体的使用方法见代码 9-7。

代码 9-7 数值比较运算符 CompareDemo.xquery

```
xquery version "3.1" encoding "utf-8";
declare boundary-space preserve;
<comparevalue>
    <eq>8 eq 8 = {(:eq 用于比较原子值是否相等,要求数据两边类型要一致:) 8 eq 8}</eq>
    <eq>8 eq 7 = {8 eq 7}</eq>
    <ne>8 ne 8 = {(:ne 用于比较原子值是否不相等,要求数据两边类型要一致:) 8 ne 8}</ne>
    <ne>8 ne 7 = {8 ne 7}</ne>
    <lt>5 lt 8 = {(:lt 用于比较原子值是否小于,要求数据两边类型要一致:) 5 lt 8}</lt>
    <lt>8 lt 7 = {8 lt 7}</lt>
    <le>5 le 8 = {(:le 用于比较原子值是否小于等于,要求数据两边类型要一致:) 8 le 8}</le>
```

```
            <le>8 le 7 = {8 le 7}</le>
            <le>8 le 8 = {8 le 8}</le>
            <gt>5 gt 8 = {(:gt 用于比较原子值是否大于,要求数据两边类型要一致:) 8 gt 8}</gt>
            <gt>8 gt 7 = {8 gt 7}</gt>
            <ge>5 ge 8 = {(:ge 用于比较原子值是否大于等于,要求数据两边类型要一致:) 5 ge 8}</ge>
            <ge>8 ge 7 = { 8 ge 7}</ge>
            <ge>8 ge 8 = { 8 ge 8}</ge>
        </comparevalue>
```

执行上述代码的结果为：

```
<comparevalue>
    <eq>8 eq 8 = true</eq>
    <eq>8 eq 7 = false</eq>
    <ne>8 ne 8 = false</ne>
    <ne>8 ne 7 = true</ne>
    <lt>5 lt 8 = true</lt>
    <lt>8 lt 7 = false</lt>
    <le>5 le 8 = true</le>
    <le>8 le 7 = false</le>
    <le>8 le 8 = true</le>
    <gt>5 gt 8 = false</gt>
    <gt>8 gt 7 = true</gt>
    <ge>5 ge 8 = false</ge>
    <ge>8 ge 7 = true</ge>
    <ge>8 ge 8 = true</ge>
</comparevalue>
```

一般比较运算符包括=（等于）、!=（不等于）、<（小于）、<=（小于等于）、>（大于）和>=（大于等于），不仅可以比较单个数值，还可以进行序列比较。当对单个数值进行比较时与值比较运算符结果一致；用于序列比较时，比较操作符两边的序列中只要存在一个值符合操作符要求，结果即为真。因此，= 与!=，> 与<，>= 与<= 在比较序列时并不是互逆操作。具体的使用方法见代码 9-8。

代码 9-8　一般比较运算符 CompareCommonDemo.xquery

```
xquery version "3.1" encoding "utf-8";
declare boundary-space preserve;
<compare>
    <eq>3 = 3 {(:= 比较相同类型的数据是否相等,:)3 = 3}</eq>
    <eq>"3" = "3" {"3" = "3"}</eq>
    <ne>3!= 3 {(:!= 比较相同类型的数据是否不相等,:)3!= 3}</ne>
    <ne>"3"!= "3" {(:!= 比较相同类型的数据是否不相等,:)"3"!= "3"}</ne>
    <gt>3 > 3 {(:a>b 比较相同类型的数据 a 是否大于 b,:)3 > 3}</gt>
    <ge>3 >= 3 {(:a>=b 比较相同类型的数据 a 是否大于等于 b,:)3 >= 3}</ge>
    <lt>3&lt;3 {(:a<b 比较相同类型的数据 a 是否小于 b,:)3 < 3}</lt>
    <le>3&lt;= 3 {(:a<=b 比较相同类型的数据 a 是否小于 b,:)3 <= 3}</le>
    <eq>(1,2) = (1,0,5) {(:= 还可以比较序列,只要两边序列中有一个元素相等结果即为 true:)(1,2) = (1,0,5)}</eq>
```

```
        <ne>(1,2)!= (1,0,5) {(:!= 还可以比较序列,只要两边序列中有一个元素不相等结果即为
true:)(1,2)!= (1,0,5)}</ne>
        <ne>(1,2)>(1,0,5) {(:a>b 还可以比较序列,只要 a 中存在一个元素大于 b 序列中的任意一个
元素结果即为 true:)(1,2)>(1,0,5)}</ne>
        <ne>(1,2)&lt;(1,0,5) {(:a<b 还可以比较序列,只要 a 中存在一个元素小于 b 序列中的任意
一个元素结果即为 true:)(1,2)<(1,0,5)}</ne>
        <ne>(1,2)>= (1,0,5) {(:a=>b 还可以比较序列,只要 a 中存在一个元素大于或等于 b 序列中
的任意一个元素即为 true:)(1,2)>= (1,0,5)}</ne>
        <ne>(1,2)&lt; = (1,0,5) {(:a<= b 还可以比较序列,只要 a 中存在一个元素小于或等于 b 序
列中的任意一个元素即为 true:)(1,2)<= (1,0,5)}</ne>
</compare>
```

执行上述代码的结果为:

```
<compare>
    <eq>3 = 3 true</eq>
    <eq>"3" = "3" true</eq>
    <ne>3!= 3 false</ne>
    <ne>"3"!= "3" false</ne>
    <gt>3&gt;3 false</gt>
    <ge>3&gt; = 3 true</ge>
    <lt>3&lt;3 false</lt>
    <le>3&lt; = 3 true</le>

    <eq>(1,2) = (1,0,5) true</eq>
    <ne>(1,2)!= (1,0,5) true</ne>
    <ne>(1,2)&gt;(1,0,5) true</ne>
    <ne>(1,2)&lt;(1,0,5) true</ne>
    <ne>(1,2)&gt; = (1,0,5) true</ne>
    <ne>(1,2)&lt; = (1,0,5) true</ne>
</compare>
```

结点比较运算符包括 is、<<和>>三个。is 运算符要求左右两边的操作数都必须是单个结点,只有当两个操作数都指向同一结点时结果为 true,否则结果为 false。<<和>>运算符用于比较两个结点在文档中的位置,a<<b 表达式判断时,如果 a 结点在 b 结点之前则返回 true,否则返回 false;a>>b 表达式判断时,如果 a 结点在 b 结点之后则返回 true,否则返回 false。具体的使用方法见代码 9-9。

代码 9-9 结点比较运算符 nodecompareDemo.xquery

```
xquery version "3.1" encoding "utf-8";
declare boundary-space preserve;
(:声明一个变量:)
declare variable $myfile := doc("students.xml");

<comparenode>
    <is>$myfile//student[1] is $myfile//student[1] 结果是 {(:is 判断两个结点是否是同一
个结点:) $myfile//student[1] is $myfile//student[1]}</is>
```

```
<after>$myfile//student[1] >> $myfile//student[2] 结果是 {(:a>>b 判断 a 结点是否在 b
结点之后:) $myfile//student[1] >> $myfile//student[2]}</after>
    <before>$myfile//student[1] &lt;&lt; $myfile//student[2] 结果是 {(:a>>b 判断 a 结点
是否在 b 结点之前:) $myfile//student[1] << $myfile//student[2]}</before>
</comparenode>
```

执行上述代码的结果为：

```
<comparenode>
    <is>$myfile//student[1] is $myfile//student[1] 结果是 true</is>
    <after>$myfile//student[1] &gt;&gt; $myfile//student[2] 结果是 false</after>
    <before>$myfile//student[1] &lt;&lt; $myfile//student[2] 结果是 true</before>
</comparenode>
```

9.4.3 条件表达式

条件表达式即 if 表达式，其语法格式如下：

```
if (条件表达式) then 真表达式 else 假表达式
```

其中，条件表达式是一个 boolean 表达式，当该条件表达式返回 true 时，整个 if 表达式返回真表达式的值，反之则返回假表达式的值。

if 表达式具体的使用方法见代码 9-10。

代码 9-10 if 表达式 ifDemo.xquery

```
xquery version "3.1" encoding "utf-8";
declare boundary-space preserve;
(:声明一个变量:)
declare variable $myfile := doc("students.xml");

<if>
    <true>{if( $myfile//student[1] is $myfile//student[1])then
        "true"
    else
        "false"
    }</true>
    <false>{if( $myfile//student[1] is $myfile//student[2])then
        "true"
    else
        "false"
    }</false>
</if>
```

执行上述代码的结果为：

```
<if>
    <true>true</true>
```

```
        <false>false</false>
</if>
```

9.4.4 逻辑表达式

XQuery 主要提供了 and 和 or 运算符,运算符要求前后两个操作数都是 xs：boolean 类型。对于 and 运算符而言,只有当前后两个操作数都是 true 时,逻辑表达式才返回 true;而对于 or 运算符而言,只要前后两个操作数中有一个为 true,逻辑表达式就返回 true。

逻辑表达式的具体使用方法见代码 9-11。

代码 9-11　逻辑表达式 andorDemo.xquery

```
xquery version "3.1" encoding "utf-8";
declare boundary-space preserve;
(:声明一个变量:)
declare variable $myfile := doc("students.xml");

<root>
    <and>{if(($myfile//student[1] is $myfile//student[1]) and ($myfile//student[1] is $myfile//student[2]))then
        "true"
    else
        "false"
    }</and>
    <or>{if(($myfile//student[1] is $myfile//student[1]) or ($myfile//student[1] is $myfile//student[2]))then
        "true"
    else
        "false"
    }</or>
</root>
```

执行上述代码 $myfile//student[1] is $myfile//student[1] 的结果为 true,$myfile//student[1] is $myfile//student[2] 的结果为 false,所以第一个 if 条件表达式的结果为 false,第二个 if 条件表达式的结果为 true,结果如下所示：

```
<root>
    <and>false</and>
    <or>true</or>
</root>
```

9.4.5 构造器

构造器在 XQuery 查询中构造 XML 的元素、属性、文档、文本、注释和处理指令 6 种不同类型的结点。XQuery 提供了如下两种不同类型的构造器：直接构造器和计算构造器。

1. 直接构造器

直接构造使用类似 XML 语法来创建元素和属性等 XML 结点；如果需要使用变量的值作为元素或属性的值，则需要使用花括号（{}）来括住变量部分。本章之前所有的示例代码，一直在使用直接构造器。

使用直接构造器对本章的 students.xml 文件查询、处理和转换见代码 9-12。

代码 9-12　直接构造器示例 plaintconstructor.xquery

```
xquery version "3.1" encoding "utf-8";
declare boundary-space preserve;
(:声明一个变量:)
declare variable $myfile := doc("students.xml");

<students count = "{count($myfile/students/student)}">
    <javaavg>{avg($myfile/students/student/java)}</javaavg>
    <oracleavg>{avg($myfile/students/student/oracle)}</oracleavg>
    <xmlavg>{avg($myfile/students/student/xml)}</xmlavg>
</students>
```

执行上述代码结果为：

```
<students count = "3">
    <javaavg>84.6666666666667</javaavg>
    <oracleavg>74.6666666666667</oracleavg>
    <xmlavg>85.6666666666667</xmlavg>
</students>
```

2. 计算构造器

使用计算构造器构造 XML 结点。XQuery 提供了 element、attribute、document、text、processing-instruction 和 comment 等关键字用于创建不同类型的结点。使用这些关键来创建 XML 文档的示例见代码 9-13。

代码 9-13　计算构造器示例 elementconstructor.xquery

```
xquery version "3.1" encoding "utf-8";
(:声明一个变量:)
declare variable $myfile := doc("students.xml");
(:生成一个 xml 注释:)
comment { "统计学生成绩信息"},
(:生成一个处理指令:)
processing-instruction stylesheet {"type = 'text/css' href = 'a.css'"},
(:生成一个元素:)
element student {
    (:生成一个属性:)
    attribute count {count($myfile/students/student)},
    element javaavg {
```

```
        (:生成一个文本信息:)
        text { avg( $myfile/students/student/java)}},
    element oracleavg {avg( $myfile/students/student/oracle)},
    element xmlavg {avg( $myfile/students/student/xml)}},
    (:生成静态 xml 文档内容:)
    document {
        <comment>成绩有进步</comment>
    }
}
```

执行上述代码的结果(手工格式化)为：

```
<!-- 统计学生成绩信息 -->
<?stylesheet type = 'text/css' href = 'a.css'?>
<student count = "3">
    <javaavg>84.6666666666667</javaavg>
    <oracleavg>74.6666666666667</oracleavg>
    <xmlavg>85.6666666666667</xmlavg>
    <comment>成绩有进步</comment>
</student>
```

9.4.6 FLWOR

FLWOR 表达式是 XQuery 中最常用、功能最为强大的一种表达式。9.2.2 节已经对该表达式有一个初步的介绍,本节将进行详细全面的介绍。先来看一下 FLWOR 表达式的语法格式：

```
(for 子句|let 子句) +
[where <条件表达式>]
[order by 子句]
return 返回值表达式
```

其中,for 子句和 let 子句二者可以自由出现一次或多次,但必须至少出现其中之一；where 子句可以被省略,用于对结果进行过滤；order by 子句可以被省略,用于对结果进行排序；return 子句不可以被省略,用于指定返回值表达式。

for 子句用于产生循环：

```
[for $变量 [as 类型] [at $索引变量] in 序列]*
```

其中,$变量用于代表序列里的循环迭代时每一次序列项的值,as 后面的类型用于显式声明序列项的数据类型,at 后面的 $索引变量用于代表每一项在序列里的位置索引。for 语句可以有多个,当有多个 for 子句时按照嵌套的 for 循环语句执行。

let 子句是将整个序列当成一个整体处理赋值给变量,而不会遍历序列,其语法格式有两种,分别是：

```
let $变量 [as 类型] := 序列
(let $变量 [as 类型] := 序列)*
```

也可以把let省略掉,使用逗号来分隔:

```
let $变量 [as 类型] := 序列
(, $变量 [as 类型] := 序列)*
```

其中,$变量用于代表整个序列,as表达式用于显式声明变量的类型。

where子句中的条件表达式须返回一个boolean类型的值,用于对for子句和let子句正在迭代处理的项进行过滤,当条件表达式返回true时,当前迭代的项将被保留,否则将被过滤掉。

order by子句用于指定排序规则,其语法格式如下:

```
[stable] order by order_expression
[ascending |descending] [(empty greatest)|(empty_least)][collation <排序规则名称>]
```

其中,stable关键字是可选的,用于强制指定稳定排序,也就是当排序结果中包含多个相同值时,总按原有的输入顺序进行排列;ascending和descending分别用于指定按升序和降序排列;empty greatest和empty least只能出现其中之一,分别用于指定空值或NaN在排序中的位置,greatest表示排序时空值或NaN比所有正常值大,least表示排序时空值或NaN比所有正常值小。在collection之后的排序规则名称用于指定字符串比较的排序规则。

以下使用FLWOR表达式对students2.xml文档中的学生信息进行如下操作:排除掉所有英语专业的学生(即major的属性值为english),其余的学生信息按专业排序,如果专业相同则按照java成绩从高到低排序,返回值是学生的姓名、Java成绩及在原xml文档中的位置。具体见代码9-14和9-15。

代码9-14 student2.xml代码

```xml
<?xml version = "1.0" encoding = "UTF-8"?>
<students>
    <student major = "software">
        <name>小王</name>
        <java>88</java>
        <oracle>78</oracle>
        <xml>99</xml>
    </student>
    <student major = "computer">
        <name>小李</name>
        <java>98</java>
        <oracle>88</oracle>
        <xml>89</xml>
    </student>
    <student major = "software">
        <name>小刘</name>
        <java>68</java>
```

```
            <oracle>58</oracle>
            <xml>69</xml>
        </student>
        <student major = "software">
            <name>小吴</name>
            <java></java>
            <oracle>66</oracle>
            <xml>88</xml>
        </student>
        <student major = "computer">
            <name>小赵</name>
            <java>98</java>
            <oracle>77</oracle>
            <xml>79</xml>
        </student>
        <student major = "english">
            <name>小赵</name>
            <english>88</english>
        </student>
</students>
```

代码9-15　xquery的实现代码FLWORDemo.xquery

```
xquery version "3.1";
declare boundary - space preserve;
<javascore>
    {(:FLWOR 子句:)
    (:循环序列(所有的学生信息),每一个序列项被赋值给$student,序列项在XML文件中的索引
被赋值给$index:)
    for $student at $index in doc("students2.xml")/students/student
    (:循环体中每一个学生的major属性被赋值给$major:)
    let $major := $student/@major
    (:过滤掉所有专业为english的学生:)
    where $student/@major != "english"
    (:stable表示Java成绩相同的按照原来xml文件的顺序排列,整体先按照学生的专业排列,如
果专业相同的按照Java成绩倒序排列,没有Java成绩的被认为是最小值:)
    stable order by $major, $student/java descending empty least
    (:返回的内容:)
    return    <student major = "{$major}">
        <index>{$index}</index>
        {$student/name}
        {$student/java}
    </student>}
</javascore>
```

9.4.7　量化表达式

量化表达式包括some和every判断表达式,两种表达式的语法格式相同。some判断表达式用于判断序列中是否存在满足条件,every判断表达式用于判断序列中所有的序列

项是否都满足条件。具体语法格式如下：

```
some/every $ 变量 [as 类型] in 序列 [,$ 变量 [as 类型] in 序列] *
satisfies 条件表达式
```

对于 some 判断表达式而言，只要序列中存在序列项使条件表达式的值为 true，整个 some 表达式就返回 true；而对于 every 判断表达式而言，只有序列中的所有序列项都能使条件表达式返回 true，该表达式才返回 true。

9.4.8 序列表达式及其操作

序列表达式是指含有零个、一个或多个序列项的表达式。序列表达式是一种集合。XQuery 提供了 3 种方式构造序列表达式：

- 使用逗号(,)来构造序列，例如(1,2,3,4)构造了一个包含 4 项的序列。
- 使用 to 关键字构造序列，例如(1 to 4)构造了一个和(1,2,3,4)一样的序列。
- 混合使用逗号(,)和 to 来构造序列，例如(1 to 4,7,9)。

构造出来的序列表达式可以进行进一步操作，例如序列的过滤、序列的组合等。

对序列过滤除了使用 FLWOR 表达式外，还可以使用更为简便的方法——序列过滤表达式。它实际上就是 XPath 中的限定谓语，XQuery 中一样允许在序列中紧跟方括号，方括号里使用限定谓语来对序列项进行过滤。

因为序列就是数学上集合的一种表达形式，所以序列也可以像集合一样进行并集、交集和差集的运算。XQuery 提供了 3 种操作符对序列进行运算，需要注意的是运算前后要求操作符中的项必须是 item 类型，而且判断的条件是看它们是否是同一个 item，而不是看 item 的值：

- 并集(union 或 | 运算符)，用于取得两个结点序列的并集；
- 交集(intersect 运算符)，用于取得两个结点序列的交集；
- 差集(except 运算符)，用于返回在第一个结点序列中出现过，但没有在第二个结点序列中出现的结点所组成的新序列。

序列表达式及其操作的示例见代码 9-16。

代码 9-16 operationDemo.xquery

```
xquery version "1.0";
<operations>
    <adds>
        <add>5+3={5+3}</add>
        <add>+(-3)={+(-3)}</add>
    </adds>
    <subs>
        <sub>5-3={5-3}</sub>
        <sub>-(3)={-(3)}</sub>
    </subs>
    <multi>3*5={3*5}</multi>
    <divs>
        <div>5 div 3={5 div 3}</div>
        <div>-5 div 3={-5 div 3}</div>
        <div>-5 div -3={-5 div -3}</div>
```

```
            <div>-5 div -3 = {-5 div -3}</div>
        </divs>
        <idivs>
            <idiv>5 idiv 3 = {5 idiv 3}</idiv>
            <idiv>-5 idiv 3 = {-5 idiv 3}</idiv>
            <div>-5 idiv -3 = {-5 idiv -3}</div>
            <div>5 idiv -3 = {5 idiv -3}</div>
        </idivs>
        <mods>
            <mod>5 mod 3 = {5 mod 3}</mod>
            <mod>-5 mod 3 = {-5 mod 3}</mod>
            <mod>-5 mod -3 = {-5 mod -3}</mod>
            <mod>5 mod -3 = {5 mod -3}</mod>
        </mods>
</operations>
```

代码的执行结果为:

```
<sequences>
<!-- 序列的创建三种不同形式 -->
<create>1 2 3 4</create>
<create>1 2 3 4</create>
<create>1 2 3 4 7 9 11</create>
<!-- 序列的过滤 -->
<filter>2 4 6 8 10</filter>

<items1>小王小李</items1>
<items2>小李小刘</items2>
<!-- 序列的并集 -->
<union>小王小李小刘</union>
<!-- 序列的交集 -->
<intersect>小李</intersect>
<!-- 序列的差集 -->
<except>小王</except>
</sequences>
```

9.4.9 类型相关表达式

XQuery 是一种强类型语言,所以类型判断及转换相关的操作也是代码中非常重要的组成部分。下面将分别介绍类型相关的表达式:

(1) a instance of b 表达式中使用的 instance of 操作符,用于判断 a 是否是 b 类型。如果是则返回 true,否则将返回 false。

(2) typeswitch 表达式通过 switch 语句形式判断数据类型:

```
typeswitch(a)
case [$var as] b return 表达式
...
default [$var] return 默认表达式
```

typeswitch 表达式先判断表达式 a 的数据类型，再依次判断该表达式值是否与 case 子句中数据类型一致，上面的语法格式中还有一个可选的 $var 声明，这个表达式用于访问表达式 a。

（3）a cast as b 运算符用于将 a 转换为另一个类型 b 的值。a 表达式要求必须是原子值。如果 a 为一个长度为空的值时需要将表达式写成"a cast as b?"的形式才不会出错；如果 a 不是原子值表达式总会引发错误。

（4）castable 运算符与 cast 运算符经常一起使用，castable 并不是真正对变量进行转换，只是判断变量是否可以转换为目标类型，返回一个 boolean 值。在实际使用中推荐在类型转换之前，先使用 a castable as b 表达式判断，再用 cast 进行实际转换。当被判断的表达式有可能为空时，需要将 castable 表达式写为 a castable as b? 的形式。

类型相关表达式示例见代码 9-17。

代码 9-17　typeDemo.xquery

```
xquery version "3.1" encoding "utf-8";
declare boundary-space preserve;
declare variable $tempString1 := "77";
declare variable $tempString2 := "9";
declare variable $tempNull := ();
declare variable $tempInteger := 88;
declare variable $tempDecimal := 88.8;
declare variable $tempString3 := "abc";
declare variable $tempsequence := ($tempString1, $tempInteger, $tempDecimal);
<typeoperation>
    <!-- 变量类型判定 instance of -->
    <type>{$tempString1 instance of xs:string}</type>
    <type>{$tempString1 instance of xs:integer}</type>
    <!-- 变量类型转换 -->
    <typeconversion>
        <plus>{$tempString1 cast as xs:integer + $tempString2 cast as xs:integer}</plus>
        <!-- 除了使用 cast 转换类型外，有时也可以通过方法转换，下面一行的代码实现同上一行cast -->
        <plus>{xs:integer($tempString1) + xs:integer($tempString2)}</plus>
        <!-- 当变量为空时，需要在类型后加?否则会引发错误 -->
        <null>{$tempNull cast as xs:string?}</null>
        <check>
            {
                if($tempDecimal castable as xs:integer) then
                    concat($tempDecimal,"允许转换为整数", $tempDecimal cast as xs:integer)
                else
                    concat($tempDecimal,"不能转换为整数")
            }
        </check>
        <check>
            {
                if($tempString3 castable as xs:integer) then
                    concat($tempString3,"允许转换为整数", $tempString3 cast as xs:integer)
                else
```

```
                    concat($tempString3,"不能转换为整数")
            }
        </check>
        <check>
            {
                if($tempNull castable as xs:integer?) then
                    concat("空值允许转换",$tempNull cast as xs:integer?)
                else
                    concat($tempNull,"空值不能转换")
            }
        </check>
    </typeconversion>
    <!--使用typeswitch判定变量类型-->
    <types>
        {
        for $temp in $tempsequence
        return concat($temp,"是",
            typeswitch($temp)
            case $v as xs:string return concat("字符串,$v等价于本次遍历的$temp结果为",$v eq $temp,";")
            case xs:integer return "整数;"
            default return "其他类型;")
        }
    </types>
</typeoperation>
```

代码的执行结果为：

```
<typeoperation>
    <!--变量类型判定 instance of-->
    <type>true</type>
    <type>false</type>

    <!--变量类型转换-->
    <typeconversion>
        <plus>86</plus>
        <!--除了使用cast转换类型外,有时也可以通过方法转换,下面一行的代码实现同上一行cast-->
        <plus>86</plus>
        <!--当变量为空时,需要在类型后加?否则会引发错误-->
        <null/>
        <check>
            88.8允许转换为整数88
        </check>
        <check>
            abc不能转换为整数
        </check>
        <check>
            空值允许转换
        </check>
    </typeconversion>
```

```
    <!-- 使用typeswitch判定变量类型 -->
    <types>
        77是字符串,$v等价于本次遍历的$temp结果为true;88是整数;88.8是其他类型;
    </types>
</typeoperation>
```

9.4.10 运算表达式

对于数值类型的原子变量可以通过运算符进行运算,数值类型的变量包括整数 xs：integer、单精度浮点小数 xs：float、双精度浮点小数 xs：double 和带符号十进制数 xs：decimal。表 9-1 为 XQuery 支持的算术运算符说明。

表 9-1 算术运算符说明

运算符	含 义
＋	作为二元操作符使用时,进行加法运算
	作为一元操作符使用时,取该数值的正值
－	作为二元操作符使用时,进行减法运算
	作为一元操作符使用时,取该数值的正值
*	乘法运算
div	除法运算,两个操作数中仅有一个符号为负数时结果为负数
idiv	整除运算,两个操作数中有一个符号为负数时结果为负数,结果的小数部分总是被截断
mod	取余操作,结果的符号总与第一个操作数相同

使用运算符表达式的示例见代码 9-18。

代码 9-18 operationDemo.xquery

```
<operations>
    <adds>
        <add>5 + 3 = 8</add>
        <add>+(-3) = -3</add>
    </adds>
    <subs>
        <div>5 div 3 = 1.6666666666666666666666666666666667</div>
        <div>-5 div 3 = -1.6666666666666666666666666666666667</div>
        <div>-5 div -3 = 1.6666666666666666666666666666666667</div>
        <div>5 div -3 = -1.6666666666666666666666666666666667</div>
    </divs>
    <idivs>
        <idiv>5 idiv 3 = 1</idiv>
        <idiv>-5 idiv 3 = -1</idiv>
        <div>-5 idiv -3 = 1</div>
        <div>5 idiv -3 = -1</div>
    </idivs>
    <mods>
        <mod>5 mod 3 = 2</mod>
        <mod>-5 mod 3 = -2</mod>
```

```
            <mod>-5 mod -3=-2</mod>
            <mod>5 mod -3=2</mod>
        </mods>
</operations>
```

代码的执行结果为：

```
<operations>
    <adds>
        <add>5+3=8</add>
        <add>+(-3)=-3</add>
    </adds>
    <subs>
        <sub>5-3=2</sub>
        <sub>-(3)=-3</sub>
    </subs>
    <multi>3*5=15</multi>
    <divs>
        <div>5 div 3=1.6666666666666666666666666666667</div>
        <div>-5 div 3=-1.6666666666666666666666666666667</div>
        <div>-5 div -3=1.6666666666666666666666666666667</div>
        <div>5 div -3=-1.6666666666666666666666666666667</div>
    </divs>
    <idivs>
        <idiv>5 idiv 3=1</idiv>
        <idiv>-5 idiv 3=-1</idiv>
        <div>-5 idiv -3=1</div>
        <div>5 idiv -3=-1</div>
    </idivs>
    <mods>
        <mod>5 mod 3=2</mod>
        <mod>-5 mod 3=-2</mod>
        <mod>-5 mod -3=-2</mod>
        <mod>5 mod -3=2</mod>
    </mods>
</operations>
```

习题 9

1. 什么是 XQuery？
2. 简述 XQuery 与 XPath、XSLT 的联系与区别。
3. XQuery 包括哪几种元素构造器？请举例说明。
4. 从如下的 Users.xml 文档中查询属性 id 为 3 的元素，并返回 User。

```
<?xml version="1.0" encoding="UTF-8"?>
<Users>
    <User id="1">
```

```
            < Name > Tom </ Name >
            < Age > 12 </ Age >
        </ User >
        < User id = "2">
            < Name > Jerry </ Name >
            < Age > 9 </ Age >
        </ User >
        < User id = "3">
            < Name > Brooks </ Name >
            < Age > 24 </ Age >
        </ User >
</ Users >
```

查询结果为:

< User id = "3">< Name > Brooks </ Name >< Age > 24 </ Age ></ User >

第 10 章 XQuery 应用

10.1 在 Java 中使用 XQuery

10.1.1 XQJ 介绍

使用 Java 直接处理 XML 通常需要大量代码和开销，如果能够通过 XQuery 操作 XML 就可以减少代码。与 JDBC 类似，Java 也提供了一些工业界的标准，使用统一的编程接口来操作不同的 XQuery 引擎——XQJ（即 XQuery API for Java）。它是由 Java Community Process 开发的，于 2009 年作为 Java 标准规范被发布（https://jcp.org/en/jsr/detail?id=225）。规范中定义的 XQJ 接口详细介绍见表 10-1。

表 10-1　XQJ 接口介绍

接口名称	含义
XQDataSource	数据源接口
XQConnection	连接接口
XQMetaData	元数据接口
XQExpression	XQuery 表达式接口
XQPreparedExpression	XQuery 预置表达式接口
XQResultSequence	结果序列接口
XQResultItem	结果项接口
XQSequenceType	XQuery 序列类型接口
XQException	异常
XQWarning	警告

XQJ 的编程关键步骤如下：

（1）通过 XQDataSource 建立 XQConnection 获取连接。

（2）通过 XQConnection 对象创建 XQExpression 对象或 XQPreparedExpression。

（3）使用 XQExpression 或 XQPreparedExpression 执行 XQuery 查询。

（4）通过 XQResultSequence、XQResultItem 和 XQSequenceType 获取 XQuery 查询 XML 的相关结果数据。

除此之外，XQJ过程出现的警告和异常通过XQWarning和XQException表示，连接的相关元数据信息通过XQMetaData获取。

10.1.2 使用Saxon编程

Saxon是一个著名的XQuery处理器，该项目在本书的8.3节已有提及。该项目下包括Saxon-HE（家庭版）、Saxon-PE（专业版）和Saxon-EE（企业版）3个版本。其中，Saxon-HE是一个开源的版本，可以被免费下载和使用，已经提供了对XQuery3.1和XPath3.1的支持。下面将使用Saxon-HE版本基于XQJ进行编程。

现有一个students.xml文件，如代码10-1所示。

代码10-1 students.xml

```xml
<?xml version = "1.0" encoding = "UTF-8"?>
<students>
    <student major = "software">
        <name>Tina</name>
        <java>88</java>
        <oracle>78</oracle>
        <xml>99</xml>
    </student>
    <student major = "computer">
        <name>Lee li</name>
        <java>98</java>
        <oracle>88</oracle>
        <xml>89</xml>
    </student>
    <student major = "software">
        <name>Gary</name>
        <java>68</java>
        <oracle>58</oracle>
        <xml>69</xml>
    </student>
</students>
```

以下Java程序要从这个XML文件中查询所有的Oracle元素，并打印输出元素名称及元素的内容。

代码10-2 XQJFirstDemo.java

```java
package demo;

import javax.xml.xquery.*;
import com.saxonica.xqj.SaxonXQDataSource;
import net.sf.saxon.dom.ElementOverNodeInfo;

public class XQJFirstDemo {
    public static void main(String[] args) {
        //1. 创建数据源
```

```java
        XQDataSource ds = new SaxonXQDataSource();

    XQResultSequence res = null;
    XQExpression exp = null;
        XQConnection conn = null;
    try {
        //2.使用数据源 ds,创建连接
        conn = ds.getConnection();
        //3.在连接上创建 XQExpression 对象
        exp = conn.createExpression();
        //4.使用 XQuery 表达式查询,查询结果保留在 XQResultSequence 对象 res 中
        res = exp.executeQuery("doc('students1.xml')// oracle");
        //5.遍历结果集 res
        while(res.next()){
        //6.获取的对象类型为 Object 类型,实际获取的是元素结点,故进行类型转换
            ElementOverNodeInfo temp = (ElementOverNodeInfo)res.getObject();
                //7.打印元素名称及元素的文本内容
                System.out.println(temp.getNodeName() + ":" + temp.getTextContent());
        }
    } catch (XQException e) {
        System.out.println("Failed as expected: " + e.getMessage());
    }finally{
        //8.依次从 res、exp 到 conn 逐个资源关闭
        if(res != null){
            try {
                res.close();
            } catch (XQException e) {
                e.printStackTrace();
            }
        }
        if(exp != null){
            try {
                exp.close();
            } catch (XQException e) {
                e.printStackTrace();
            }
        }
        if(conn != null){
            try {
                conn.close();
            } catch (XQException e) {
                e.printStackTrace();
            }
        }
    }
}
}
```

上述代码的执行结果为：

```
oracle:78
oracle:88
oracle:58
```

如果要执行的 XQuery 比较复杂时，可以将 XQuery 表达式写到一个单独的文件中，再在 Java 程序中读取 XQuery 文件执行。

下面示例中读取 students.xml 中所有的 oracle 元素，筛选掉不及格的 oracle 元素，再按照分数从低到高排列。编写的 XQuery 文件如代码 10-3 所示。

代码 10-3　oraclexq.xqu

```
xquery version "3.0";

for $ oracle in doc('students1.xml')//oracle
where $ oracle >= 60
order by $ oracle
return $ oracle
```

Java 程序代码与代码 10-2 类似，修改了原代码中的 try 语句和 catch 语句，如代码 10-4 所示。

代码 10-4　XQJSecondDemo.java

```
...
    try {
        //2.使用数据源 ds,创建连接
        conn = ds.getConnection();
        //3.在连接上创建 XQExpression 对象
        exp = conn.createExpression();
        //4.使用 XQuery 表达式查询,查询结果保留在 XQResultSequence 对象 res 中
        res = exp.executeQuery(new FileReader("oraclexq.xqu"));
        //5.遍历结果集 res
        while(res.next()){
            //6.获取的对象类型为 Object 类型,本例中实际获取的是元素结点,所以进行类型转换
            ElementOverNodeInfo temp = (ElementOverNodeInfo)res.getObject();
            //7.打印元素名称及元素的文本内容
            System.out.println(temp.getNodeName() + ":" + temp.getTextContent());
        }
    } catch (XQException e) {
        System.out.println("Failed as expected: " + e.getMessage());
    } catch (FileNotFoundException e) {
        System.out.println("File not exist. Failed as expected: " + e.getMessage());
    }
...
```

代码的执行结果为：

```
oracle:78
oracle:88
```

上述程序就无法实现交互，如果要编写代码实现根据输入的学生姓名查询 oracle 程序，需要修改 XQuery 表达式增加一个外部输入的变量。Java 程序需要在执行查询之前先给这个外部输入的变量绑定一个值，才能够执行。

XQuery 程序如代码 10-5 所示。

代码 10-5　oracleExternalxq.xqu

```
xquery version "3.0";
declare variable $ name as xs:string external;
for $ student in doc('students1.xml')//student
where $ student/name = $ name
return $ student/oracle
```

Java 部分程序如代码 10-6 所示。

代码 10-6　XQJInterDemo.java

```
...
try {
        //2.使用数据源 ds,创建连接
        conn = ds.getConnection();
        //3.在连接上创建 XQExpression 对象
        exp = conn.createExpression();
        //4.预先绑定参数,再使用 XQuery 表达式查询,查询结果保留在 XQResultSequence 对象 res 中
        exp.bindAtomicValue(new QName("name"), "Tina", conn.createAtomicType(XQItemType.
XQBASETYPE_STRING));
        res = exp.executeQuery(new FileReader("oracleExternalxq.xqu"));
        //5.遍历结果集 res
        while(res.next()){
            //6.获取的对象类型为 Object 类型,本例中实际获取的是元素结点,所以进行类型转换
            ElementOverNodeInfo temp = (ElementOverNodeInfo)res.getObject();
            //7.打印元素名称及元素的文本内容
            System.out.println(temp.getNodeName() + ":" + temp.getTextContent());
        }
    } catch (XQException e) {
        System.out.println("Failed as expected: " + e.getMessage());
    } catch (FileNotFoundException e) {
        System.out.println("File not exist. Failed as expected: " + e.getMessage());
    }
...
```

将"Tina"作为输入，程序的执行结果为：

```
oracle:78
```

需要查询多位同学相应的 oracle 成绩时,如果继续使用 XQExpression 来操作效率较低,推荐使用 XQPreparedExpression 来编程。在参数绑定时有多种方法,下例中使用了 bindAtomicValue 和 bindString 方法,功能类似而且可以互相替换。使用 XQPreparedExpression 编程将代码 10-6 修改为代码 10-7。

代码 10-7　XQJPreparedDemo.java

```java
package demo;
import java.io.FileNotFoundException;
import java.io.FileReader;
import javax.xml.namespace.QName;
import javax.xml.xquery.*;
import com.saxonica.xqj.SaxonXQDataSource;
import net.sf.saxon.dom.ElementOverNodeInfo;

public class XQJPreparedDemo {
    public static void main(String[] args) {
        //1. 创建数据源
        XQDataSource ds = new SaxonXQDataSource();
        XQResultSequence res1 = null;
        XQResultSequence res2 = null;
        XQPreparedExpression exp = null;
        XQConnection conn = null;
        try {
            //2.使用数据源 ds,创建连接
            conn = ds.getConnection();
            //3.在连接上创建 XQPreparedExpression 对象,给出 XQuery 查询表达式模型
            exp = conn.prepareExpression(new FileReader("oracleExternalxq.xqu"));
            //4.每次执行前,先绑定参数值
    exp.bindAtomicValue(new QName("name"), "Tina", conn.createAtomicType(XQItemType.XQBASETYPE_STRING));
            res1 = exp.executeQuery();
            //5.遍历结果集 res1
            while(res1.next()){
                //6.获取的对象类型为 Object 类型,本例中实际获取的是元素结点,所以进行类
                //型转换
                ElementOverNodeInfo temp = (ElementOverNodeInfo)res1.getObject();
                //7.打印元素名称及元素的文本内容
                System.out.println(temp.getNodeName() + ":" + temp.getTextContent());
            }

        exp.bindString(new QName("name"), "Gary", conn.createAtomicType(XQItemType.XQBASETYPE_STRING));
            res2 = exp.executeQuery();
            //5.遍历结果集 res2
            while(res2.next()){
                //6.获取的对象类型为 Object 类型,本例中实际获取的是元素结点,所以进行类
                //型转换
```

```
                    ElementOverNodeInfo temp = (ElementOverNodeInfo)res2.getObject();
                    //7.打印元素名称及元素的文本内容
                    System.out.println(temp.getNodeName() + ":" + temp.getTextContent());
                }
        } catch (XQException e) {
            System.out.println("Failed as expected: " + e.getMessage());
        } catch (FileNotFoundException e) {
            System.out.println("File not exist. Failed as expected: " + e.getMessage());
        }finally{
            //8.依次从 res、exp 到 conn 逐个资源关闭
            if(res1!= null){
                try {
                    res1.close();
                } catch (XQException e) {
                    // TODO Auto-generated catch block
                    e.printStackTrace();
                }
            }
            if(res2!= null){
                try {
                    res2.close();
                } catch (XQException e) {
                    // TODO Auto-generated catch block
                    e.printStackTrace();
                }
            }
            if(exp!= null){
                try {
                    exp.close();
                } catch (XQException e) {
                    // TODO Auto-generated catch block
                    e.printStackTrace();
                }
            }
            if(conn!= null){
                try {
                    conn.close();
                } catch (XQException e) {
                    // TODO Auto-generated catch block
                    e.printStackTrace();
                }
            }
        }
    }
}
```

代码的执行结果为：

```
oracle:78
oracle:58
```

10.2 XQuery 在 XML 数据库中的应用

10.2.1 XML 数据库介绍

XML 数据库是一种支持对 XML 格式存储和查询等操作的数据管理系统。在系统中，开发人员可以对数据库中的 XML 文档进行查询、导出和指定格式的序列化。

XML 数据库与传统数据库相比，具有以下优势：

(1) 提供半结构化数据的管理。XML 数据库能够对半结构化数据有效存取和管理，而传统的关系数据库对半结构化数据无法进行有效的管理。

(2) 提供标签和路径的操作。XML 数据库提供了数据元素操作，包括标签名称、路径，及元素值，而传统数据库语言允许操作数据元素的值，不能操作元素名称。

(3) 提供对具有层次特征数据清晰表达及操作的能力。XML 数据库便于对层次化的数据进行表达和操作，也适合管理复杂数据结构的数据集。XML 数据库利于 XML 文档存储和检索；可以用方便实用的方式检索文档，并能够提供高质量的全文搜索引擎；另外，XML 数据库能够存储和查询不同的文档结构，提供对不同信息存取的支持。

目前 XML 数据库分为 3 种类型：具有处理 XML 能力的数据库 XMLEnabledDatabase (XEDB)、原生 XML 数据库 NativeXMLDatabase(NXD) 及混合 XML 数据库 HybridXML-Database(HXD)。

关系数据库中的第一代对 XML 支持的方式包括切分(或分解)文档适应关系表格和将文档原封不动地存储为字符或二进制大对象(CLOB 或 BLOB)两个方法。其中的任一种都是尝试将 XML 模型转换成关系模型。然而，在功能和性能上都有很大的局限性。原生 XML 数据库从数据库核心层直至其查询语言都采用与 XML 直接配套的技术。混合型模型将 XML 存储在类似于 DOM 的模型中。XML 数据被格式化为缓冲数据页，以便快速导航和执行查询以及简化索引编制。

众所周知，查询语言是数据库系统的一个重要部分。由于 XML 数据与关系型数据的结构完全不同，设计思想也不一样，要真正应用 XML 数据库，就要放弃 SQL 而采用新型的查询语言。因此，原生 XML 数据库采用的是 XQuery 语言。

10.2.2 原生 XML 数据库中的 BDB XML 介绍

Oracle Berkeley DB XML(以下简称 BDB XML)是一个可嵌入的开源 XML 数据库(Embedded Native Xml Database)，基于 XQuery 访问存储在容器中的文档，并对其内容进行索引。BDB XML 构建于 Oracle Berkeley DB 之上，继承了其丰富的特性和属性(包括环境、各个级别的事务、Replication 等)。与 Oracle Berkeley DB 一样，它通过应用程序运行，无须人为管理。BDB XML 的主要功能模块包括文档分析器、XML 索引器以及 XQuery 引擎，实现了快速、高效的 XML 数据检索。BDB XML 也是 Oracle 数据库产品解决方案的一部分，这一点表明它的可用性及性能值得信赖。

BDB XML 可以从 Oracle 网站上下载，地址为 http://www.oracle.com/technetwork/

database/database-technologies/berkeleydb/downloads/index-097595.html。作者这里下载的是dbxml-6.0.18.msi。下载后常规安装即可。

在命令行窗口下可以输入"dbxml"命令执行BDB XML的Shell进行操作。这里要注意的是进入之前，命令行窗口的路径为BDB XML未来保存数据的位置。如下示例已经进入BDB XML的Shell进行操作，未来数据文件（*.dbxml）将被存储在F:\目录下。

```
F:\> dbxml
dbxml >
```

BDB XML中，所有的数据存储在"容器"中，每一个容器对应一个扩展名为dbxml的物理文件。下面将介绍操作容器的相关命令。

容器的创建命令为createContainer，该命令帮助用户重新创建一个新的容器，并将该容器设置为当前使用的容器。

```
dbxml > createContainer students.dbxml
Creating node storage container
```

上述代码创建了一个容器students.dbxml，创建成功的提示信息为"Creating node storage container"。容器的存储方式包括整体存储和结点存储。顾名思义，整体存储就是把整个XML文件直接存储，结点存储则是把整个XML文档分隔后存储，结点存储比整体存储拥有更好的操作性能。

如果需要将某个已经创建完成的容器设置为当前容器，则需要使用打开容器命令openContainer。例如，设置students.dbxml为当前容器的命令如下：

```
dbxml > openContainer students.dbxml
```

删除容器的命令是removeContainer。例如，删除容器students.dbxml的命令，执行完成该命令会返回是否删除成功，本例的提示为删除容器成功的信息。

```
dbxml > removeContainer students.dbxml
Removing container: students.dbxml
Container removed
```

一个容器可以管理多个文档，下面将介绍如何对多个文档进行管理。

向当前容器添加XML文档的命令为putDocument。在同一个容器上重复执行putDocument命令即可添加多个文档。以下示例向容器中添加了两个XML文档，分别是students1和students2。

```
dbxml > putDocument students1 '< students >
< student major = "software">
< name > Tina </name >
< java > 88 </java >
< oracle > 78 </oracle >
< xml > 99 </xml >
```

```
</student>
< student major = "computer">
< name > Lee li </name >
< java > 98 </java >
< oracle > 88 </oracle >
< xml > 89 </xml >
</student >
< student major = "software">
< name > Gary </name >
< java > 68 </java >
< oracle > 58 </oracle >
< xml > 69 </xml >
</student >
</students >'
Document added, name = students1

dbxml > putDocument students2 '< students >
< name > Tina </name >
< name > Lee li </name >
< name > Gary </name >
</students >'
Document added, name = students2
```

可以看到 students1 对应的 XML 文档内容较多,直接添加比较麻烦。我们使用读取 XML 文件内容的方式添加以方便操作,与之前有所区别的是需要在命令的最后加上参数 f,表示前面的内容是 XML 文件名。当添加文件成功时提示"Document added,name = <添加的文档名>"信息。将 XML 文件 students1.xml 同样放置到 F:/目录下,以读取文件的方式向容器中添加文件的代码如下。

```
dbxml > putDocument students1 "students1.xml" f
Document added, name = students1
```

从默认容器中删除文档的命令是 removeDocument,以下示例从当前容器中删除文档 students2。

```
dbxml > removeDocument students2
Document deleted, name = students2
```

10.2.3　XQuery 在 BDB XML 中的应用实例

向当前容器添加文档的命令为 putDocument,该命令的语法格式如下:

```
putDocument <文档名称> <文档内容> [f|s|q]
```

文档内容的形式可以包括以下几种:

(1) 字符串形式,文档内容为要添加的文件实际内容,此时后面的参数为 s,该方式下 s 可以省略。

(2) 文件形式，文档内容为文件名称，此时后面的参数为 f。
(3) XQuery 表达式形式，文档内容为 XQuery 表达式，此时后面的参数为 q。

以下插入的文档内容是以 students 作为根元素，将 students1 中所有的 name 元素提取出来作为子元素。示例通过 XQuery 表达式向容器中插入文档。

```
dbxml > putDocument students2 '< students >{for $ s in doc("students.dbxml/students1")/students/student/name return $ s}</students >' q
Document added, name = students2_5
```

需要注意的是文档的命名，我们在命令中给出 students2，但实际文档名称为提示信息中 name=<实际的文档名称>的属性值，此处文档名称为"students2_5"。

查看当前容器下包含多少个文档的命令是 getDocuments，该命令只能返回文档的数量。如果需要进一步查看文档的名字，需要使用 printNames 命名。示例如下：

```
dbxml > getDocuments
2 documents found

dbxml > printNames
students1
students2_5
```

检索容器或文档的内容可以使用 XQuery 语句，具体命令为：query "XQuery 语句"，引号可以是双引号或单引号，也可以省略。XQuery 直接对容器进行检索需要使用 collection（[容器名称]）函数。省略容器名称时默认使用当前容器；检索文档需要使用 doc（[文档路径]）函数，其中，文档路径必须包含所在容器的全路径。相关示例代码如下。

示例一：查询当前容器下所有的内容，返回结果包含两个对象，使用 print 打印输出查询到的具体内容。

```
dbxml > query collection()
2 objects returned for eager expression 'collection()'

dbxml > print
< students >< name > Tina </name >< name > Lee li </name >< name > Gary </name ></students >
<?xml version = "1.0" encoding = "UTF - 8"?>
< students >
        < student major = "software">
                < name > Tina </name >
                < java > 88 </java >
                < oracle > 78 </oracle >
                < xml > 99 </xml >
        </student >
        < student major = "computer">
                < name > Lee li </name >
                < java > 98 </java >
                < oracle > 88 </oracle >
                < xml > 89 </xml >
```

```
            </student>
            <student major = "software">
                <name>Gary</name>
                <java>68</java>
                <oracle>58</oracle>
                <xml>69</xml>
            </student>
</students>
```

示例二：查询 students 容器下所有的 java 元素内容后打印输出。

```
dbxml> query collection("students.dbxml")//java
3 objects returned for eager expression 'collection("students.dbxml")//java'

dbxml> print
<java>88</java>
<java>98</java>
<java>68</java>
```

示例三：查询 students 容器下 students2_5 文档中的第一个 name 元素，并打印。

```
dbxml> query doc("students.dbxml/students2_5")/students/name[1]
1 objects returned for eager expression 'doc("students.dbxml/students2_5")/students/name[1]'

dbxml> print
<name>Tina</name>
```

query 指令也可以对数据库中的文档进行修改，包括增加结点、删除结点、替换结点、重命名结点、复制结点等。

1. 插入结点

插入结点的语法如下：

```
query "insert nodes <元素> before|after|into|as last into|as first into <位置>"
```

后面参数表示插入元素的位置，before 表示在指定位置的前面；after 表示在指定位置的后面；into 表示作为指定元素的子元素，如果指定元素内部包含其他子元素或文本，插入的内容放在已有内容的后面与 as last into 相同；as first into 为指定元素的子元素，如果指定元素内部包含其他子元素或文本，插入的内容放在已有内容的前面。

下面示例在文档 students2_5 中第 3 个 name 元素之前和之后分别插入<name>Amy</name>和<name>dora</name>，并查看插入后该文档的内容。

```
dbxml> query 'insert nodes <name>dora</name> after doc("students.dbxml/students2_5")/students/name[3]'
0 objects returned for eager expression 'insert nodes <name>dora</name> after doc("students.dbxml/students2_5")/students/name[3]'
```

```
dbxml > query 'insert nodes < name > Amy </name > before doc("students.dbxml/students2_5")/
students/name[3]'
0 objects returned for eager expression 'insert nodes < name > Amy </name > before doc("students.
dbxml/students2_5")/students/name[3]'

dbxml > query doc("students.dbxml/students2_5")
1 objects returned for eager expression 'doc("students.dbxml/students2_5")'

dbxml > print
< students >< name > Tina </name >< name > Lee li </name >< name > Amy </name >< name > Gary </name >
< name > dora </name ></ students >
```

2. 删除结点

删除结点的语法如下：

```
query 'delete nodes <待删除的结点>'
```

删除第 5 个 name 结点示例代码如下：

```
dbxml > query 'delete nodes doc("students.dbxml/students2_5")/students/name[5]'
0 objects returned for eager expression 'delete nodes doc("students.dbxml/students2_5")/
students/name[5]'
```

习题 10

1. 编写 Java 程序，查询 Users.xml 文档中 id 为 3 的用户姓名。
Users.xml 文档内容如下：

```
<?xml version = "1.0" encoding = "UTF - 8"?>
< Users >
    < User? id = "1">
        < Name > Tom </Name >
        < Age > 12 </Age >
    </User >
    < User? id = "2">
        < Name > Jerry </Name >
        < Age > 9 </Age >
    </User >
    < User? id = "3">
        < Name > Brooks </Name >
        < Age > 24 </Age >
    </User >
</Users >
```

2. 使用 XML 数据库存储题目 1 中的 XML 文档，并查询第一个用户的信息。

第11章 DOM

本章学习目标
- 了解 XML 文档解析技术
- 掌握使用 DOM 解析 XML 文档的方法
- 了解 JAXP 中关于 DOM 的接口和类的使用

本章先向读者介绍 XML 文档解析技术，重点讲解了 DOM，并基于 JAXP 讲解了如何使用 DOM 对文档进行解析。

11.1 XML 文档解析技术

11.1.1 XML 文档解析技术概述

XML 本身是以纯文本对数据进行编码的一种格式，XML 文档常被用于数据的交互和传输，因此如何读/写 XML 文档显得非常重要。使用文件的 I/O 可以实现 XML 文件的读/写，但是这样读/写效率低，编程也非常复杂。XML 文档解析技术的产生解决了这一问题，目前比较流行的 XML 文档解析技术包括 DOM、SAX、JDOM、DOM4J 和 Digester，下面逐一介绍这些 XML 文档解析技术。

1. DOM

DOM 即文档对象模型，它是由 W3C 组织推荐的处理 XML 的标准接口。2004 年 4 月，W3C 组织发布了 DOM Level3 Core 的推荐标准。DOM 可用于直接访问 XML 文档的各个部分。在 DOM 中，文档被模拟为树状，其中，XML 语法的每个组成部分（例如元素或文本内容）都被表示为一个结点。作为一种 API，DOM 允许用户遍历文档树，从父结点移动到子结点和兄弟结点等，并利用某种结点类型特有的属性（元素具有属性，文本结点具有文本数据）。DOM 被设计为与语言无关的接口，可能是最流行的 XML 文档访问方式，但它通过损失性能实现了访问的便利性。

2. SAX

SAX 是 Simple API for XML 的缩写，被翻译为 XML 的简单应用程序接口，它是一种 XML 解析方法。SAX 最初是由 David Megginson 采用 Java 语言开发的，之后 SAX 很快在

Java 开发者中流行起来,参与开发的程序员越来越多,组成了因特网上的 XML-DEV 社区。1998 年 5 月发布了 SAX 1.0 版,目前 SAX 最新的版本为 2.0。SAX 没有官方的标准机构,它不属于任何标准组织或团体,也不属于任何公司或个人,而是供任何人使用的一种计算机技术。SAX 现已成为一个事实上的标准,所有的 XML 解析器都支持它。

3. JDOM

JDOM 是两位著名的 Java 开发人员,Brett Mclaughlin 和 Jason Hunter 创作的成果,2000 年初,在类似于 Apache 协议的许可下,JDOM 被作为一个开放源代码项目正式开始研发了。目前,它已成长为包含来自广泛的 Java 开发人员的投稿、集中反馈及错误修复的系统,并致力于建立一个完整的基于 Java 平台的解决方案,通过 Java 代码来访问、操作并输出 XML 数据。JDOM 是一种使用 XML 的独特 Java 工具包,用于快速开发 XML 应用程序。

4. DOM4J

DOM4J 是 dom4j.org 出品的一个开源 XML 解析包,是一个易用的、开源的库,用于 XML、XPath 和 XSLT。它应用于 Java 平台,采用了 Java 集合框架并完全支持 DOM、SAX 和 JAXP。与比较流行的 JDOM 比较而言,两者各有所长,DOM4J 最大的特点是使用大量的接口,这也是它被认为比 JDOM 灵活的主要原因。

5. Digester

Digester 是 Apache 基金会的一个开源项目。Digester 基于规则的 XML 文档解析,主要用于 XML 到 Java 对象的映射。Digester 是在 DOM 和 SAX 的基础上衍生出来的工具类,目的是满足将 XML 转换为 JavaBean 的特殊需求,因此没有特别明显的优缺点。开源框架 Struts 的 XML 解析工具 Digester,为我们带来了将 XML 转换为 JavaBean 的可靠方法。综上所述,Digester 适用于将 XML 文档直接转换为 JavaBean 的需求。

11.1.2 DOM 与 SAX 相比较

但使用时是选择 DOM 还是选择 SAX?对于需要自己编写代码来处理 XML 文档的人员来说,这是一个非常重要的决策。表 11-1 更为全面地对 DOM 和 SAX 进行了区分。

表 11-1 SAX 与 DOM 的区别

SAX	DOM
顺序读取文件并产生相应事件,可以处理任何大小的 XML 文件	在内容中建立整个 XML 文档的结点树,不适合处理大型的 XML 文件
只能按顺序解析 XML 文件,不支持对文件的随机存取	可以随意存取结点树的任何部分,没有次数限制
只能读取 XML 文件内容,不能对 XML 文件进行修改	既可以读取 XML 文件内容,也可以对 XML 文件进行修改
开发上比较麻烦,需要自己来编写事件处理器代码	易于理解,易于开发
对工作人员来说更加灵活,可以用 SAX 创建自己的 XML 对象模型	已经在 DOM 基础上构建了结点树

从表 11-1 中 SAX 与 DOM 的区别,我们不难得出它们各自适用的场合。
SAX 适用于处理下面的问题:
- 对大型文件进行处理;
- 只需要文件中的部分内容,或者只需要从文件中获取特定的信息;
- 需要建立自己的对象模型。

DOM 适用于处理下面的问题:
- 需要对文件进行修改;
- 需要随机地对文件进行存取。

11.1.3 JAXP

JAXP 是 Java API for XML Processing 的英文首字母缩写,它是用于 XML 文档处理的、使用 Java 语言编写的编程接口。JAXP 支持 DOM、SAX、XSLT 等标准,屏蔽具体厂商实现,让开发人员以一种标准的方式对 XML 进行编程。

JAXP 没有提供解析 XML 的新方法,也没有提供处理 XML 的新功能,它只是在解析器之上封装的抽象层,允许开发人员以独立于厂商的 API 调用访问 XML 数据。JAXP 使得使用 DOM 和 SAX 来处理一些困难任务变得更加容易,现在,JAXP 已作为 Java SE 和 Java EE 的一部分存在。JDK 中的 SAX API 都被放置在 org.xml.sax、org.xml.sax.ext 和 org.xml.sax.helpers 包中。JDK 1.5 中包含了 JAXP 1.3,JDK 1.6 和 JDK 1.7 都包含了 JAXP 1.4。接下来关于 DOM 和 SAX 的解析程序都是基于 JAXP 编写的,编者使用的 JDK 版本为 1.7。图 11-1 所示为使用 JAXP 实现 XML 文档的解析示意图。

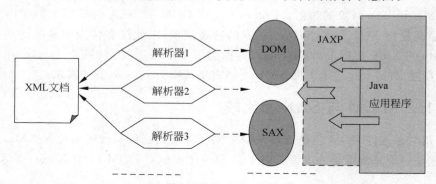

图 11-1 使用 JAXP 实现 XML 文档的解析示意图

从图 11-1 可以看出,程序员在编写 Java 应用程序时,只需要调用 JAXP 中提供的接口和类即可,无须关注所使用的解析器。JAXP 提供了 DOM 和 SAX 的实现功能,因此无论是使用 DOM 编程还是使用 SAX 编程,都可以轻松实现。

11.2 使用 DOM 解析 XML 文档

在 javax.xml.parsers 包中定义了 DOM 解析器工厂类——DocumentBuilderFactory,该类用于产生 DOM 解析器。使用 DocumentBuilderFactory 解析 XML 文档的典型代码片

段如下:

```
DocumentBuilderFactory dbf = DocumentBuilderFactory.newInstance();
try {
    DocumentBuilder db = dbf.newDocumentBuilder();
    Document doc = db.parse(new File("被解析的 XML 文件名称"));
} catch (ParserConfigurationException e) {
    e.printStackTrace();
}
```

对上述代码的介绍如下:

(1) DocumentBuilderFactory 的对象需通过 DocumentBuilderFactory 类调用静态方法 newInstance 方法得到,获取 DocumentBuilder 对象的工厂类实例。

(2) DocumentBuilder 接口的对象需通过获取的 DocumentBuilderFactory 实例调用 newDocumentBuilder 方法得到,DOM 解析器被称为 DocumentBuilder。

(3) 通过获取的 DocumentBuilder 实例调用 DocumentBuilder 接口的 parse 方法来解析 XML 文档,被解析的 XML 文档被封装为 File 对象,作为 parse 方法的参数传入。被 DOM 解析的 XML 文档,在内存中为一个 Document 对象。Document 对象代表了整个 XML 文档,它包含一个或多个 Node,并排列成一个树形结构。如果需要对 XML 文档进行访问或操作,只需要操作 Document 对象,然后进行相关处理即可。

JAXP 中使用 DOM 解析 XML 文档步骤及方法。具体说明如下:

(1) DocumentBuilderFactory 对象通过 newInstance 方法创建 DocumentBuilderFactory 对象获取 DocumentBuilderFactory 的新实例,此 newInstance 方法创建了一个新的工厂实例。此方法使用以下查找过程顺序来确定要加载的 DocumentBuilderFactory 实现类:

① 使用 javax.xml.parsers.DocumentBuilderFactory 系统属性。

② 使用 JRE 文件夹中的属性文件"lib/jaxp.properties",此文件的格式为标准的 java.util.Properties,且包含实现类的完全限定名,其中,实现类的键是上述定义的系统属性。JAXP 实现只读取一次 jaxp.properties 文件,然后缓存其值供以后使用。如果首次尝试读取文件时文件不存在,则不会再次尝试检查该文件是否存在。首次读取 jaxp.properties 后,其中的属性值不能再更改。

③ 如果可以,使用 Services API 来确定类名称。Services API 将查找在运行时可用的 jar 中的 META-INF/services/javax.xml.parsers.DocumentBuilderFactory 文件中的类名。

④ 平台默认的 DocumentBuilderFactory 实例。

DocumentBuilderFactory 类除了可以获取解析器对象外,还可以通过一些方法设置来控制解析器的行为,具体方法描述见表 11-2。

(2) 调用 DocumentBuilder 接口的 parse 方法来解析 XML 文档:DocumentBuilder 类中定义了 5 种用于解析 XML 文档的 parse 方法,以下代码假设被解析的 XML 文件名为 "demosax01.xml"。

① Document parse(File f):解析 File 对象中封装的 XML 文档,上述代码即使用了这种方法。

表 11-2 DocumentBuilderFactory 类控制解析器行为的主要方法

方法	描述
setNamespaceAware(boolean awareness)	指定由此代码生成的解析器将提供对 XML 名称空间的支持
setCoalescing(boolean coalescing)	指定由此代码生成的解析器将把 CDATA 结点转换为 Text 结点,并将其附加到相邻(如果有)的 Text 结点
setFeature(String name, boolean value)	设置由此工厂创建的 DocumentBuilderFactory 和 DocumentBuilder 的功能
setSchema(Schema schema)	设置将由解析器使用的 Schema,该解析器从此工厂创建
setValidating(boolean validating)	指定由此代码生成的解析器将验证被解析的文档
setExpandEntityReferences(boolean expandEntityRef)	指定由此代码生成的解析器将扩展实体引用结点
setIgnoringElementContentWhitespace(boolean whitespace)	指定由此工厂创建的解析器在解析 XML 文档时必须删除元素内容中的空格
setAttribute(String name, Object value)	允许用户在底层实现上设置特定属性

② Document parse(InputSource is):解析 InputSource 输入源中的 XML 文档。在利用当前 parse 方法解析时,代码应写为:

```
db.parse(new InputSource("demosax01.xml"));
```

③ Document parse(InputStream is):解析 InputStream 对象源中的 XML 文档。在利用当前 parse 方法解析时,代码应写为:

```
db.parse(new FileInputStream("demosax01.xml"));
```

④ Document parse(String uri):解析系统 URI 所代表的 XML 文档。在利用当前 parse 方法解析时,代码应写为:

```
db.parse("demosax01.xml");
```

⑤ Document parse(InputStream is, String systemId):将给定 InputStream 的内容解析为一个 XML 文档。systemId 是一个与解析相关的 URI 的基础。

解析完的 XML 文档,在内存中被保存在 Document 对象中,因此,如果需要继续对 XML 文档进行解析,则需要操作 Document 对象。Document 对象中的方法包括很多访问 XML 文档以及修改、输出 XML 文档的方法,表 11-3 列出了部分常用方法及其含义。

表 11-3 Document 类的主要方法

方法	描述
Element getDocumentElement()	返回 DOM 树的根元素对象
Element getElementById(String elementId)	返回具有带给定值的 ID 属性的 Element 对象
NodeList getElementsByTagName(String tagname)	返回一个 NodeList 对象,包含指定元素的所有子元素

续表

方法	描述
Element createElement(String tagName)	创建指定元素名的 Element 对象
Attr createAttribute(String name)	创建指定属性名的 Attr 对象
Text createTextNode(String data)	创建具有指定文本的 Text 对象

11.3 DOM 接口及其应用

11.3.1 DOM 的核心概念——结点

DOM 的核心概念即结点，因为 DOM 在分析 XML 文档时把所有的内容都映射为结点。所有的结点形成一个树形结构，我们通过访问这棵结点树来访问 XML 文档。Node 代表了 Dom 模型的一个抽象结点，并没有具体的结点类型。表 11-4 列出了部分 Node 接口的常用方法及其含义。

表 11-4 Node 接口的主要方法

方法	描述
Node appendChild(Node newChild)	添加一个子结点，如果已经存在该结点，则删除后添加
Node getFirstChild()	如果结点存在子结点，则返回第一个子结点
Node getNextSibling()	返回 DOM 树中这个结点的下一个兄弟结点
String getNodeName()	根据结点的类型返回结点的名称
String getNodeValue()	返回结点的值
short getNodeType()	返回结点的类型
boolean hasChildNodes()	判断是否存在子结点
Node removeChild(Node oldChild)	删除给定的子结点对象
Node replaceChild(Node newChild, Node oldChild)	用一个新的 Node 对象代替给定的子结点对象

DOM 模型中的每一个具体结点都是从 Node 中派生出来的。具体的结点类型非常丰富，下面介绍 DOM 的具体结点类型。

1. Element

一个 Element 接口代表了 DOM 树的一个元素结点，元素结点是组成文档树的重要部分。通常，元素结点拥有子元素、文本结点或者两者的组合。元素结点也是唯一能够拥有属性的结点类型。org.w3c.dom.Element 接口中包含了能够动态增加一个属性和删除属性的方法，见表 11-5。

2. Attr

一个 Attr 接口代表了元素的一个属性。DOM 不认为属性结点是 DOM 文档树的一个独立部分，因此，属性结点的父结点、同胞结点等都是 null。DOM 认为属性结点是元素结点的一个组成部分,使用 getOwnerElement()方法即可得到当前属性所依附的元素。Attr 接口常用的方法见表 11-6。

表 11-5　Element 接口的主要方法

方法	描述
NodeList getElementsByTagName(String name)	返回一个 NodeList 对象,包含指定元素的所有子元素
String getTagName()	返回一个代表这个标签名字的字符串
String getAttribute(String name)	通过名称获得属性值

表 11-6　Attr 接口的主要方法

方法	描述
String getName()	返回此属性的名称
String getValue()	该属性值以字符串形式返回
Element getOwnerElement()	此属性连接到的 Element 结点,如果未使用此属性,则为 null

3. Text

Text 接口用于代表 XML 文档中元素和属性中的文本内容。文本结点可以只包含空白,因此,如果元素的内容中包含空白,那么在该元素结点的子结点中也将包含以空白组成的文本结点。Text 接口常使用的方法如表 11-7 所示。

表 11-7　Text 接口的主要方法

方法	描述
String getWholeText()	返回 Text 结点的所有文本
boolean isElementContentWhitespace()	返回此文本结点是否包含元素内容空白符,即大家经常所说的"可忽略的空白符"

4. CDATASection

CDATASection 用于代表 XML 文档中的 CDATA 部分的内容,DOM 解析器只能识别出 CDATA 的结尾标记"]]>",并以此作为 CDATA 的分界符。CDATA 段结点表示 XML 文档中的 CDATA 段。在 DOM API 中,CDATA 段结点是通过 org.w3c.dom.CDATASection 接口来表示的,该接口继承自 Text 接口。

5. NodeList

NodeList 接口提供了一个有序结点集合的抽象,可以利用以下方法遍历该集合见表 11-8。

表 11-8　NodeList 接口的主要方法

方法	描述
int getLength()	该方法返回列表中结点的数目
Node item(int index)	返回集合中指定索引的结点,索引值从 0 开始

6. NamedNodeMap

NamedNodeMap 接口是一个结点的集合,通过该接口可以建立结点名和结点之间的映射关系,表示一组结点名称和结点的一一对应关系。该接口主要用于属性,例如 getAttributes()方法,用于返回一个 NamedNodeMap 对象。NamedNodeMap 接口的主要方法见表 11-9。

表 11-9 NamedNodeMap 接口的主要方法

方　　法	描　　述
int getLength()	该方法返回列表中结点的数目
Node item(int index)	返回集合中指定索引的结点,索引值从 0 开始
Node getNamedItem(String name)	检索通过名称指定的结点
Node setNamedItem(Node arg)	使用 nodeName 属性添加结点
Node removeNamedItem(String name)	移除通过名称指定的结点

7. Comment

org. w3c. dom. Comment 表示注释,此接口继承自 CharacterData 表示注释的内容,即起始 '<!--' 和结束 '-->' 之间的所有字符。

8. ProcessingInstruction

org. w3c. dom. ProcessingInstruction 接口表示"处理指令"。

9. DocumentFragment

org. w3c. dom. DocumentFragment 接口表示文档片段结点,文档片段是"轻量级的"或最小的 Document 对象。DocumentFragment 和 Document 的区别是:DocumentFragment 既可以包含多个顶层结点,也可以只包含一个文本结点;Document 只能包含一个顶层结点,构成一个树形结构。DocumentFragment 用于通过移动文档的片段来重新排列文档。

10. 实体、实体引用和记号结点

org. w3c. dom. Entity 接口表示实体结点,表示在一个 XML 文档中已分析或未分析结点; org. w3c. dom. EntityReference 接口表示实体引用结点; org. w3c. dom. Notation 接口表示 DTD 中的记号。

11.3.2 使用 JAXP 通过 DOM 解析 XML 文档

本节为读者讲解如何使用 DOM 解析 XML 文档,被解析的 XML 文档的源代码见代码 11-1。

代码 11-1　被解析的 XML 文档（students.xml）

```xml
<?xml version = "1.0" encoding = "UTF-8"?>
<!-- 学生王宏 Java 成绩单 -->
<?xsl-stylesheet type = "text/xsl" href = "xmlxslt.xslt"?>
<student id = "20100101">
    <name>王宏</name>
    <java>96</java>
    <description><![CDATA[喜爱文学作品<<三国演义>>]]></description>
</student>
```

下面使用 JAXP 通过 DOM 来解析 XML 文档（students.xml），具体代码见代码 11-2。

代码 11-2　解析 XML 文档的 Java 源代码

```java
import java.io.File;
import java.io.IOException;
import javax.xml.parsers.*;
import org.w3c.dom.*;
import org.xml.sax.SAXException;
public class ReadXMLDemo01 {
    public static void main(String[] args) {
        ReadXMLDemo01 demo = new ReadXMLDemo01();
        //第一步解析 XML 文档
        Document doc = demo.parseXML("students.xml");
        //第二步根据 JAXP 的方法读取 XML 文档的内容并打印
        if(doc!= null)
            demo.readXMLReadAndPrint(doc);
    }
    /*解析 XML 文档*/
    public Document parseXML(String xmlFileName){
        //通过 newInstance 方法创建 DocumentBuilderFactory 对象
        DocumentBuilderFactory dbf = DocumentBuilderFactory.newInstance();
        dbf.setIgnoringElementContentWhitespace(false);
        Document doc = null;
        try {
            //创建解析器对象
            DocumentBuilder db = dbf.newDocumentBuilder();
            //解析 XML 文档,得到 Document 对象
            doc = db.parse(new File(xmlFileName));
        } catch (ParserConfigurationException e) {
            e.printStackTrace();
        } catch (SAXException e) {
            e.printStackTrace();
        } catch (IOException e) {
            e.printStackTrace();
        }
        return doc;
    }
```

```java
/* 对 Document 对象进行操作,将所有 XML 文档的内容读取出来,并打印到控制台上 */
public void readXMLReadAndPrint(Document doc){
    //XML 的必要声明不解析,为了还原源文件,直接打印
    System.out.println("<?xml version = \"1.0\" encoding = \"UTF - 8\"?>");
    NodeList allNode = doc.getChildNodes();
    //对 NodeList 进行遍历
    for(int m = 0;m < allNode.getLength();m++){
        Node temp = allNode.item(m);
        //判断元素类型,如果元素为 Comment
        if(temp.getNodeType() == Node.COMMENT_NODE){
            Comment com = (Comment)temp;
            System.out.println("<!-- " + com.getData() + " -->");
        //判断元素类型,如果元素为 ProcessingInstruction
        }else if(temp.getNodeType() == Node.PROCESSING_INSTRUCTION_NODE){
            ProcessingInstruction pi = (ProcessingInstruction)temp;
            System.out.println("<?" + pi.getTarget() + " " + pi.getData() + "?>");
            //判断元素类型,两个结点断开连接
        }else if(temp.getNodeType() == Node.ELEMENT_NODE){
            //获取文档根元素,即< student >…</student >
            String root =  temp.getNodeName();
            System.out.print("<" + root + ">");
//获取当前元素的所有子元素(students.xml 文件中的元素最多包含两级嵌套),此程序后面更
//新为以递归方式实现更为恰当
            NodeList nodelist = temp.getChildNodes();
            if(temp != null)
                for(int n = 0;n < nodelist.getLength();n++){
                    if(nodelist.item(n).getNodeType() == Node.ELEMENT_NODE){
                        Element e = (Element)nodelist.item(n);
                        System.out.print("<" + e.getNodeName() + ">");

                        Node nodeText = e.getFirstChild();
                        //判断该元素是否是 CDATASection 类型
                        if(nodeText.getNodeType() == Node.CDATA_SECTION_NODE){
                            CDATASection cdata = (CDATASection)nodeText;
                             System.out.print("<![CDATA[" + cdata.getTextContent() + "]]>");
                        //否则是文本元素,直接打印内容
                        }else{
                            System.out.print(nodeText.getTextContent());
                        }
                        System.out.print("</" + e.getNodeName() + ">");
                    //判断元素类型,如果元素为 Text
                    }else if ( temp.getNodeType () == Node. DOCUMENT _ POSITION _ DISCONNECTED){
                        System.out.println();
```

```
                    }
                }
                System.out.print("</" + root + ">");
            }
        }
    }
}
```

执行该程序,显示结果如图11-2所示。

```
<?xml version="1.0" encoding="UTF-8"?>
<!-- 学生王宏Java成绩单 -->
<?xsl-stylesheet type="text/xsl" href="xmlxslt.xslt"?>
<student>
<name>王宏</name>
<java>96</java>
<description><![CDATA[喜爱文学作品<<三国演义>>]]></description>
</student>
```

图 11-2 解析 XML 文档的打印结果视图

解析 XML 文档的 Java 源代码,首先通过 public Document parseXML(String xmlFileName)读取 XML 文档进行解析,解析后得到 Document 对象。然后通过 public void readXMLReadAndPrint(Document doc)方法对该文档进行读取,读取时 XML 文档与 DOM 结点的对应关系如图 11-3 所示,我们可以从此图进一步理解 DOM 对 XML 文档的解析。

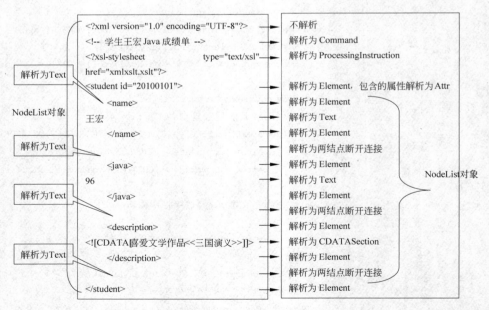

图 11-3 XML 文档与 DOM 结点类型的对应关系

上述 Java 程序还可以使用递归方式进一步优化,见代码 11-3。

代码 11-3　使用递归的 Java 源代码

```java
import java.io.File;
import java.io.IOException;
import javax.xml.parsers.*;
import org.w3c.dom.*;
import org.xml.sax.SAXException;

public class ReadXMLDemo01 {
    public static void main(String[] args) {
        ReadXMLDemo01 demo = new ReadXMLDemo01();
        //第一步解析 XML 文档
        Document doc = demo.parseXML("students.xml");
        //第二步根据 JAXP 的方法读取 XML 文档的内容并打印
        if (doc!= null)
            demo.readXMLReadAndPrint(doc);
    }

    /* 解析 XML 文档 */
    public Document parseXML(String xmlFileName) {
        //通过 newInstance 方法创建 DocumentBuilderFactory 对象
        DocumentBuilderFactory dbf = DocumentBuilderFactory.newInstance();
        dbf.setIgnoringElementContentWhitespace(false);
        Document doc = null;
        try {
            //创建解析器对象
            DocumentBuilder db = dbf.newDocumentBuilder();
            //解析 XML 文档,得到 Document 对象
            doc = db.parse(new File(xmlFileName));
        } catch (ParserConfigurationException e) {
            e.printStackTrace();
        } catch (SAXException e) {
            e.printStackTrace();
        } catch (IOException e) {
            e.printStackTrace();
        }
        return doc;
    }

    /* 对 Document 对象进行操作,将所有 XML 文档的内容读取出来,并打印到控制台上 */
    public void readXMLReadAndPrint(Document doc) {
        //XML 的必要声明不解析,为了还原源文件,直接打印
        System.out.println("<?xml version = \"1.0\" encoding = \"UTF - 8\"?>");
        NodeList allNode = doc.getChildNodes();
        //对 NodeList 进行遍历
        for (int m = 0; m < allNode.getLength(); m++) {
            Node temp = allNode.item(m);
            //判断元素类型,如果元素为 Comment
```

```java
            if (temp.getNodeType() == Node.COMMENT_NODE) {
                Comment com = (Comment) temp;
                System.out.println("<!-- " + com.getData() + " -->");
                //判断元素类型,如果元素为ProcessingInstruction
            } else if (temp.getNodeType() == Node.PROCESSING_INSTRUCTION_NODE) {
                ProcessingInstruction pi = (ProcessingInstruction) temp;
                System.out.println("<?" + pi.getTarget() + " " + pi.getData()
                        + "?>");
                //判断元素类型,根元素结点
            } else if (temp.getNodeType() == Node.ELEMENT_NODE) {
                parse(temp);
            }
        }
    }

    public void parse(Node node) {
        if (node.getNodeType() == Node.TEXT_NODE) {
            System.out.print(node.getTextContent());
        }
        if (node.getNodeType() == Node.CDATA_SECTION_NODE) {
            CDATASection cdata = (CDATASection) node;
            System.out.print("<![CDATA[" + cdata.getTextContent() + "]]>");
        } else if (node.getNodeType() == Node.ELEMENT_NODE) {
            System.out.print("<" + node.getNodeName() + " ");
            NamedNodeMap map = node.getAttributes();
            int temp = map.getLength();
            for (int t = 0; t < temp; t++) {
                Attr aTemp = (Attr) map.item(t);
                System.out.print(aTemp.getName() + "=" + aTemp.getValue() + " ");
            }
            System.out.print(">");
            NodeList nodelist = node.getChildNodes();
            for (int i = 0; i < nodelist.getLength(); i++) {
                Node next = nodelist.item(i);
                //递归调用
                parse(next);
            }
            System.out.print("</" + node.getNodeName() + ">");
        }
    }
}
```

使用递归方式实现,代码灵活程度更好,甚至可以作为一般XML文档的通过解析类。

11.3.3 使用JAXP通过DOM输出XML文档

我们希望通过程序生成一个XML文档,该文档的代码内容见代码11-4。

代码 11-4　要生成的 XML 文档(students.xml)

```xml
<?xml version="1.0" encoding="utf-8"?>
<students>
    <student id="01">
        <name>张三</name>
        <age>19</age>
    </student>
    <student id="02">
        <name>李四</name>
        <age>21</age>
    </student>
</students>
```

生成 students.xml 文件的 Java 程序的源代码见代码 11-5。

代码 11-5　生成 students.xml 文件的 Java 程序源代码

```java
import java.io.File;

import javax.xml.parsers.DocumentBuilder;
import javax.xml.parsers.DocumentBuilderFactory;
import javax.xml.parsers.ParserConfigurationException;
import javax.xml.transform.OutputKeys;
import javax.xml.transform.Transformer;
import javax.xml.transform.TransformerConfigurationException;
import javax.xml.transform.TransformerException;
import javax.xml.transform.TransformerFactory;
import javax.xml.transform.dom.DOMSource;
import javax.xml.transform.stream.StreamResult;

import org.w3c.dom.Document;
import org.w3c.dom.Element;
import org.w3c.dom.Text;

public class CreateXML {
    public static void main(String[] args) {
        CreateXML create = new CreateXML();
        /* 通过 DOM 解析器创建一个空的 Document 对象 */
        Document doc = create.createDocument();
        /* 根据要输出的内容构建 DOM 树 */
        create.createAllDom(doc);
        /* 将内存中的 DOM 树输出为一个 XML 文档 */
        create.outputXMLFile(doc);

    }

    /* 通过 DOM 解析器创建一个空的 Document 对象 */
    public Document createDocument() {
        //通过 newInstance 方法创建 DocumentBuilderFactory 对象
        DocumentBuilderFactory dbf = DocumentBuilderFactory.newInstance();
        Document doc = null;
```

```java
    try {
        //创建解析器对象
        DocumentBuilder db = dbf.newDocumentBuilder();
        //创建一个空的 Document 对象
        doc = db.newDocument();
    } catch (ParserConfigurationException e) {
        e.printStackTrace();
    }
    return doc;
}

/* 根据要输出的内容构建 DOM 树 */
public Document createAllDom(Document doc) {
    //创建一个元素名为 students
    Element root = doc.createElement("students");
    //该元素作为文档根元素
    doc.appendChild(root);
    Element student1 = doc.createElement("student");
    //为元素 student 增加属性 id
    student1.setAttribute("id", "01");
    //元素 student 作为根元素 students 的子元素
    root.appendChild(student1);
    Element name1 = doc.createElement("name");
    student1.appendChild(name1);
    Element age1 = doc.createElement("age");
    student1.appendChild(age1);
    Element student2 = doc.createElement("student");
    student2.setAttribute("id", "02");
    root.appendChild(student2);
    //创建文本元素
    Text txt11 = doc.createTextNode("张三");
    Text txt12 = doc.createTextNode("19");
    name1.appendChild(txt11);
    age1.appendChild(txt12);
    Element name2 = doc.createElement("name");
    student2.appendChild(name2);
    Element age2 = doc.createElement("age");
    student2.appendChild(age2);
    Text txt21 = doc.createTextNode("李四");
    Text txt22 = doc.createTextNode("21");
    name2.appendChild(txt21);
    age2.appendChild(txt22);
    return doc;
}

/* 将内存中的 DOM 树输出为一个 XML 文档 */
public void outputXMLFile(Document doc) {
    try {
        TransformerFactory tff = TransformerFactory.newInstance();
        Transformer tf = tff.newTransformer();
```

```
            //设置输出 XML 文件的换行
            tf.setOutputProperty(OutputKeys.INDENT, "yes");
            //设置输出 XML 文件的缩进
            tf.setOutputProperty("{http://xml.apache.org/xslt}indent-amount", "4");
            DOMSource source = new DOMSource(doc);
            StreamResult result = new StreamResult(new File("create.xml"));
            tf.transform(source, result);
        } catch (TransformerConfigurationException e) {
            //TODO Auto-generated catch block
            e.printStackTrace();
        } catch (TransformerException e) {
            //TODO Auto-generated catch block
            e.printStackTrace();
        }
    }
}
```

上述代码实现了输出 XML 文档的功能，完成该功能通过 createDocument 来构建一个空的 Document 对象，createAllDom 对空的 Document 对象增加内容，在内存中构建的 DOM 树与要输出的 XML 文档保持一致。outputXMLFile 将内容中构建好的 DOM 树输出成一个 XML 文档。

默认的 XML 文档的输出是没有格式的，上述代码实现了输出文档的代码换行，代码为 tf.setOutputProperty(OutputKeys.INDENT，"yes");；输出文档的代码缩进，代码为 tf.setOutputProperty("{http://xml.apache.org/xslt}indent-amount"，"4");。实现 XML 文档输出还需调用 TransformerFactory 类的静态方法 newInstance() 获得一个 TransformerFactory 对象，由该对象的 newTransformer() 方法创建一个 Transformer 对象，调用 Transformer 对象的 transform() 方法即可。注意，transform() 方法需要两个参数，第一个参数是 DOMSource 对象(与 DOM 树有关)，第二个参数是 StreamResult 对象(与输出有关)。

11.3.4 使用 JAXP 通过 DOM 修改 XML 文档

修改前的 XML 文档见代码 11-6。

代码 11-6　修改前的 XML 文档(students.xml)

```
<?xml version="1.0" encoding="utf-8"?>
<students>
    <student id="01">
        <name>张三</name>
        <age>19</age>
    </student>
    <student id="02">
        <name>李四</name>
        <age>21</age>
    </student>
</students>
```

修改后的 XML 文档见代码 11-7。

代码 11-7　修改后的 XML 文档（students.xml）

```xml
<?xml version = "1.0" encoding = "utf-8"?>
    <student id = "03">
        <name>张一</name>
        <age>10</age>
    </student>
    <student id = "01">
        <name>王一</name>
        <age>19</age>
    </student>
</students>
```

实现修改的 Java 程序的源代码见代码 11-8。

代码 11-8　实现 XML 文档更新的 XML 源代码

```java
import java.io.File;
import java.io.IOException;

import javax.xml.parsers.DocumentBuilder;
import javax.xml.parsers.DocumentBuilderFactory;
import javax.xml.parsers.ParserConfigurationException;
import javax.xml.transform.OutputKeys;
import javax.xml.transform.Transformer;
import javax.xml.transform.TransformerConfigurationException;
import javax.xml.transform.TransformerException;
import javax.xml.transform.TransformerFactory;
import javax.xml.transform.dom.DOMSource;
import javax.xml.transform.stream.StreamResult;

import org.w3c.dom.Document;
import org.w3c.dom.DocumentFragment;
import org.w3c.dom.Element;
import org.w3c.dom.Node;
import org.w3c.dom.Text;
import org.xml.sax.SAXException;
public class ModifyDemo {
    /**
     * @param args
     */
    public static void main(String[] args) {
        ModifyDemo demo = new ModifyDemo();
        //第一步解析 XML 文档
        Document doc = demo.parseXML("students.xml");
        /* 根据要输出的内容修改 DOM 树 */
        demo.modifyXML(doc);
        /* 将内存中的 DOM 树输出为一个新 XML 文档 */
        demo.outputXMLFile(doc);
```

```java
}
/*解析XML文档*/
public Document parseXML(String xmlFileName){
    //通过newInstance方法创建DocumentBuilderFactory对象
    DocumentBuilderFactory dbf = DocumentBuilderFactory.newInstance();
    dbf.setIgnoringElementContentWhitespace(false);
    Document doc = null;
    try {
        //创建解析器对象
        DocumentBuilder db = dbf.newDocumentBuilder();
        //解析XML文档,得到Document对象
        doc = db.parse(new File(xmlFileName));
    } catch (ParserConfigurationException e) {
        e.printStackTrace();
    } catch (SAXException e) {
        e.printStackTrace();
    } catch (IOException e) {
        e.printStackTrace();
    }
    return doc;
}

/*在内存中修改XML内容*/
public Document modifyXML(Document doc){
    //获取name元素结点
    Node nodeName = doc.getElementsByTagName("name").item(0);
    //修改name元素的子结点的文本内容为"王一"
    nodeName.getFirstChild().setTextContent("王一");
    //创建一个文档片段结点,并设置文档片段内容
    DocumentFragment df = doc.createDocumentFragment();
    Element elementin = doc.createElement("student");
    elementin.setAttribute("id", "03");
    Element elementname = doc.createElement("name");
    Element elementage = doc.createElement("age");
    Text nameText = doc.createTextNode("张一");
    Text ageText = doc.createTextNode("10");
    df.appendChild(elementin);
    elementin.appendChild(elementname);
    elementin.appendChild(elementage);
    elementname.appendChild(nameText);
    elementage.appendChild(ageText);


    Node student = doc.getElementsByTagName("student").item(0);
    Node studentRemove = doc.getElementsByTagName("student").item(1);
    //删除结点
```

```java
            studentRemove.getParentNode().removeChild(studentRemove);
            //增加文档片段,将文档片段的内容增加到内存的 DOM 树中
            student.getParentNode().insertBefore(df, student);
            return doc;
    }

    /* 将内存中的 DOM 树输出为一个 XML 文档 :update.xml */
    public void outputXMLFile(Document doc) {
        try {
            TransformerFactory tff = TransformerFactory.newInstance();
            Transformer tf = tff.newTransformer();
            //设置输出 XML 文件的换行
            tf.setOutputProperty(OutputKeys.INDENT, "yes");
            //设置输出 XML 文件的缩进
            tf.setOutputProperty("{http://xml.apache.org/xslt}indent-amount", "4");
            DOMSource source = new DOMSource(doc);
            StreamResult result = new StreamResult(new File("students.xml"));
            tf.transform(source, result);
        } catch (TransformerConfigurationException e) {
            //TODO Auto-generated catch block
            e.printStackTrace();
        } catch (TransformerException e) {
            //TODO Auto-generated catch block
            e.printStackTrace();
        }
    }
}
```

上述代码实现了 XML 文档的修改,为实现该功能在此编写了 3 个方法:parseXML 读取源 XML 文档;modifyXML 根据实际要求将源文档的内容进行修改;outputXMLFile 将修改后的内容重新输出覆盖源文档。关于读取 XML 文档、输出 XML 文档的内容在 9.3.2 节和 9.3.3 节已经介绍。

本节中使用了 DocumentFragment,需要在源 XML 文档中增加一个 XML 代码片段,即< student id = "03" >< name >张一</name >< age > 10 </age ></student >。使用 DocumentFragment 保存该代码片段的内容,并通过 insertBefore 插入到 id 为 01 的学生的前面。删除结点使用的是 removeChild 方法,被删除的结点作为该方法的参数传入。更新文本结点内容使用的方法为 setTextContent,参数为更新后的文本内容。

11.4 本章小结

本章首先向读者介绍了 XML 文档的解析技术,包括主流的 DOM、SAX、JDOM、DOM4J 和 Digester,然后重点讲解了 W3C 的推荐标准 DOM,包括 DOM 的思想、DOM 的组成,以及如何使用 DOM 解析、修改和删除 XML 文档。

习题 11

1. DOM API 的核心接口包括哪些(至少写出 4 个)?
2. 利用 DOM 接口编写程序。执行该程序能够创建一个 XML 文档,代码如下:

```
< student id = "2">
    < name > Tina </name >
    < age > 12 </age >
</student >
```

第12章 SAX

本章学习目标
- 了解 SAX 的基础知识
- 熟练掌握 SAX 的工作原理
- 理解 SAX 接口和类
- 熟练掌握 SAX 常用接口和类的使用

本章先向读者介绍 SAX 的基础知识和工作原理,然后讲解了 JAXP 中的 SAX 接口和类,最后对常用的接口和类的使用方法进行了实践。

12.1 SAX 概述

12.1.1 SAX 基础知识

SAX 是 Simple API for XML 的缩写,被翻译为 XML 的简单应用程序接口,它是一种 XML 解析方法。目前,SAX 的最新版本为 2.0。

在 2.0 版本中增加了许多新的功能,包括对文档进行有效性的验证、处理带有命名空间的元素名称,内置的过滤机制能够轻松地输出一个文档子集或进行简单的文档转换。需要注意的是,SAX 2.0 对于 SAX 1.0 版本多处不兼容,本书介绍的版本为 SAX 2.0。

SAX 已经成为一个事实上的标准,所有的 XML 解析器都支持它,也在 Java 以外的其他语言上提供了支持。本章介绍的内容为 Java 语言中对 SAX 的支持,即 JAXP。

SAX 是一个基于事件驱动 XML 解析的标准接口,提供了一种顺序访问机制。SAX 的工作原理简单地说就是对文档进行顺序扫描,当遇到已注册的事件时触发事件处理方法执行直至文档结束。

在事件处理模型中有两个核心的概念需要读者首先理解(与 Java 的 GUI 中的事件处理模型一致)。

- 解析器:负责读取 XML 文档,并向事件处理器发送事件。
- 事件处理器:对事件产生响应的对象,用于对传递的 XML 数据进行处理。

注意:事件处理器必须预先被注册到解析器上。

SAX 解析器在实现时,只是顺序检查 XML 文档中的字节流,判断当前字节是 XML 语法中的哪一部分,是否符合 XML 语法,然后触发相应的事件。而事件处理器本身要由应用程序自己来实现。

和 DOM 分析器相比,SAX 的优势包括解析速度快、内存消耗小;SAX 的缺点包括功能有限制、不能随机访问文档和无法修改文档。

由于 SAX 实现简单,对内存要求比较低,因此实现效率比较高,对于只需要访问 XML 文档中的数据而不对 XML 文档进行更改的应用程序来说,使用 SAX 分析器更合适。

JDK 中的 SAX API 都被放在 org.xml.sax、org.xml.sax.ext 和 org.xml.sax.helpers 包中。其中,XML 的解析器为 XMLReader。为了解决 SAX1 的问题还设计了 SAXParser 类,该类对 XMLReader 进行了封装。在 SAX 2.0 中,建议读者使用 XMLReader 作为 XML 解析器来解析 XML 文档。

SAX 事件处理器中常用的接口包括 ContentHandler、DTDHandler、EntityResolver、ErrorHandler、Attributes、Attributes2、DeclHandler、EntityResolver2 和 LexicalHandler,为方便用户使用,类库提供了 DefaultHandler 和 DefaultHandler2 类。自定义的事件处理器根据实际项目需要实现相应的接口和类,但实际操作中常常使用 DefaultHandler 类或 DefaultHandler2 类简化编程。部分接口和类之间的继承关系如图 12-1 所示。

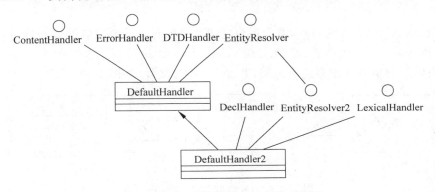

图 12-1 SAX 常用类和接口的继承关系

JAXP 中 SAX 类的接口和类介绍如下。
- ContentHandler:负责在解析 XML 文档的过程中,解析相应的文本内容事件。
- DTDHandler:负责在解析 XML 文档的过程中,解析与 DTD 相关的事件。
- EntityResolver:负责在解析 XML 文档的过程中,解析与实体相关的事件。
- ErrorHandler:负责在解析 XML 文档的过程中完成错误处理事件。
- DefaultHandler:该类实现了 ContentHandler、DTDHandler、EntityResolver、ErrorHandler 接口,简化程序编写。
- DeclHandler:用于 DTD 声明事件 SAX2 的扩展处理程序。
- EntityResolver2:扩展的 EntityResolver 接口,用于将外部实体引用映射到输入源,或用于提供缺少的外部子集。
- LexicalHandler:负责在解析 XML 文档的过程中用于词法事件的 SAX2 扩展处理程序。
- DefaultHandler2:该类扩展了 SAX2 基本处理程序类,增加了对 SAX2 中 LexicalHandler、DeclHandler 和 EntityResolver2 接口的支持,重写了原始 SAX1 resolveEntity()

方法。
- Attributes：负责在解析 XML 文档的过程中，解析与属性相关的事件。
- Attributes2：Attribute 接口的子接口，作为 SAX2 的扩展，扩充了通过 Attributes 提供的每个属性信息。
- XMLReader：代表了 XML 解析器，所有的 SAX2 解析器都必须实现该接口。

12.1.2 第一个 SAX 程序

本节将通过介绍如何使用 SAX 来解析下面这个非常简单的 XML 文档，让读者体验 SAX，该文档被命名为 demosax01.xml，具体见代码 12-1。

代码 12-1 demosax01.xml

```xml
<?xml version="1.0" encoding="UTF-8"?>
<student id="5">
        <name>小明</name>
</student>
```

要解析该 XML 文件的内容，需要用户完成两步操作：①编写事件处理器，该事件处理器要解析该 XML 文件的内容，必须实现 ContentHandler 接口；②创建 XMLReader 的对象，将用户编写的事件处理器注册进来，并读入 XML 文件，如图 12-2 所示。

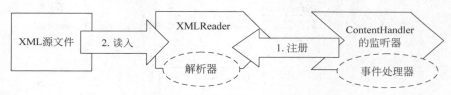

图 12-2 SAX 解析 XML 文件的过程

以下 MyContentHandler.java 为用户自定义的事件处理器。一个 Java 程序要想成为事件处理器，该 Java 类必须实现指定的接口。本例中的事件处理器用于监听事件内容，因此，本例中所实现的接口为 ContentHandler。其具体代码见代码 12-2。

代码 12-2 MyContentHandler.java

```java
import org.xml.sax.*;
public class MyContentHandler implements ContentHandler{
//接收用来查找 SAX 文档事件起源的对象,ContentHandler 接口中的第一个调用此方法
//为应用程序提供定位器
public void setDocumentLocator(Locator arg0) {
    System.out.println("setDocumentLocator");
}

//接收文档开始的通知,在其他任何事件回调(不包括 setDocumentLocator)之前
//SAX 解析器仅调用此方法一次
public void startDocument() throws SAXException {
    System.out.println("startDocument");
```

```java
}
//接收元素开始的通知,解析器会在 XML 文档中每个元素的开始调用此方法
//uri - 命名空间 URI,如果元素没有命名空间 URI,或者未执行命名空间处理,则为空字符串(arg0)
//localName - 本地名称(不带前缀),如果未执行命名空间处理,则为空字符串(arg1)
//qName - 限定名(带有前缀),如果限定名不可用,则为空字符串(arg2)
//atts - 连接到元素上的属性,如果没有属性,则它将是空 Attributes 对象(arg3)
//在 startElement 返回后,此对象的值是未定义的
public void startElement(String arg0, String arg1, String arg2,
        Attributes arg3) throws SAXException {
    System.out.println("startElement :[uri :" + arg0 + ",LocalName:" + arg1 + ",qName:" + arg2 + "]");
    int length = arg3.getLength();
    for(int i = 0;i < length;i ++ ){
        System.out.print(" " + arg3.getQName(i) + " = " + arg3.getValue(i));
    }
    System.out.println();
}

//接收字符数据的通知,当处理到文本结点时会执行该方法
//ch - 来自 XML 文档的字符(arg0)
//start - 数组中的开始位置(arg1)
//length - 从数组中读取的字符的个数(arg2)
public void characters(char[] arg0, int arg1, int arg2) throws SAXException {
    System.out.println("characters :" + new String(arg0,arg1,arg2));
}

//接收元素结束的通知,SAX 解析器会在 XML 文档中的每个元素的结束标记处调用此方法
public void endElement(String arg0, String arg1, String arg2)
        throws SAXException {
    System.out.println("endElement :[uri :" + arg0 + ",LocalName:" + arg1 + ",qName:" + arg2 + "]");
}
//接收文档结束的通知,SAX 解析器仅调用此方法一次,并且将是解析期间最后调用的方法
//直到解析器放弃解析(由于不可恢复的错误)或到达输入的结尾时,它才可以调用此方法
public void endDocument() throws SAXException {
    System.out.println("endDocument");
}
//开始前缀 URI 命名空间范围映射
public void startPrefixMapping(String arg0, String arg1)
        throws SAXException {
    System.out.println("startPrefixMapping:[prefix :" + arg0 + ",uri:" + arg1 + "]");
}
//结束前缀 URI 范围的映射
public void endPrefixMapping(String arg0) throws SAXException {
    System.out.println("endPrefixMapping:" + arg0);
}
```

```java
//接收元素内容中可忽略的空白的通知
public void ignorableWhitespace(char[] arg0, int arg1, int arg2)
        throws SAXException {
    System.out.println("ignorableWhitespace:" + arg0);
}
//接收处理指令的通知,解析器将为找到的每个处理指令调用一次此方法
public void processingInstruction(String arg0, String arg1)
        throws SAXException {
    System.out.println("processingInstruction:<? " + arg0 + " " + arg1 + "?>");
}
//接收跳过实体的通知
public void skippedEntity(String arg0) throws SAXException {
    System.out.println("skippedEntity:" + arg0);
}
}
```

编写完成事件处理器后,需要将事件处理器注册到解析器上,才能触发事件处理器。以下代码通过 XMLReader 中的 setContentHandler 方法将事件处理器注册到事件源上,通过 parse 方法来读入 XML 文件,具体代码见代码 12-3。

代码 12-3　SAXParserXmlDemo.java

```java
import java.io.IOException;
import org.xml.sax.*;
import org.xml.sax.helpers.XMLReaderFactory;

public class SAXParserXmlDemo {
public static void main(String[] args) {
    try {
        //创建 XML 解析器
        XMLReader reader = XMLReaderFactory.createXMLReader();
        //注册事件处理器
        reader.setContentHandler(new MyContentHandler());
        reader.parse(new InputSource("demosax01.xml"));
    } catch (SAXException e) {
        e.printStackTrace();
    } catch (IOException e) {
        e.printStackTrace();
    }
}
}
```

执行代码 12-3 的结果如下:

```
setDocumentLocator
startDocument
startElement:[uri:,LocalName:student,qName:student]
    id = 5
characters:
```

```
startElement:[uri:,LocalName:name,qName:name]

characters:小明
endElement:[uri:,LocalName:name,qName:name]
characters:

endElement:[uri:,LocalName:student,qName:student]
endDocument
```

程序按顺序解析 XML 文件，SAX 接口不解析 XML 的必要声明，因此图 12-3 中虚线框内的内容不被解析。首先执行的是事件处理器的 setDocumentLocator 方法，接下来执行的是 startDocument 方法，当执行到源 XML 文件的最后会执行 endDocument 方法。

在程序解析源 XML 文件内容的开始标记时会执行 startElement 方法，当执行到文本内容时会执行 characters 方法。需要注意的是，任何两个标记之间都存在文本内容，例如 < student id＝"5"> 与 < name > 之间也有文本内容，该文本内容为空白字符，因此容易被编程人员忽略。但是此处仍然会触发 characters 方法，读者尤其需要注意。最后，解析结束标记会触发 endElement 方法的执行。

源 XML 文件与执行结果的对照关系如图 12-3 所示。

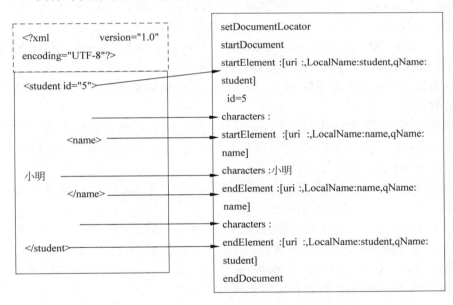

图 12-3　源 XML 文件与执行结果的对照关系图

12.2　使用 SAX 解析 XML 文档

12.2.1　XMLReader 和 XMLReaderFactory

使用 XMLReader 和 XMLReaderFactory 解析 XML 文档的典型伪代码结构见代码 12-4。

代码 12-4　解析器 XMLReader 的典型伪代码

```
XMLReader reader = XMLReaderFactory.createXMLReader();
    reader.setFeature(name, value);
    reader.setProperty(name,value);
    reader.setXXX(handler);
    reader.parse(xmlFile);
```

上述代码的具体执行步骤如下：

（1）XMLReader 接口的对象通过 XMLReaderFactory 类调用 createXMLReader 方法得到。

（2）调用 XMLReader 的 setFeature 方法来设置功能。

（3）调用 XML Reader 的 setProperty 方法来设置特性。

（4）调用 XMLReader 的 setXXX 方法注册事件处理器。

（5）调用 XMLReader 的 parse 方法来解析 XML 文档。

具体每个步骤的详细说明如下：

（1）XMLReader 接口的对象通过 XMLReaderFactory 类调用 createXMLReader 方法得到。

在 XMLReaderFactory 类中提供了两个重载的 createXMLReader 方法，可用于构建 XMLReader 的实例。

① public static XMLReader createXMLReader() throws SAXException：构建 XMLReader 的实例会按照顺序从以下 4 种方式中选择一种构建：

- 如果设置了系统属性 org.xml.sax.driver，则使用该系统属性值来构建 XMLReader 的对象。
- 如果未设置系统属性，则在 classpath 路径下查找 Jar 文件中的 META-INF/services.org.xml.sax.driver 文件是否存在，如果存在，则以该文件的内容作为类名来构建该类的实例。
- 如果不存在 Services.org.xml.sax.driver 文件，则按照厂商提供的默认的 XMLReader 实现类的实例返回。
- 如果以上 3 种方式均不存在，则使用 ParserFactory.makeParser() 创建 SAX1 的实例，然后使用 ParserAdapter 类将该实例重新包装为 SAX2 的实例后返回。

② public static XMLReader createXMLReader(String className) throws SAXException：根据传入参数作为类名来构建 XMLReader 的实例。

（2）调用 XMLReader 的 setFeature 方法来设置功能。

随着 XML 越来越复杂，XML 解析器也变得越来越复杂，用户可以根据 setFeature(String name, Boolean value) 方法来设置功能，该方法的参数包括两个，第一个参数为功能名称，它是一个字符串，在 SAX 中每一个功能都是由一个特定的 URI 来标识的；第二个参数为功能值，它是一个布尔类型值，表示该功能是否打开。所有的 URI 内容及描述见表 12-1。

（3）调用 XMLReader 的 setProperty 方法来设置特性。

设置特性的方法与设置功能的方法类似，所不同的是，第二个参数是一个对象而不是布尔类型值。所有的特征名称也是用 URI 来标识的，该 URI 都是以 http://xml.org/sax/

properties/开始的。SAX 属性的 URI 见表 12-2。

表 12-1 SAX 功能 URI

功能名称 URI	功能描述
http://xml.org/sax/features/namespaces	解析器是否执行命名空间处理，SAX 2.0 兼容的解析器默认值为 true
http://xml.org/sax/features/namespaces-prefixes	解析器是否支持命名空间前缀，SAX 2.0 兼容的解析器默认值为 false
http://xml.org/sax/features/external-general-entities	解析器是否处理外部一般实体，如果对解析器启用了验证功能，则该功能总是设置为 true
http://xml.org/sax/features/external-parameter-entities	解析器是否处理外部参数实体，如果对解析器启用了验证功能，则该功能总是设置为 true
http://xml.org/sax/features/validation	解析器是否验证文档，如果设置为 true，则所有的外部实体都将被解析

表 12-2 SAX 属性的 URI

功能名称 URI	功能描述
http://xml.org/sax/properties/declaration-handler	属性值为一个 DeclHandler 对象，用于描述 DTD 中的元素、属性列表和实体等
http://xml.org/sax/properties/lexical-hanlder	属性值为一个 LexicalHandler 对象，用于描述 DTD、CDATA 和实体的起止边界事件
http://xml.org/sax/properties/dom-node	属性值为一个 org.w3c.dom.Node 对象，用于表示当前正在访问的结点
http://xml.org/sax/properties/xml-string	含有代表当前事件的字符串，这个属性在解析器中的支持非常有限

（4）调用 XMLReader 的 setXXX 方法注册事件处理器。
- setContentHandler(ContentHandler handler)：注册内容事件处理器。
- setDTDHandler(DTDHandler handler)：注册 DTD 事件处理器。
- setEntityResolver(EntityResolver resolver)：注册实体处理器。
- setErrorHandler(ErrorHandler handler)：注册错误处理器。

（5）调用 XMLReader 的 parse 方法来解析 XML 文档。

XMLReader 定义了以下两种用于解析 XML 文档的方法，以下代码假设被解析的 XML 文档名为 demosax01.xml。

① void parse(InputSouce input)解析 InputSource 输入源中的 XML 文档，在利用当前 parse 方法解析时，代码应写为：

```
reader.parse(new InputSource("demosax01.xml"));
```

② void parse(String systemId)解析系统 URI 所代表的 XML 文档，在利用当前 parse 方法解析时，代码应写为：

```
reader.parse("demosax01.xml");
```

12.2.2 SAXParser 和 SAXParserFactory

JAXP 同时为 SAX 解析器 SAXParser 提供了工厂类 SAXParserFactory 类,并且通过该类的 newInstance() 方法来创建 SAXParser 的实例。

SAXParserFactory 类定义的方法见表 12-3。

表 12-3 SAXParserFactory 类的方法

方 法	功 能 描 述
void setNamespaceAware(boolean awareness)	设置对命名空间的支持
boolean isNamespaceAware()	获取是否支持命名空间
void setValidating(boolean validating)	设置是否支持验证
boolean isValidating()	获取是否支持验证
setProperty(String name,Object value)	设置属性,同 XMLReader 的 setProperty 方法
void setSchema(Schema schema)	设置 Schema

SAXParser 实际上是 XMLReader 的包装类,SAXParser 的 getXMLReader() 方法用于返回 XMLReader 的实例。在 SAXParser 中定义了更多重载的 parse 方法,用于解析 XML 文档,使用起来更加方便,具体的 parse 方法见表 12-4。

表 12-4 SAXParser 类的 parse 方法

方 法	功 能 描 述
void parse(File f,DefaultHandler dh)	使用指定的 dh 作为监听器监听 SAX 解析事件,解析 f 文件所代表的 XML 文档
void parse(InputSource is,DefaultHandler dh)	使用指定的 dh 作为监听器监听 SAX 解析事件,解析 is 输入源的 XML 文档
void parse(InputStream is,DefaultHandler dh)	使用指定的 dh 作为监听器监听 SAX 解析事件,解析 is 输入流的 XML 文档
void parse(String uri,DefaultHandler dh)	使用指定的 dh 作为监听器监听 SAX 解析事件,解析系统 URI 所代表的 XML 文档

注意:SAXParser 是 Java 为了解决 SAX1 中的一些问题而设计的,因此在 SAX2 的编程中建议读者尽量使用 XMLReader。

12.3 SAX 接口及其应用

12.3.1 ContentHandler 接口

绝大多数的 SAX 应用都需要使用 ContentHandler 接口,该接口中包含以下主要方法:setDocumentLocator、startDocument、processingInstruction、startElement、characters、endElement、endDocument、startPrefixMapping、endPrefixMapping、ignorableWhitespace、skippedEntity。下面对这些方法进行讲解,最后通过案例实践这些方法。

1. setDocumentLocator

void setDocumentLocator(Locator locator) 接收用来查找 SAX 文档事件起源的对象。

参数：locator 可以返回任何 SAX 文档事件位置的对象。

SAX 解析器提供定位器，必须在调用 ContentHandler 接口中的任何其他方法之前调用此方法为应用程序提供定位器。由定位器返回的信息可能不足以供搜索引擎使用。

注意：该定位器仅在调用 SAX 事件回调期间，在 startDocument 返回之后，调用 endDocument 之前，返回正确的信息。应用程序不应该尝试在任何时间都使用它。

2. startDocument

void startDocument() throws SAXException 用于接收文档开始的通知。

抛出：SAXException 任何 SAX 异常，可能包装另外的异常。

在其他任何事件回调（不包括 setDocumentLocator）之前，SAX 解析器仅调用此方法一次。

3. endDocument

void endDocument() throws SAXException 用于接收文档结尾的通知。

抛出：SAXException 任何 SAX 异常，可能包装另外的异常。

SAX 解析器仅调用此方法一次，并且将是解析期间最后调用的方法，直到解析器放弃解析（由于不可恢复的错误）或到达输入的结尾时，才可以调用此方法。

4. startPrefixMapping

void startPrefixMapping(String prefix, String uri) throws SAXException 表示开始前缀 URI 命令空间范围映射。

参数：prefix 声明的命名空间前缀。对于没有前缀的默认命名空间，使用空字符串。uri 将前缀映射到的命名空间 URI。

抛出：SAXException 客户端可能会在处理期间抛出一个异常。

此事件的信息对于常规的命令空间处理并非必需，当 http://xml.org/sax/features/namespaces 的功能为 true（默认）时，SAX 的 XML 读取器将自动替换元素和属性名称的前缀。

注意：不能保证 start/endPrefixMapping 事件相互之间能够正确地嵌套，所有的 startPrefixMapping 事件将在相应的 startElement 事件之前立即发生，所有的 endPrefixMapping 事件将在相应的 endElement 事件之后立即发生，但在其他情况下不能保证其顺序。对于 "xml" 前缀，永远不应有 start/endPrefixMapping 事件，因为它是预声明的和不可改变的。

5. endPrefixMapping

void endPrefixMapping(String prefix) throws SAXException 表示结束前缀 URI 范围的映射。

参数：prefix 被映射的前缀，当默认的映射范围结束时，这是一个空字符串。

抛出：SAXException 客户端可能会在处理期间抛出一个异常。

这些事件将始终在相应的 endElement 事件之后立即发生，但在其他情况下 endPrefixMapping 事件的顺序不能保证。

6. startElement

void startElement(String uri, String localName, String qName, Attributes atts) throws SAXException 用于接收元素开始的通知。

参数：uri 命名空间 URI，如果元素没有命名空间 URI，或者未执行命名空间处理，则为空字符串。localName 本地名称(不带前缀)，如果未执行命名空间处理，则为空字符串。qName 限定名(带有前缀)，如果限定名不可用，则为空字符串。atts 连接到元素上的属性，如果没有属性，则它将是空 Attributes 对象。在 startElement 返回后，此对象的值是未定义的。

抛出：SAXException 任何 SAX 异常，可能包装另外的异常。

解析器在 XML 文档中每个元素的开始调用此方法，对于每个 startElement 事件都将有相应的 endElement 事件(即使该元素为空时)。所有元素的内容都将在相应的 endElement 事件之前顺序地报告。

此事件允许每个元素最多有命名空间 URI、本地名称和限定(前缀)名 3 个名称组件。

用户可以提供它们中的部分或全部，具体如何取决于命名空间属性 http://xml.org/sax/features/namespaces 和命名空间前缀属性 http://xml.org/sax/features/namespace-prefixes 的值。

- 当命名空间属性为 true(默认)时，命名空间 URI 和本地名称是必需项，当命名空间属性为 false 时，为可选项(如果指定一个值，则两个都必须指定)。
- 当命名空间的前缀属性为 true 时，限定名是必需项，当命名空间的前缀属性为 false (默认值)时，为可选项。

注意：所提供的属性列表仅包括具有显式值(指定的或默认的)的属性，将忽略 #IMPLIED 属性。仅在 http://xml.org/sax/features/namespace-prefixes 属性为 true(默认情况下为 false,并且对 true 值的支持是可选项)时属性列表才包括用于命名空间声明(xmlns* 属性)的属性。与 characters()一样，属性值可以具有不止一个 char 值的字符。

7. endElement

void endElement(String uri, String localName, String qName) throws SAXException 用于接收元素结束的通知。

参数：uri 命名空间 URI，如果元素没有命名空间 URI，或者未执行命名空间处理，则为空字符串。localName 本地名称(不带前缀)，如果未执行命名空间处理，则为空字符串。

qName 限定的 XML 名称(带前缀),如果限定名不可用,则为空字符串。

抛出：SAXException 任何 SAX 异常,可能包装另外的异常。

SAX 解析器会在 XML 文档中每个元素的末尾调用此方法,对于每个 endElement 事件都将有相应的 startElement 事件(即使该元素为空)。

8. characters

void characters(char[] ch,int start,int length)throws SAXException 用于接收字符数据的通知。

参数：ch 来自 XML 文档的字符。start 数组中的开始位置。length 从数组中读取的字符的个数。

抛出：SAXException 任何 SAX 异常,可能包装另外的异常。

解析器将调用此方法来报告字符数据的每个存储块。SAX 解析器能够用单个存储块返回所有的连续字符数据,或者将该数据拆分成几个存储块。但是任何单个事件中的全部字符都必须来自同一个外部实体,以便于定位器能够提供有用的信息。应用程序不能尝试在指定的范围外从数组中读取数据。

注意：有些解析器将使用 ignorableWhitespace 方法而不是此方法报告元素内容中的空白(验证解析器必须这么做)。

9. ignorableWhitespace

void ignorableWhitespace(char[] ch,int start,int length)throws SAXException 用于接收元素内容中可忽略的空白的通知。

参数：ch 来自 XML 文档的字符。start 数组中的开始位置。length 从数组中读取的字符的个数。

抛出：SAXException 任何 SAX 异常,可能包装另外的异常。

验证解析器必须使用此方法来报告元素内容中的每块空白,如果非验证解析器能够解析和使用内容模块,则这些非验证解析器也可以使用此方法。

SAX 解析器能够用单个存储块返回所有的连续空白,或者将该数据拆分成几个存储块。但是,任何单个事件中的全部字符都必须来自同一个外部实体,以便于定位器能够提供有用的信息。应用程序不能尝试在指定的范围外从数组中读取数据。

10. processingInstruction

void processingInstruction(String target,String data)throws SAXException 用于接收处理指令的通知。

参数：target 处理指令目标。data 处理指令数据,如果未提供,则为 null。该数据不包括将其与目标分开的任何空白。

抛出：SAXException 任何 SAX 异常,可能包装另外的异常。

解析器将为找到的每个处理指令调用一次此方法,注意,处理指令可以出现在主要文档元素的前面或后面。与 characters()一样,处理指令数据可以具有不止一个 char 值的字符。

11. skippedEntity

void skippedEntity(String name) throws SAXException 用于接收跳过实体的通知。

参数：name 所跳过的实体的名称，如果它是参数实体，则名称将以 '%' 开头，如果它是外部 DTD 子集，则将是字符串"[dtd]"。

抛出：SAXException 任何 SAX 异常，可能包装另外的异常。

将不为标记结构（如元素开始标记或标记声明）内的实体引用调用此方法（XML 建议书要求报告所跳过的外部实体，SAX 还报告内部实体扩展/非扩展，但不包括在标记结构内部）。

解析器将在每次跳过实体时调用此方法。如果非验证处理器尚未看到声明，则可以跳过实体（例如，因为该实体在外部 DTD 子集中声明）。所有的处理器都可以跳过外部实体，但具体情况取决于 http://xml.org/sax/features/external-general-entities 和 http://xml.org/sax/features/external-parameter-entities 属性的值。

下面通过案例来体会这些方法的应用。

在 10.1.2 节中已经初步接触了 ContentHandler 接口的部分方法的应用，这些方法包括 setDocumentLocator、startDocument、startElement、characters、endElement、endDocument。除了这些方法以外，当被解析的 XML 文件包含命名空间时还会触发 startPrefixMapping、endPrefixMapping 的执行。

代码 12-5 为被解析的 XML 文件的内容，该 XML 文件中包含命名空间。

代码 12-5　demosax02.xml

```xml
<?xml version = "1.0" encoding = "UTF-8"?>
<aa:student id = "5" xmlns:aa = "http://www.namespace.sax.demo" >
    <name xmlns = "http://www.defaultnamespace.sax.demo">小明</name>
</aa:student>
```

相应的事件处理器源代码见代码 12-6。

代码 12-6　事件处理器源 MyContentHandler.java 代码

```java
import org.xml.sax.*;
public class MyContentHandler implements ContentHandler{
//接收用来查找 SAX 文档事件起源的对象,在 ContentHandler 接口中的任何其他方法之前调用此方法
//为应用程序提供定位器
public void setDocumentLocator(Locator arg0) {
    System.out.println("setDocumentLocator");
}

//接收文档开始的通知,在其他任何事件回调(不包括 setDocumentLocator)之前
//SAX 解析器仅调用此方法一次
public void startDocument() throws SAXException {
    System.out.println("startDocument");
}
```

```java
//接收元素开始的通知,解析器在 XML 文档中每个元素的开始调用此方法
//uri - 命名空间 URI,如果元素没有命名空间 URI,或者未执行命名空间处理,则为空字符串(arg0)
//localName - 本地名称(不带前缀),如果未执行命名空间处理,则为空字符串(arg1)
//qName - 限定名(带有前缀),如果限定名不可用,则为空字符串(arg2)
//atts - 连接到元素上的属性,如果没有属性,则它将是空 Attributes 对象(arg3)
//在 startElement 返回后,此对象的值是未定义的
public void startElement(String arg0, String arg1, String arg2,
        Attributes arg3) throws SAXException {
    System.out.println("startElement :[uri :" + arg0 + ",LocalName:" + arg1 + ",qName:" + arg2 + "]");
    int length = arg3.getLength();
    for(int i = 0;i < length;i ++ ){
        System.out.print(" " + arg3.getQName(i) + " = " + arg3.getValue(i));
    }
    System.out.println();
}

//接收字符数据的通知,当处理到文本结点时会执行该方法
//ch - 来自 XML 文档的字符(arg0)
//start - 数组中的开始位置(arg1)
//length - 从数组中读取的字符的个数(arg2)
public void characters(char[] arg0, int arg1, int arg2) throws SAXException {
    System.out.println("characters :" + new String(arg0,arg1,arg2));
}

//接收元素结束的通知,SAX 解析器会在 XML 文档中的每个元素的末尾调用此方法
public void endElement(String arg0, String arg1, String arg2)
        throws SAXException {
    System.out.println("endElement :[uri :" + arg0 + ",LocalName:" + arg1 + ",qName:" + arg2 + "]");
}

//接收文档结尾的通知,SAX 解析器仅调用此方法一次,并且将是解析期间最后调用的方法
//直到解析器放弃解析(由于不可恢复的错误)或到达输入的结尾时,它才可以调用此方法
public void endDocument() throws SAXException {
    System.out.println("endDocument");
}
//开始前缀 URI 命名空间范围的映射
public void startPrefixMapping(String arg0, String arg1)
        throws SAXException {
    System.out.println("startPrefixMapping:[prefix :" + arg0 + ",uri:" + arg1 + "]");
}
//结束前缀 URI 范围的映射
public void endPrefixMapping(String arg0) throws SAXException {
    System.out.println("endPrefixMapping:" + arg0);
}
//接收元素内容中可忽略的空白的通知
public void ignorableWhitespace(char[] arg0, int arg1, int arg2)
        throws SAXException {
    System.out.println("ignorableWhitespace:" + arg0);
}
//接收处理指令的通知,解析器将为找到的每个处理指令调用一次此方法
public void processingInstruction(String arg0, String arg1)
```

```
            throws SAXException {
    System.out.println("processingInstruction:<? " + arg0 + " " + arg1 + "?>");
}
```

完成事件处理器的注册及 XML 文件解析示例见代码 12-7。

代码 12-7   SAXParserXmlDemo.java 代码

```java
package first;

import java.io.IOException;

import org.xml.sax.EntityResolver;
import org.xml.sax.InputSource;
import org.xml.sax.SAXException;
import org.xml.sax.XMLReader;
import org.xml.sax.helpers.XMLReaderFactory;

public class SAXParserXmlDemo {
public static void main(String[] args) {
    try {
        XMLReader reader = XMLReaderFactory.createXMLReader();
        reader.setContentHandler(new MyContentHandler());
        reader.parse(new InputSource("demosax02.xml"));
    } catch (SAXException e) {
        e.printStackTrace();
    } catch (IOException e) {
        e.printStackTrace();
    }
}
}
```

执行 SAXParserXmlDemo 文件，运行结果如下：

```
setDocumentLocator
startDocument
startPrefixMapping:[prefix :aa,uri:http://www.namespace.sax.demo]
startElement:[uri:http://www.namespace.sax.demo,LocalName:student,qName:aa:student]
id = 5
characters:

startPrefixMapping:[prefix :,uri:http://www.defaultnamespace.sax.demo]
startElement:[uri:http://www.defaultnamespace.sax.demo,LocalName:name,qName:name]

characters:小明
endElement:[uri:http://www.defaultnamespace.sax.demo,LocalName:name,qName:name]
endPrefixMapping:
characters:

endElement:[uri:http://www.namespace.sax.demo,LocalName:student,qName:aa:student]
endPrefixMapping:aa
endDocument
```

源 XML 文件与执行结果的对照关系如图 12-4 所示。

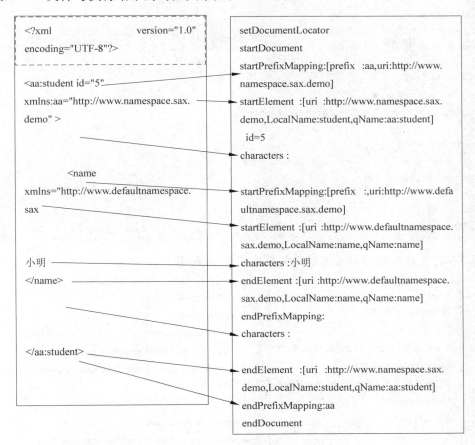

图 12-4　XML 文档与执行结果对照关系 1

在之前的案例中读者应该可以看到空白元素结点仅会触发 characters 方法。当被解析的 XML 文件中包含 DTD 验证时，空白文本结点则会触发 ignorableWhitespace 方法；当被解析的 XML 文件中包含处理指令时，则 SAX 解析到处理指令时会触发 processingInstruction 方法。下面来看一个例子，进一步理解下述方法的运行。

被解析的 XML 文件见代码 12-8。

代码 12-8　被解析的 XML 文档

```xml
<?xml version = "1.0" encoding = "UTF-8"?>
<?xml-stylesheet type = "text/css" href = "unknown.css"?>
<!DOCTYPE student SYSTEM "dtddemo.dtd">
<student id = "5">
    <name>小明</name>
</student>
```

事件处理器仍然使用上面的代码 12-6MyContentHandler.java，将被解析的文件更换为 demosax03.xml，则执行的结果如下：

```
setDocumentLocator
startDocument
processingInstruction:<? xml-stylesheet type = "text/css" href = "unknown.css"?>
startElement:[uri:,LocalName:student,qName:student]
id = 5
ignorableWhitespace:

startElement:[uri:,LocalName:name,qName:name]

characters:小明
endElement:[uri:,LocalName:name,qName:name]
ignorableWhitespace:

endElement:[uri:,LocalName:student,qName:student]
endDocument
```

源 XML 文件与执行结果的对照关系如图 12-5 所示。

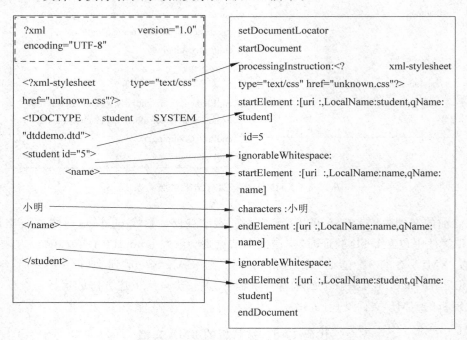

图 12-5　XML 文档与执行结果对照关系 2

12.3.2　Attributes 和 Attributes2 接口

用于获取 XML 元素属性信息的接口和类包括 Attributes 接口、Attributes2 接口、实现类 AttributesImpl 和 Attributes2Impl，相互继承关系如图 12-6 所示。

程序员通常不需要单独为该接口编写程序，由解析器直接处理。在前面"ContentHandler 接口"一节中，void startElement（String uri，String localName，String qName，Attributes

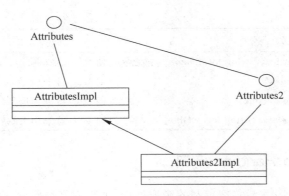

图 12-6　Attributes 相关接口和类的继承关系

atts)throws SAXException 方法的最后一个参数类型即为该接口类型。如果程序员确实需要编写该接口的实现类,仅需要使用该接口的部分方法,可以通过继承 AttributesImpl 类来完成。AttributesImpl 类是 Attributes 接口的实现类,该类仅仅实现了该接口,并未做任何逻辑操作,目的在于简化程序员编程。

Attributes 接口的方法及说明见表 12-5。

表 12-5　Attributes 接口的方法及说明

方 法 名	说　　明
int getIndex(String qName)	通过 XML 限定(前缀)名查找属性的索引
int getIndex(String uri, String localName)	通过命名空间的名称查找属性的索引
int getLength()	返回此列表中的属性个数
String getLocalName(int index)	通过索引查找属性的本地名称
String getQName(int index)	通过索引查找属性的 XML 限定(前缀)名
String getType(int index)	通过索引查找属性的类型
String getType(String qName)	通过 XML 限定(前缀)名查找属性的类型
String getType(String uri, String localName)	根据命名空间的名称查找属性的类型
String getURI(int index)	通过索引查找属性的命名空间 URI
String getValue(int index)	通过索引查找属性的值
String getValue(String qName)	通过 XML 限定(前缀)名查找属性的值
String getValue(String uri, String localName)	根据命名空间的名称查找属性的值

Attributes2 接口是 Attribute 接口的子接口,是 SAX2 的扩展,用于扩展通过 Attributes 提供的每个属性信息。如果实现支持此扩展,则 ContentHandler 接口中的 startElement()提供的属性将实现此接口,并且 http://xml.org/sax/features/use-attributes2 功能标志将具有值 true。

Attributes2 接口新增的方法及说明见表 12-6。

表 12-6　Attributes2 接口新增的方法及说明

方 法 名	说　　明
boolean isDeclared(int index)	返回 false,除非在 DTD 中声明了该属性
boolean isDeclared(String qName)	返回 false,除非在 DTD 中声明了该属性

续表

方 法 名	说 明
boolean isDeclared(String uri, String localName)	返回 false,除非在 DTD 中声明了该属性
boolean isSpecified(int index)	返回 true,除非由 DTD 默认提供属性值
boolean isSpecified(String qName)	返回 true,除非由 DTD 默认提供属性值
boolean isSpecified(String uri, String localName)	返回 true,除非由 DTD 默认提供属性值

12.3.3 ErrorHandler 接口

如果 SAX 应用程序需要实现定制的错误处理,那么它必须实现 ErrorHandler 接口,并将该实例对象通过 setErrorHandler 方法注册到解析器上。ErrorHandler 在解析器的解析过程中遇到错误时被调用。ErrorHandler 被分成 3 个级别,即 warn、error 和 fatalError,解析器会根据当前错误的级别调用相应的方法。

如果 SAX 解析器没有注册 ErrorHandler,XML 在解析错误时将使用系统默认的错误处理器。

下面为 ErrorHandler 接口的源代码,见代码 12-9。

代码 12-9　ErrorHandler 接口的源代码

```
public interface ErrorHandler {
    public abstract void warning (SAXParseException exception) throws SAXException;
    public abstract void error (SAXParseException exception) throws SAXException;
    public abstract void fatalError (SAXParseException exception) throws SAXException;
}
```

下面介绍这些方法的功能。

(1) public abstract void warning (SAXParseException exception) throws SAXException;

该方法接收警告通知。SAX 解析器将使用这个方法来报告 XML 1.0 推荐标准中定义的不是错误或者严重错误的情形。对于警告,默认的行为是什么也不做。在调用这个方法之后,SAX 解析器必须继续提供正常的解析事件,因此,应用程序仍有可能处理完文档。

(2) public abstract void error (SAXParseException exception) throws SAXException;

该方法接收可恢复的错误的通知。例如,一个验证解析器将使用这个回调方法来报告违反有效性约束的情况,默认的行为是什么也不做。在调用这个方法之后,SAX 解析器必须继续提供正常的解析事件,因此,应用程序仍然有可能处理完文档。如果应用程序不能这样做,那么解析器将报告一个严重错误,即使 XML 1.0 推荐标准也没有这样要求。

(3) public abstract void fatalError (SAXParseException exception) throws SAXException;

该方法接收无法恢复的错误的通知。例如,解析器将使用这个回调方法来报告违反格式良好约束的情况。在解析器调用这个方法之后,应用程序必须假定这个文档是不可使用的,而且应该为了收集另外的错误信息而继续进行处理。事实上,一旦这个方法被调用,SAX 解析器就停止报告任何其他的事件了。

所有的方法都包含了 SAXParseException 类的参数。SAXParseException 类是一个异常类,该类封装了错误信息或警告。下面介绍该类中包含的 4 个方法。
- int getColumnNumber():返回异常发生时文本结束位置的列号。
- int getLineNumber():返回异常发生时文本结束位置的行号。
- String getPublicId():实体发生异常时,返回实体的公共标识符。
- String getSystemId():实体发生异常时,返回实体的系统标识符。

代码 12-10~代码 12-12 的实例按照以下顺序排列,以使读者能够逐渐深入地了解 ErrorHandler 接口及其方法的使用。

(1) 正确的 XML 文档由内容事件处理器来解析,打印的结果重现源 XML 文件内容。

(2) 将 XML 文件修改为无效的 XML 文件,自定义错误处理器并注册到解析器上,执行无效的 XML 文件时的执行结果。

(3) 将 XML 文件修改为格式不良好的 XML 文件,自定义错误处理器并注册到解析器上,执行格式不良好的 XML 文件的执行结果。

代码 12-10　正确的 XML 文档 right.xml

```xml
<?xml version = "1.0" encoding = "UTF-8"?>
<!DOCTYPE student[
<!ELEMENT student (name)>
<!ELEMENT name (#PCDATA)>
<!ATTLIST student id CDATA #REQUIRED>
]>
<student id = "5">
    <name>小明</name>
</student>
```

代码 12-11　内容事件处理器 ContentHandlerImpl.java

```java
package error;

import org.xml.sax.Attributes;
import org.xml.sax.ContentHandler;
import org.xml.sax.Locator;
import org.xml.sax.SAXException;

public class ContentHandlerImpl implements ContentHandler{
private Locator locator;
@Override
public void setDocumentLocator(Locator locator) {
    this.locator = locator;
}

@Override
```

```java
    public void startElement(String uri, String localName, String qName,
            Attributes atts) throws SAXException {
        System.out.print(locator.getLineNumber() + ":<" + qName);
        if(atts! = null){
            
            for(int i = 0;i < atts.getLength();i ++ ){
                System.out.print(" ");
                System.out.print(atts.getQName(i) + " = \"" + atts.getValue(i) + "\"");
            }
        }
        System.out.println(">");
    }

    @Override
    public void endElement(String uri, String localName, String qName)
            throws SAXException {
        System.out.println(locator.getLineNumber() + ":</" + qName + ">");
    }

    @Override
    public void characters(char[] ch, int start, int length)
            throws SAXException {
        System.out.println(locator.getLineNumber() + ":" + new String(ch,start,length));
    }
    public void startDocument() throws SAXException {}
    public void endDocument() throws SAXException {}
    public void startPrefixMapping(String prefix, String uri)
            throws SAXException {}
    public void endPrefixMapping(String prefix) throws SAXException {}
    public void ignorableWhitespace(char[] ch, int start, int length)
            throws SAXException {}
    public void processingInstruction(String target, String data)
            throws SAXException {}
    public void skippedEntity(String name) throws SAXException {}
}
```

代码 12-12　Test.java 源代码

```java
package error;

import java.io.IOException;

import org.xml.sax.InputSource;
import org.xml.sax.SAXException;
import org.xml.sax.XMLReader;
import org.xml.sax.helpers.XMLReaderFactory;
```

```
public class Test {
public static void main(String[] args) {
    try {
        XMLReader reader = XMLReaderFactory.createXMLReader();
        reader.setContentHandler(new ContentHandlerImpl());
        reader.parse(new InputSource("right.xml"));
    } catch (SAXException e) {
        System.out.println("SAXException :" + e.getMessage());
    } catch (IOException e) {
        System.out.println("IOException :" + e.getMessage());
    }
}
}
```

本例为执行正确的 XML 文档，代码运行结果将源 XML 文档的内容打印到控制台上，如下所示：

```
7:< student id = "5">
8:< name >
8:小明
8:</name >
9:</student >
```

修改 XML 文件为格式良好但无效的 XML 文档，文档中的 DTD 约束 XML 文件，name 标记中应嵌套 firstName 标记，而不是字符串。XML 文件的源代码见代码 12-13。

代码 12-13　wrong1.xml 源文件

```
<?xml version = "1.0" encoding = "UTF - 8"?>
<!DOCTYPE student[
<!ELEMENT student (name)>
<!ELEMENT name (firstName)>
<!ELEMENT firstName (#PCDATA)>
<!ATTLIST student id CDATA #REQUIRED>
]>
< student id = "5">
        < name >小明</name >
</student >
```

如果将 Test.java 源代码修改为解析 wrong1.xml 文件，并打开 XMLReader 的验证功能，源代码见代码 12-14。

代码 12-14　Test.java 源文件

```
package error;

import java.io.IOException;
import org.xml.sax.InputSource;
import org.xml.sax.SAXException;
import org.xml.sax.XMLReader;
```

```java
import org.xml.sax.helpers.XMLReaderFactory;

public class Test {
    public static void main(String[] args) {
        try {
            XMLReader reader = XMLReaderFactory.createXMLReader();
            //打开验证功能
            reader.setFeature("http://xml.org/sax/features/validation", true);
            reader.setContentHandler(new ContentHandlerImpl());
            reader.parse(new InputSource("wrong1.xml"));
        } catch (SAXException e) {
            System.out.println("SAXException :" + e.getMessage());
        } catch (IOException e) {
            System.out.println("IOException :" + e.getMessage());
        }
    }
}
```

执行无效的 XML 文档,必须先打开验证功能,即设置 reader.setFeature("http://xml.org/sax/features/validation", true);顺序解析该文档,当遇到无效的内容时触发相应的方法显示错误提示信息,但程序继续解析该 XML 文档直到文档结束。执行结果如下:

```
8:<student id = "5">
9:<name>
9:小明
9:</name>
[Error] wrong1.xml:9:24: 元素类型为 "name" 的内容必须匹配 "(firstName)"。
10:</student>
```

修改 XML 文件为格式不良好的文档,在 XML 源文件中包含了无效字符"<",XML 文件的源代码见代码 12-15 和代码 12-16。

代码 12-15　wrong2.xml 源文件

```xml
<?xml version = "1.0" encoding = "UTF-8"?>
<!DOCTYPE student[
<!ELEMENT student (name)>
<!ELEMENT name (firstName)>
<!ELEMENT firstName (#PCDATA)>
<!ATTLIST student id CDATA #REQUIRED>
]>
<student id = "5">
        <name><小明</name>
</student>
```

代码 12-16　Test.java 源文件

```java
package error;

import java.io.IOException;
```

```java
import org.xml.sax.InputSource;
import org.xml.sax.SAXException;
import org.xml.sax.XMLReader;
import org.xml.sax.helpers.XMLReaderFactory;

public class Test {
public static void main(String[] args) {
    try {
        XMLReader reader = XMLReaderFactory.createXMLReader();
        reader.setFeature("http://xml.org/sax/features/validation", true);
        reader.setContentHandler(new ContentHandlerImpl());
        reader.parse(new InputSource("wrong2.xml"));
    } catch (SAXException e) {
        System.out.println("SAXException :" + e.getMessage());
    } catch (IOException e) {
        System.out.println("IOException :" + e.getMessage());
    }
}
}
```

当解析格式为不良好的 XML 文档时,若遇到文档中的错误内容则不再继续解析该 XML 文档,终止程序的运行,执行结果如下:

```
8:< student id = "5">
9:< name >
[Fatal Error] wrong2.xml:9:18: 元素类型 "小明" 必须后跟属性规范 ">" 或 "/>".
SAXException :元素类型 "小明" 必须后跟属性规范 ">" 或 "/>".
```

如果自定义错误事件处理器 ErrorHandlerImpl.java,见代码 12-17。

代码 12-17　ErrorHandlerImpl.java 源代码

```java
package error;

import org.xml.sax.ErrorHandler;
import org.xml.sax.SAXException;
import org.xml.sax.SAXParseException;

public class ErrorHandlerImpl implements ErrorHandler{

@Override
public void warning(SAXParseException exception) throws SAXException {
    System.out.println("warning");
}

@Override
public void error(SAXParseException exception) throws SAXException {
    System.out.println("error :" + exception.getMessage());
}
```

```java
@Override
public void fatalError(SAXParseException exception) throws SAXException {
    System.out.println("fatalError:" + exception.getMessage());
}
}
```

将错误事件处理器注册到 XML 解析器上,如果被解析文件出现错误,则会执行自定义的错误事件处理器的相应方法,见代码 12-18。

代码 12-18　ErrorHandlerImpl.java 源代码

```java
package error;
import java.io.IOException;
import org.xml.sax.InputSource;
import org.xml.sax.SAXException;
import org.xml.sax.XMLReader;
import org.xml.sax.helpers.XMLReaderFactory;

public class Test {
public static void main(String[] args) {
    try {
        XMLReader reader = XMLReaderFactory.createXMLReader();
        reader.setFeature("http://xml.org/sax/features/validation", true);
        reader.setContentHandler(new ContentHandlerImpl());
        reader.setErrorHandler(new ErrorHandlerImpl());
        reader.parse(new InputSource("wrong1.xml"));
        //reader.parse(new InputSource("wrong2.xml"));
    } catch (SAXException e) {
        System.out.println("SAXException :" + e.getMessage());
    } catch (IOException e) {
        System.out.println("IOException :" + e.getMessage());
    }
}
}
```

如果被解析的 XML 文件为 wrong1.xml,由于该文件存在有效性验证错误,则会触发自定义错误处理器的 error 方法,执行结果如下:

```
8:< student id = "5">
9:< name >
9:小明
error :元素类型为 "name" 的内容必须匹配 "(firstName)"。
9:</ name >
10:</ student >
```

如果被解析的 XML 文件为 wrong2.xml,由于该文件是格式不良好的 XML 文件(包含"<"符号),则会触发自定义错误处理器的 fatalError 方法,执行结果如下:

```
8:<student id = "5">
9:<name>
```
fatalError:元素类型"小明"必须后跟属性规范">"或"/>".
　　SAXException:元素类型"小明"必须后跟属性规范">"或"/>".

12.3.4　DTDHandler 和 DeclHandler 接口

DTDHandler 用于接收基本的与 DTD 相关的事件通知。

用户自定义事件处理器必须实现 DTDHandler 接口，通过 XMLReader 的 setDTDHandler 方法向该解析器注册自定义事件处理器的实例。该接口提供的方法没有定义足够的事件来完整地报告 DTD。DTDHandler 接口方法的说明见表 12-7。

表 12-7　DTDHandler 接口方法的说明

方 法 名	说　　明
void notationDecl(String name, String publicId, String systemId) throws SAXException	接收符号声明事件的通知
void unparsedEntityDecl (String name, String publicId, String systemId, String notationName) throws SAXException	接收未解析的实体声明事件的通知

如果需要对 DTD 进行语法分析，推荐使用可选的 DeclHandler。DeclHandler 是 SAX 的扩展，但不是所有的语法分析器都支持它。DeclHandler 接口方法的说明见表 12-8。

表 12-8　DeclHandler 接口方法的说明

方 法 名	说　　明
void attributeDecl(String eName, String aName, String type, String mode, String value) throws SAXException	报告属性类型声明
void elementDecl(String name, String model) throws SAXException	报告元素类型声明
void externalEntityDecl (String name, String publicId, String systemId) throws SAXException	报告解析的外部实体声明
void internalEntityDecl(String name, String value) throws SAXException	报告内部实体声明

12.3.5　EntityResolver 和 EntityResolver2 接口

EntityResolver 和 EntityResolver2 接口是用于解析实体的基本接口。

EntityResolver 接口在 SAX 应用程序处理外部实体有特殊需求时使用。例如，被引用的外部实体是通过一个远程 URL 方式引用的，那么解析该实体包括了打开链接、下载内容和关闭链接等，会大大降低分析进程的速度。如果该实体在本地提供了高速缓存的副本，通过 EntityResolver 可以绕过实体解析进程。用户自定义该事件处理器必须实现 EntityResolver 接口，并通过 XMLReader 的 setEntityResolver()方法注册。

EntityResolver2 接口是 EntityResolver 的扩展，它为 DTD 外部子集提供了回调函数，并为 resolverEntity 方法的参数列表增加了 baseURI 和实体名。

下面是一个使用 EntityResolver 解析器提高程序运行效率的例子,其代码见代码 12-19~代码 12-21。

代码 12-19　EntityResolver 解析器的使用

```java
package entity;

import java.io.IOException;

import org.xml.sax.EntityResolver;
import org.xml.sax.InputSource;
import org.xml.sax.SAXException;

public class EntityResolverImpl implements EntityResolver{
    public InputSource resolveEntity(String publicId, String systemId)
            throws SAXException, IOException {
        System.out.println("resolveEntity********************");
        //如果 systemID 为网络上特定的内容,则使用本地的副本 text.xml 来提高效率
        if(systemId.equals("http://www.xml.com/project/name")){
            return new InputSource("text.xml");
        }
        //如果没有匹配,则流程正常执行
        return null;
    }
}
```

代码 12-20　TestEntityDemo.java 源代码

```java
package entity;

import java.io.IOException;

import org.xml.sax.InputSource;
import org.xml.sax.SAXException;
import org.xml.sax.XMLReader;
import org.xml.sax.helpers.XMLReaderFactory;

import first.MyContentHandler;

public class TestEntityDemo {

    public static void main(String[] args) {
        try {
            XMLReader reader = XMLReaderFactory.createXMLReader();
            reader.setContentHandler(new MyContentHandler());
            //注册自定义实体解析器
            reader.setEntityResolver(new EntityResolverImpl());
            reader.parse(new InputSource("demosaxentity01.xml"));
        } catch (SAXException e) {
            e.printStackTrace();
        } catch (IOException e) {
```

```
            }
        }
}
```

代码 12-21　被解析的 XML 文件（demosaxentity01.xml）

```
<?xml version = "1.0" encoding = "UTF-8"?>
<!DOCTYPE student[
    <!ELEMENT student (name)>
    <!ELEMENT name (#PCDATA)>
    <!ATTLIST student id CDATA #REQUIRED >
    <!ENTITY NAMESTR SYSTEM "http://www.xml.com/project/name">
]>
<student id = "5">
    <name> &NAMESTR;</name>
</student>
```

以上代码的执行结果如下：

```
setDocumentLocator
startDocument
startElement:[uri:,LocalName:student,qName:student]
id = 5
ignorableWhitespace:

startElement:[uri:,LocalName:name,qName:name]

resolveEntity ********************
characters:小明
endElement:[uri:,LocalName:name,qName:name]
ignorableWhitespace:

endElement:[uri:,LocalName:student,qName:student]
endDocument
```

从代码的执行结果大家可以知道，实体解析方法 resolveEntity 在解析器解析 XML 文档的实体之前执行。本例中的 resolveEntity 方法将从网络中获取的内容替换为本地的文本，通过这样的方式，提高了程序的运行效率。

12.3.6　LexicalHandler 接口

LexicalHandler 接口也称词法处理器，它满足了另一种访问需求，这种访问针对的是 SAX1.0 中禁止的信息，包括内部实体的界限、CDATA 段的界限和注释的存在信息。例如，在复制文档的过程中为保证文档的原貌，需要这些特征信息。注册该接口使用 XMLReader 的 setProperty 方法，第一个参数的值为"http://xml.org/sax/properties/lexical-handler"，第二个参数的值为自定义的 LexicalHandler 子类的对象。LexicalHandler 接口方法的说明见表 12-9。

表 12-9　LexicalHandler 接口方法的说明

方 法 名	说　　明
public void startDTD（String name，String publicId，String systemId）throws SAXException；	（如果存在）报告 DTD 声明的开始，参数 name 表示 DTD 名称，publicId 表示 DTD 子集已声明的公共标识符，systemId 表示 DTD 子集已声明的系统标识符
public void endDTD（）throws SAXException；	报告 DTD 声明的结束
public void startEntity(String name)throws SAXException；	报告一些内部和外部 XML 实体的开始，参数 name 表示实体名称
public void endEntity(String name)throws SAXException；	报告实体的结束，参数 name 表示实体名称
public void startCDATA（）throws SAXException；	报告 CDATA 段的开始
public void endCDATA（）throws SAXException；	报告 CDATA 段的结束
public void comment（char[ ] ch，int start，int length）throws SAXException；	报告 XML 文档的注释

下面程序注册了词法处理器(LexicalHandler)和内容分析器(ContentHandler)，在词法分析器的方法中打印出了方法名及其参数内容，见代码 12-22～代码 12-25。读者可以通过程序的运行结果进一步理解方法执行的时机及其使用。

程序清单：①LexicalReader.java 词法处理器实现类；②ContentReader.java 内容分析器处理类；③TestLexical.java 创建了 XMLReader 的实例，注册了词法处理器以及内容分析器，解析 XML 文件名为 LexicalDemo.xml；④被解析的 XML 文件 LexicalDemo.xml 的源代码。

代码 12-22　LexicalHandler 接口的实现类 LexicalReader 的源代码

```
package demo;

import org.xml.sax.SAXException;
import org.xml.sax.ext.LexicalHandler;

public class LexicalReader implements LexicalHandler{

    @Override
    public void startDTD(String name, String publicId, String systemId)
            throws SAXException {
        System.out.println("[startDTD] name:" + name + " publicId:" + publicId + " systemId:" + systemId);
    }

    @Override
    public void endCDATA() throws SAXException {
        System.out.println("[endCDATA]");
    }

    @Override
    public void endDTD() throws SAXException {
        System.out.println("[endDTD]");
```

```java
    }

    @Override
    public void startCDATA() throws SAXException {
        System.out.println("[startCDATA]");
    }

    @Override
    public void startEntity(String name) throws SAXException {
        System.out.println("[startEntity]" + name);
    }

    @Override
    public void endEntity(String name) throws SAXException {
        System.out.println("[endEntity]" + name);
    }

    @Override
    public void comment(char[] ch, int start, int length) throws SAXException {
        System.out.println("[comment]" + new String(ch,start,length));
    }

}
```

代码 12-23　ContentHandler 接口的实现类 ContentReader

```java
package demo;

import org.xml.sax.Attributes;
import org.xml.sax.ContentHandler;
import org.xml.sax.Locator;
import org.xml.sax.SAXException;

public class ContentReader implements ContentHandler{

    @Override
    public void setDocumentLocator(Locator locator) {}

    @Override
    public void startDocument() throws SAXException {}

    @Override
    public void endDocument() throws SAXException {}

    @Override
    public void startPrefixMapping(String prefix, String uri)
            throws SAXException {}

    @Override
    public void endPrefixMapping(String prefix) throws SAXException {}
```

```java
    @Override
    public void startElement(String uri, String localName, String qName,
            Attributes atts) throws SAXException {
        System.out.println("<" + qName + ">");
    }

    @Override
    public void endElement(String uri, String localName, String qName)
            throws SAXException {
        System.out.println("/<" + qName + ">");
    }

    @Override
    public void characters(char[] ch, int start, int length)
            throws SAXException {
        System.out.println(new String(ch,start,length));
    }

    @Override
    public void ignorableWhitespace(char[] ch, int start, int length)
            throws SAXException {}

    @Override
    public void processingInstruction(String target, String data)
            throws SAXException {}

    @Override
    public void skippedEntity(String name) throws SAXException {}

}
```

代码 12-24 TestLexical 类的源代码

```java
package demo;

import java.io.IOException;

import org.xml.sax.*;
import org.xml.sax.helpers.XMLReaderFactory;

public class TestLexical {
    public static void main(String args[]){
        try {
            XMLReader reader = XMLReaderFactory.createXMLReader();
            //注册内容处理器
            reader.setContentHandler(new ContentReader());
            //注册词法分析器
            reader.setProperty("http://xml.org/sax/properties/lexical-handler", new LexicalReader());
```

```
                reader.parse(new InputSource("lexicalDemo.xml"));
        } catch (SAXException e) {
            e.printStackTrace();
        } catch (IOException e) {
            e.printStackTrace();
        }

    }
```

代码 12-25　LexicalDemo.xml 文件的源代码

```
<?xml version="1.0" encoding="UTF-8"?>
<!DOCTYPE student[
    <!ELEMENT student (name,age,description)>
    <!ELEMENT name (#PCDATA)>
    <!ELEMENT age (#PCDATA)>
    <!ELEMENT description (#PCDATA)>
    <!ENTITY NAMESTR "张三">
]>
<!-- 个人信息描述 -->
<student>
    <name>&NAMESTR;</name>
    <age>20</age>
    <description><![CDATA[曾经出版过的书籍<<正能量天使>>]]></description>
</student>
```

程序 TestLexical.java 的运行结果如下：

```
[startDTD] name:student publicId:null systemId:null
[endDTD]
[comment]个人信息描述
<student>
<name>
[startEntity]NAMESTR
[endEntity]NAMESTR
张三
/<name>
<age>
20
/<age>
<description>
[startCDATA]
曾经出版过的书籍<<正能量天使>>
[endCDATA]
/<description>
/<student>
```

从程序的运行结果大家可以看到，该 XML 文档被顺序解析。当遇到 DTD 声明时，在声明的开始会触发 startDTD 方法，在声明的结束会触发 endDTD 方法；当遇到 XML 文档注释时会触发 comment 方法；当遇到实体时，在实体的开始会触发 startEntity 方法，在实体的结束会触发 endEntity 方法；当遇到 CDATA 段时，在 CDATA 段的开始会触发 startCDATA 方法，在 startCDATA 结束后会触发 endCDATA 方法。

12.4　DefaultHandler 和 DefaultHandler2 类开发实践

程序需要完成的功能是读取 from.xml 文件的内容，尽量如实地将源文件的内容打印出来，并在 XML 文件的文本内容中增加行号。from.xml 文件的内容见代码 12-26。

代码 12-26　from.xml 文件

```xml
<?xml version = "1.0" encoding = "UTF-8"?>
<?xml-stylesheet type = "text/css" href = "unknown.css"?>
<!DOCTYPE student[
    <!ELEMENT student (name,age,desciption)>
    <!ELEMENT name (#PCDATA)>
    <!ELEMENT age (#PCDATA)>
    <!ELEMENT desciption (#PCDATA)>
    <!ATTLIST student id CDATA #REQUIRED>
    <!ENTITY NAMESTR SYSTEM "http://www.xml.com/project/name">
]>
<!-- 这是小明同学的个人信息 -->
<student id = "5">
    <name>&NAMESTR;
    </name>
    <age>10
    </age>
    <description><![CDATA[该同学的《我爱我的老师》一文曾经获得全国作文比赛一等奖.]]>
    </description>
</student>
```

要完成该内容需要编写处理器实现 ContentHandler、Attribute、DeclHandler、EntityResovler 和 LexicalHandler 5 个接口。但这些接口的方法并不是都需要，怎样既实现预定的功能，又简化编程呢？

DefaultHandler 类实现了所有 EntityResolver、DTDHandler、ContentHandler、ErrorHandler 接口，并提供了所有方法的空实现。DefaultHandler2 继承了 DefaultHandler 类，同时实现了 LexicalHandler、DeclHandler 和 EntityResolver2 接口。在使用 SAX 时，一般根据需要继承自 DefaultHandler 或 DefaultHandler2 类，然后覆盖需要的方法，通过该方式能大大简化编程。

通过本例可分析得出，需要编写事件处理器继承自 DefaultHandler2 类达到预期的目标时，被解析的 XML 文件中要包含处理指令、DTD 声明、实体声明、注释、CDATA 段、标记、属性和文本。这些内容对应的接口及方法见表 12-10。

通过上面的分析，给出事件处理器 DefaultReader 的源代码，见代码 12-27。

表 12-10 方法及说明

被解析内容	接 口 名	方 法 名	说 明
文档开始	ContentHandler	setDocumentLocator startDocument	文档开始
处理指令		processingInstruction	处理指令
文本		ignorableWhitespace characters	空白文本 字符文本
标记和属性		startElement endElement	开始标记及属性 结束标记
DTD 声明	DeclHandler	startDTD attributeDecl elementDecl internalEntityDecl externalEntityDecl endDTD	DTD 声明开始 属性声明 元素声明 内部实体声明 外部实体声明 DTD 声明结束
实体声明	EntityResolver	resolveEntity	解析实体
注释	LexicalHandler	comment	注释
CDATA 段		startCDATA endCDATA	CDATA 段开始 CDATA 段结束

代码 12-27　DefaultReader.java 文件

```java
package def;

import java.io.IOException;

import org.xml.sax.Attributes;
import org.xml.sax.InputSource;
import org.xml.sax.Locator;
import org.xml.sax.SAXException;
import org.xml.sax.SAXParseException;
import org.xml.sax.ext.DefaultHandler2;

public class DefaultReader extends DefaultHandler2{
    private Locator locator;
    @Override
    public void setDocumentLocator(Locator locator) {
        this.locator = locator;
    }
    //打印处理指令
    @Override
    public void processingInstruction(String target, String data)
            throws SAXException {
        System.out.println("<?" + target + " " + data + "?>");
    }
    @Override
    public void startDocument() throws SAXException {
```

```java
        //SAX 接口不解析 XML 必要声明,因此在此方法中(该方法在扫描 XML 文件开始时执行,且只
        //执行一次)直接将必要声明打印出来
        System.out.println("<?xml version = \"1.0\" encoding = \"UTF - 8\"?>");
    }
    //打印开始标记及其中的属性
    @Override
    public void startElement(String uri, String localName, String qName,
            Attributes attributes) throws SAXException {
        //打印行号
        System.out.print(locator.getLineNumber() + ":<" + qName);
        if(attributes! = null){

            for(int i = 0;i < attributes.getLength();i ++ ){
                System.out.print(" ");
                System.out.print(attributes.getQName(i) + " = \"" + attributes.getValue(i) + "\"");
            }
        }
        System.out.print(">");
    }
    //打印结束标记
    @Override
    public void endElement(String uri, String localName, String qName)
            throws SAXException {
        //打印行号
        System.out.print(locator.getLineNumber() + ":</" + qName + ">");
    }
    //空白字符
    @Override
    public void ignorableWhitespace(char[] ch, int start, int length)
            throws SAXException {
        System.out.print(new String(ch,start,length));
    }
    //打印文本内容
    @Override
    public void characters(char[] ch, int start, int length)
            throws SAXException {
        System.out.print(new String(ch,start,length));
    }
    //CDATA 段开始
    @Override
    public void startCDATA() throws SAXException {
        System.out.print("<![CDATA[");
    }
    //CDATA 段结束
    @Override
    public void endCDATA() throws SAXException {
        System.out.print("]]>");
    }
    //DTD 声明开始
    @Override
```

```java
        public void startDTD(String name, String publicId, String systemId)
                throws SAXException {
            System.out.print("<!DOCTYPE " + name);
            if(publicId != null){
                System.out.print(" PUBLIC \"" + publicId);
            }
            if(systemId != null){
                System.out.print(" \"" + systemId);
            }
            if(publicId == null && systemId == null){
                System.out.print("[");
            }
        }
        //DTD声明中的属性声明
        @Override
        public void attributeDecl(String eName, String aName, String type,
                String mode, String value) throws SAXException {
            //TODO Auto-generated method stub
            System.out.println("<!ATTLIST " + eName + " " + aName + " " + type + " " + mode + " " + value + ">");
        }
        //DTD声明中的元素声明
        @Override
        public void elementDecl(String name, String model) throws SAXException {
            System.out.println("<!ELEMENT " + name + " (" + model + ")>");
        }
        //DTD声明中的内部实体声明
        @Override
        public void internalEntityDecl(String name, String value)
                throws SAXException {
            System.out.println("<!ENTITY " + name + " \"" + value + "\">");
        }
        //DTD声明中的外部实体声明
        @Override
        public void externalEntityDecl(String name, String publicId, String systemId)
                throws SAXException {

            if(publicId != null)
                System.out.println("<!ENTITY " + name + " PUBLIC \"" + publicId + "\">");
            else if(systemId != null)
                System.out.println("<!ENTITY " + name + " SYSTEM \"" + systemId + "\">");

        }
        //DTD声明结束
        @Override
        public void endDTD() throws SAXException {
            System.out.println("]>");
        }
        //注释
        @Override
```

```java
        public void comment(char[] ch, int start, int length) throws SAXException {
            System.out.println("<!-- " + new String(ch,start,length) + " -->");
        }
        //实体解析替换
        @Override
        public InputSource resolveEntity(String name, String publicId,
                String baseURI, String systemId) throws SAXException, IOException {
            //如果 systemID 为网络上特定的内容,可使用本地的副本 text.xml 以提高效率
            if(systemId.equals("http://www.xml.com/project/name")){
                return new InputSource("text.xml");
            }
            //如果没有匹配,则流程正常执行
            return null;
        }
    }
```

最后编写程序,将自定义的事件处理器 DefaultReader.java 注册到解析器上,解析器解析 from.xml 文件。编写该内容的方法有两种,即使用 XMLReader 作为解析器来实现、使用 SAXParser 作为解析器来实现。

(1) 使用 XMLReader 作为解析器的实现见代码 12-28。

代码 12-28　作为解析器 XMLReader 解析器的实现

```java
package def;

import java.io.IOException;

import org.xml.sax.InputSource;
import org.xml.sax.SAXException;
import org.xml.sax.XMLReader;
import org.xml.sax.helpers.XMLReaderFactory;

public class DefaultText {
    public static void main(String[] args) {
        try {
            XMLReader reader = XMLReaderFactory.createXMLReader();
            //打开验证功能
            reader.setFeature("http://xml.org/sax/features/validation", true);
            DefaultReader dr = new DefaultReader();
            //设置词法分析器
            reader.setProperty("http://xml.org/sax/properties/lexical-handler", dr);
            //设置 DeclHandler 分析器解析 DTD 内容
            reader.setProperty("http://xml.org/sax/properties/declaration-handler", dr);
            //设置内容分析器
            reader.setContentHandler(dr);
            //设置实体分析器
            reader.setEntityResolver(dr);
            //XMLReader 解析器解析源 XML 文件(form.xml)
            reader.parse(new InputSource("from.xml"));
```

```
        } catch (SAXException e) {
            System.out.println("SAXException :" + e.getMessage());
        } catch (IOException e) {
            System.out.println("IOException :" + e.getMessage());
        }
    }
}
```

（2）使用 SAXParser 作为解析器的实现见代码 12-29。

代码 12-29　SAXParser 解析器的实现

```
package def;

import java.io.IOException;
import javax.xml.parsers.ParserConfigurationException;
import javax.xml.parsers.SAXParser;
import javax.xml.parsers.SAXParserFactory;

import org.xml.sax.InputSource;
import org.xml.sax.SAXException;

public class DefaultText {
    public static void main(String[] args) {
        try {
            SAXParserFactory factory = SAXParserFactory.newInstance();
            //打开验证功能
            factory.setValidating(true);
            SAXParser reader = factory.newSAXParser();
            DefaultReader dr = new DefaultReader();
            //设置词法分析器
            reader.setProperty("http://xml.org/sax/properties/lexical-handler", dr);
            //设置 DTD 分析器
            reader.setProperty("http://xml.org/sax/properties/declaration-handler", dr);
            //解析源 XML 文档(form.xml),并将 DefaultReader 对象作为文档的内容分析器和实体
            //分析器
            reader.parse(new InputSource("from.xml"),dr);
        } catch (SAXException e) {
            System.out.println("SAXException :" + e.getMessage());
        } catch (IOException e) {
            System.out.println("IOException :" + e.getMessage());
        } catch (ParserConfigurationException e) {
            // TODO Auto-generated catch block
            e.printStackTrace();
        }
    }
}
```

12.5 本章小结

SAX 是基于事件驱动来解析 XML 文件的技术,本章通过 JDK 1.6 中的 SAX2 实现,演示了对 XML 文档的解析过程。SAX 解析 XML 文档基于两种方式,分别是 XMLReader 和 XMLReaderFactory、SAXParser 和 SAXParserFactory。10.2 节中对这两种方式的用法进行了讲解。在 SAX2 中建议使用 XMLReader 方式对 XML 文件进行解析。在 SAX 中常用的接口有 ContentHandler、DTDHandler、EntityResolver、ErrorHandler 和 Attributes,为了方便用户使用,在类库中提供了 org.xml.sax.helpers.DefaultHandler 类,该类实现了 ContentHandler、DTDHandler、EntityResolver 和 ErrorHandler 接口。DefaultHandler2 类继承了 DefaultHandler 类,同时实现了 LexicalHandler、DeclHandler 和 EntityResolver2 接口。本章对这些类和接口的用法都进行了详细的介绍。

习题 12

1. SAX 常用的接口和类有哪些?
2. 下列选项中,(　　)是 ContentHandler 接口中 endPrefixMapping 方法的正确定义。
   A. endPrefixMapping()
   B. endPrefixMapping(String prefix,String uri)
   C. endPrefixMapping(String prefix)
   D. 以上都不对
3. 下列情况中,(　　)应该选择使用 SAX 来实现。
   A. XML 文档很大,内存又十分有限
   B. 需要频繁地线性搜索 XML 文档
   C. 需要随机搜索文档
   D. 需要频繁地修改 XML 文档
4. 在一个班级中,每个学生的所有科目成绩都保存在一个 XML 文件中,见下列代码。期末需要对这一门成绩进行统计,计算 Java 和 XML 的平均分,试编程实现。

```
<?xml version = "1.0" encoding = "UTF - 8"?>
<students>
    <student id = "20120101">
        <name>王一</name>
        <java>60</java>
        <xml>75</xml>
    </student>
    <student id = "20120102">
        <name>张欣</name>
        <java>80</java>
        <xml>95</xml>
```

```xml
        </student>
        <student id = "20120103">
            <name>李娜</name>
            <java>90</java>
            <xml>85</xml>
        </student>
        <student id = "20120104">
            <name>赵爽</name>
            <java>50</java>
            <xml>65</xml>
        </student>
        <student id = "20120105">
            <name>白丽</name>
            <java>70</java>
            <xml>85</xml>
        </student>
        <student id = "20120106">
            <name>武阳</name>
            <java>80</java>
            <xml>85</xml>
        </student>
</students>
```

最终的实现结果如下：

```
---- 成绩统计 ----
java 平均成绩为：72.0
xml 平均成绩为：81.16666666666667
```

第13章 JDOM 和 DOM4J

本章学习目标
- 了解 JDOM 和 DOM4J 的基础知识
- 熟练掌握使用 JDOM 对 XML 文档操作的方法
- 熟练掌握使用 DOM4J 对 XML 文档操作的方法

本章先向读者介绍 JDOM 和 DOM4J 的基础知识,然后分别介绍使用 JDOM 和 DOM4J 对 XML 文档进行解析、创建和修改的具体方法。

13.1 JDOM 和 DOM4J 概述

13.1.1 JDOM 基础知识

DOM API 由于沿袭了 XML 规范,因此,DOM 认为 XML 都是由结点组成的,它本身是与平台无关的。由于 DOM 在设计时顾虑太多,因此导致编写的复杂和烦琐,设计一个开发简单、易用的 API 是一个新的目标。

JDOM 是 Java Document Object Model 的缩写,翻译为 Java 文档对象类型。它是一个开源项目,基于树形结构,利用纯 Java 的技术对 XML 文档实现解析、生成等多种操作。JDOM 是基于 Java 语言的,它利用了 Java 语言的众多特性,包括方法重载、集合和反射等概念,在 JDOM API 中以类为主,目的是在直接、简单、高效的前提下,实现对 XML 文档的解析、生成和修改等操作,其缺点是限制了它的灵活性。

JDOM 的官网网址为 http://www.jdom.org/,编者从网站上下载的 JDOM 版本为 jdom-2.0.4。在使用 JDOM 时,需要从下载的文件中找到 jdom-2.0.4.jar,并要将该文件添加到工程下的类路径下。下面介绍 JDOM API 中的几个包。

- org.jdom2:包含所有的 XML 文档要用的 Java 类。
- org.jdom2.xpath:包含对 XML 文档进行 XSLT 转换、XPath 操作的类。
- org.jdom2.util:包含对 XML 文档实现有用功能,但是不容易被归类的类。
- org.jdom2.transform:包含将 JDOM xml 文档接口转换为其他 XML 文档接口。
- org.jdom2.output:包含写入 XML 文档的类。
- org.jdom2.located:扩展 JDOM 的内容类,包含位置坐标。
- org.jdom2.internal:包含可重复使用的类,由许多 JDOM 类使用。

- org.jdom2.input：包含读取 XML 文档的类。
- org.jdom2.filter：包含 XML 文档的过滤器类。
- org.jdom2.adapter：包含与 DOM 适配的 Java 类。

在 JDOM API 的设计中，类占有非常重要的地位，JDOM 常用类及说明见表 13-1。

表 13-1　JDOM 常用类说明

类　　名	说　　明
Document	代表 XML 文档
Element	代表 XML 文档中的元素
Text	代表 XML 文档中的文本内容
CDATA	代表 XML 文档中的 CDATA 段
DocType	代表 XML 文档中的 DocType 声明
ProcessingInstruction	代表 XML 文档中的处理指令
EntityRef	代表 XML 文档中的实体引用
Attribute	代表 XML 文档中的属性
Comment	代表 XML 文档中的注释
Namespace	代表 XML 文档中的命名空间

13.1.2　DOM4J 基础知识

DOM4J 来源于 JDOM，DOM4J 是一个开源项目，也是基于 Java 语言的。在 DOM4J 的网站上是这样描述 DOM4J 的，"DOM4J 是一个简单的、灵活的开放源代码的库，支持 XML、XPath 和 XSLT。与 JDOM 一样，DOM4J 也是应用于 Java 平台。DOM4J API 使用了 Java 集合框架并完全支持 DOM、SAX 和 JAXP"。JDOM API 的设计是以类为主的，在 DOM4J 的设计中以接口为主，DOM4J 使用起来更加灵活。目前，Hibernate 等开源框架都在使用 DOM4J 来解析 XML 文档。

DOM4J 的官网网址为 http://www.dom4j.org/，编者从网站上下载的 DOM4J 版本为 dom4j-1.6.1。DOM4J 常用接口及说明见表 13-2。

表 13-2　DOM4J 常用接口及说明

接　口　名	说　　明
Document	代表 XML 文档
Attribute	代表 XML 文档中的属性
Element	代表 XML 文档中的元素
Text	代表 XML 文档中的文本内容
CDATA	代表 XML 文档中的 CDATA 段
ProcessingInstruction	代表 XML 文档中的处理指令
Comment	代表 XML 文档中的注释
ElementHandler	定义 Element 对象的处理器
Visitor	用于实现 Visitor 模式
XPath	在分析一个字符串后会提供一个 XPath 表达式

13.1.3　DOM4J 与 JDOM 相比较

开发简单、易用的 API 是 DOM4J 与 JDOM 的共同目标。DOM4J 来源于 JDOM，JDOM API 的设计是以类为主的。在 DOM4J 的设计中以接口为主，无论是用 DOM4J 还是 JDOM 进行编程，其差别很小，只是在具体方法上略有不同。DOM4J 相比而言使用起来更加灵活，DOM4J 的性能与 JDOM 相比也更胜一筹。

13.2　使用 JDOM 对 XML 文档进行操作

13.2.1　使用 JDOM 解析 XML 文档

下面要解析的 XML 文档见代码 13-1。

代码 13-1　要解析的 XML 文档代码

```xml
<?xml version = "1.0" encoding = "gb2312"?>
<!-- 一个学生信息文档 -->
<?xml-stylesheet type = 'text/css' href = 'students.css'?>
<student id = "2013010111">
    <name>小田</name>
    <age>22</age>
    <description><![CDATA[最喜爱的图书<<红楼梦>>]]></description>
</student>
```

使用 JDOM 解析 XML 文档示例见代码 13-2。

代码 13-2　解析的 XML 文档的 Java 程序代码

```java
import java.io.File;
import java.io.IOException;
import java.util.List;

import org.jdom2.Attribute;
import org.jdom2.CDATA;
import org.jdom2.Comment;
import org.jdom2.Content;
import org.jdom2.Document;
import org.jdom2.Element;
import org.jdom2.JDOMException;
import org.jdom2.ProcessingInstruction;
import org.jdom2.Text;
import org.jdom2.input.SAXBuilder;

public class JDOMRead {
    public static void main(String[] args) {
        //构建解析器,使用 SAX 解析器
        SAXBuilder saxBuilder = new SAXBuilder();
```

```java
        try {
            //读取 XML 文件
            Document doc = saxBuilder.build(new File("jdomout.xml"));
            //获取 doc 的所有内容
            List<Content> list = doc.getContent();
            //调用 readAndPrint 方法进行解析
            readAndPrint(list);
        } catch (JDOMException | IOException e) {
            //TODO Auto-generated catch block
            e.printStackTrace();
        }
    }
    //使用递归方式解析并显示所有的 XML 文档内容
    public static void readAndPrint(List<Content> list){
        for(Content temp :list){
            //如果获取的内容是注释
            if(temp instanceof Comment){
                Comment com = (Comment)temp;
                System.out.println("<!-- " + com.getText() + " -->");
            //如果获取的内容是处理指令
            }else if(temp instanceof ProcessingInstruction){
                ProcessingInstruction pi = (ProcessingInstruction)temp;
                System.out.println("<?" + pi.getTarget() + " " + pi.getData() + "?>");
            //如果获取的内容是元素
            }else if(temp instanceof Element){
                Element elt = (Element)temp;
                List<Attribute> attrs = elt.getAttributes();
                System.out.print("<" + elt.getName() + " ");
                for(Attribute t :attrs){
                    System.out.print(t.getName() + " = \"" + t.getValue() + "\"");
                }
                System.out.println(">");
                readAndPrint(elt.getContent());
                System.out.println("</" + elt.getName() + ">");
            //如果获取的内容是 CDATA
            }else if(temp instanceof CDATA){
                CDATA cdata = (CDATA)temp;
                System.out.println("<![CDATA[" + cdata.getText() + "]]>");
            //如果获取的内容是文本
            }else if(temp instanceof Text){
                Text text = (Text)temp;
                if(!text.getText().trim().equals(""))
                    System.out.println(text.getText());
            }
        }
    }
}
```

该文件的执行结果如图 13-1 所示。

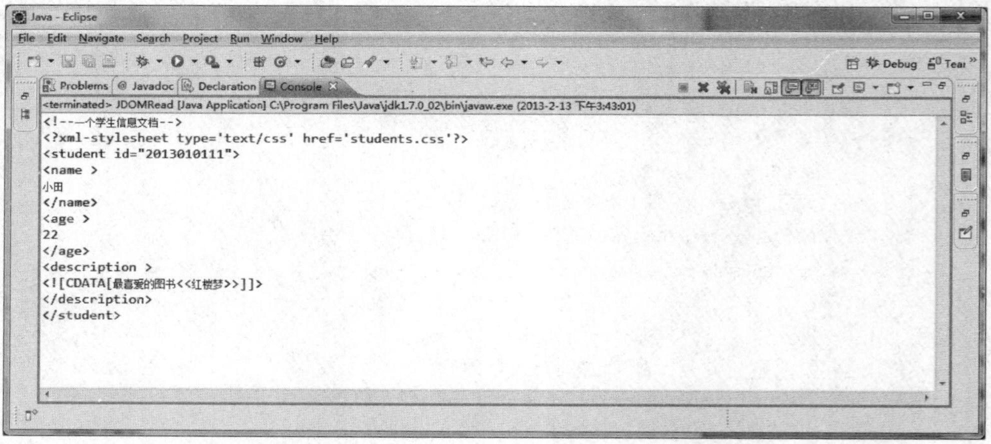

图 13-1 Java 程序解析 XML 文件的执行结果

JDOM 本身并没有提供解析器，它使用其他开发商提供的标准 SAX 解析器。在默认情况下，JDOM 通过 JAXP 选择解析器。本例中使用的解析器为 SAX 解析器 SAXBuilder，被解析的 XML 文件在内存中保存为一个 Document 对象，该对象代表了整个 XML 文档。使用 JDOM 遍历结点，本例中采用的方法如下：

```
List < Content >  list = doc.getContent();
for(Content temp :list){
    …
}
```

被遍历出的结点为 Content 类型，本例中使用了 instanceof 操作符对结点的类型进行具体测试，辨识出 Comment、ProcessingInstruction、Element、CDATA。当结点内容为 Element 元素时，通过 getAttributes 获取当前元素的所有属性，所有的子内容采用递归方式实现遍历。

13.2.2 使用 JDOM 创建 XML 文档

本节按照代码 13-1 中 XML 文件的内容及格式进行输出，具体示例见代码 13-3。

代码 13-3 使用 JDOM 输出 XML 文档

```java
import java.io.File;
import java.io.FileOutputStream;
import java.io.IOException;

import org.jdom2.Attribute;
import org.jdom2.CDATA;
import org.jdom2.Comment;
import org.jdom2.Document;
import org.jdom2.Element;
```

```java
import org.jdom2.ProcessingInstruction;
import org.jdom2.output.Format;
import org.jdom2.output.XMLOutputter;

public class JDOMOutput {
    public static void main(String[] args){
        /*构建一个空的Document对象*/
        Document doc = new Document();

        /*创建一个注释*/
        Comment comment = new Comment("一个学生信息文档");
        /*将注释添加到文档中*/
        doc.addContent(comment);

        /*创建一个处理指令*/
        ProcessingInstruction pi = new ProcessingInstruction("xml-stylesheet","type='text/css' href='students.css'");
        /*将处理指令添加到文档中*/
        doc.addContent(pi);

        /*创建一个元素,名为student*/
        Element root = new Element("student");
        /*将student元素作为文档根元素*/
        doc.setRootElement(root);

        /*为元素student添加一个属性,id值为2013010111*/
        Attribute attr = new Attribute("id","2013010111");
        root.setAttribute(attr);

        /*创建一个元素,名为name,设置内容为"小田"*/
        Element eltName = new Element("name");
        eltName.setText("小田");

        /*创建一个元素,名为age,设置内容为"22"*/
        Element eltAge = new Element("age");
        eltAge.setText("22");

        /*创建一个元素,名为description*/
        Element eltDescrip = new Element("description");
        CDATA cdata = new CDATA("最喜爱的图书<<红楼梦>>");
        eltDescrip.setContent(cdata);

        root.addContent(eltName);
        root.addContent(eltAge);
        root.addContent(eltDescrip);

        //将JDOM构建的Document对象作为字节流输出
        XMLOutputter out = new XMLOutputter();
        //格式化输出
        Format fmt = Format.getPrettyFormat();
```

```
            //设定编码方式
            fmt.setEncoding("gb2312");
            //设定缩进
            fmt.setIndent("    ");
            out.setFormat(fmt);
            try {
                out.output(doc, new FileOutputStream(new File("jdomout.xml")));
            } catch (IOException e) {
                //TODO Auto-generated catch block
                e.printStackTrace();
            }
        }
    }
```

在使用 JDOM 实现输出的代码中，首先在内存中构建一个空的 Document 对象，然后根据要输出的实际内容生成相应的对象，逐级添加对象。添加时要注意内容的嵌套关系，例如根元素需直接添加到 Document 对象中，代码为"doc.setRootElement(root);"。

该代码中使用 XMLOutputter 类将内存中构建好的 Document 对象输出为一个 XML 文档，默认情况下输出的 XML 文档没有格式，本例中通过 Format 类的相关方法设定了输出的 XML 文档格式。

13.2.3 使用 JDOM 修改 XML 文档

本节需要将代码 13-1 中的 XML 文档内容进行修改，修改后的文件见代码 13-4。

代码 13-4 修改后的 XML 文件

```xml
<?xml version="1.0" encoding="gb2312"?>
<!-- 一个学生信息文档 -->
<?xml-stylesheet type='text/css' href='students.css'?>
<student id="2013010111">
    <name>小田</name>
    <age>23</age>
    <sex>女</sex>
</student>
```

与修改前后的文件比较可知，需要将元素 age 的值修改为 23，增加一个元素 sex，值为女，并将 description 元素删除。实现该功能的程序见代码 13-5。

代码 13-5 使用 JDOM 修改 XML 文件的 Java 代码

```java
import java.io.File;
import java.io.FileOutputStream;
import java.io.IOException;

import org.jdom2.Document;
import org.jdom2.Element;
import org.jdom2.JDOMException;
import org.jdom2.input.SAXBuilder;
```

```java
import org.jdom2.output.Format;
import org.jdom2.output.XMLOutputter;

public class JDOMConvert {

    public static void main(String[] args) {
        //读取 XML 文档
        SAXBuilder saxBuilder = new SAXBuilder();
        try {
            Document doc = saxBuilder.build(new File("students.xml"));
            Element root = doc.getRootElement();
            //修改 XML 文档
            //删除元素 description
            root.removeChild("description");
            //增加元素 sex
            Element eltSex = new Element("sex");
            eltSex.setText("女");
            root.addContent(eltSex);
            //修改学生信息
            Element eltAge = root.getChild("age");
            eltAge.setText("23");

            //输出 XML 文档
            XMLOutputter out = new XMLOutputter();
            //格式化输出
            Format fmt = Format.getPrettyFormat();
            fmt.setEncoding("gb2312");
            fmt.setIndent("    ");
            out.setFormat(fmt);
            try {
                out.output(doc, new FileOutputStream("student.xml"));
            } catch (IOException e) {
            //TODO Auto-generated catch block
                e.printStackTrace();
            }
        } catch (JDOMException | IOException e) {
            //TODO Auto-generated catch block
            e.printStackTrace();
        }
    }
}
```

实现 XML 文件修改包括 3 个步骤，首先读取 XML 文件，然后在内存中根据实际要求修改内容，最后将修改后的内容输出。对于文件的读取和输出在前两节中已经使用过了，对于修改内容使用了删除元素 removeChild、增加内容 addContent、设置文本内容 setText 等方法，具体代码如下：

```
//删除元素 description
root.removeChild("description");
//增加元素
Element eltSex = new Element("sex");
eltSex.setText("女");
root.addContent(eltSex);
//修改学生信息
Element eltAge = root.getChild("age");
eltAge.setText("23");
```

13.3 使用 DOM4J 对 XML 文档进行操作

13.3.1 使用 DOM4J 解析 XML 文档

若要在项目下使用 DOM4J,需要先将 dom4j-1.6.1.jar 包添加到项目的类路径下。本节中解析的 XML 文档示例代码见代码 13-6。

代码 13-6 被解析的 XML 文档代码

```
<?xml version = "1.0" encoding = "gb2312"?>
<!-- 一个学生信息文档 -->
<?xml-stylesheet type = 'text/css' href = 'students.css'?>
<student id = "2013010111">
    <name>小田</name>
    <age>22</age>
    <description><![CDATA[最喜爱的图书<<红楼梦>>]]></description>
</student>
```

使用 DOM4J 解析 XML 文档的代码与使用 JDOM 解析 XML 文档的代码几乎相同,都非常简单,本例中使用了递归方式遍历文档中的所有内容,示例代码见代码 13-7。

代码 13-7 使用 DOM4J 解析 XML 文档

```
import java.io.File;
import java.util.Iterator;
import java.util.List;

import org.dom4j.Attribute;
import org.dom4j.Branch;
import org.dom4j.CDATA;
import org.dom4j.Comment;
import org.dom4j.Document;
import org.dom4j.DocumentException;
import org.dom4j.Element;
import org.dom4j.ProcessingInstruction;
import org.dom4j.Text;
import org.dom4j.io.SAXReader;
```

```java
public class Dom4jRead {
    public static void main(String[] args) {
        SAXReader sr = new SAXReader();
        try {
            Document doc = sr.read(new File("student.xml"));
            Iterator its = doc.nodeIterator();
            readAndPrint(its);
        } catch (DocumentException e) {
            //TODO Auto-generated catch block
            e.printStackTrace();
        }
    }

    //使用递归方式解析并显示所有的 XML 文档内容
    public static void readAndPrint(Iterator its){
        while(its.hasNext()){
            Object temp = its.next();
            //如果获取的内容是注释
            if(temp instanceof Comment){
                Comment com = (Comment)temp;
                System.out.println("<!--" + com.getText() + "-->");
            //如果获取的内容是处理指令
            }else if(temp instanceof ProcessingInstruction){
                ProcessingInstruction pi = (ProcessingInstruction)temp;
                System.out.println("<?" + pi.getTarget() + " " + pi.getText() + "?>");
            //如果获取的内容是元素
            }else if(temp instanceof Element){
                Element elt = (Element)temp;
                List<Attribute> attrs = elt.attributes();
                System.out.print("<" + elt.getName() + " ");
                for(Attribute t :attrs){
                    System.out.print(t.getName() + "=\"" + t.getValue() + "\"");
                }
                System.out.println(">");
                readAndPrint(elt.nodeIterator());
                System.out.println("</" + elt.getName() + ">");
            //如果获取的内容是 CDATA
            }else if(temp instanceof CDATA){
                CDATA cdata = (CDATA)temp;
                System.out.println("<![CDATA[" + cdata.getText() + "]]>");
            //如果获取的内容是文本
            }else if(temp instanceof Text){
                Text text = (Text)temp;
                if(!text.getText().trim().equals(""))
                    System.out.println(text.getText());
            }
        }
    }
}
```

执行结果如图 13-2 所示。

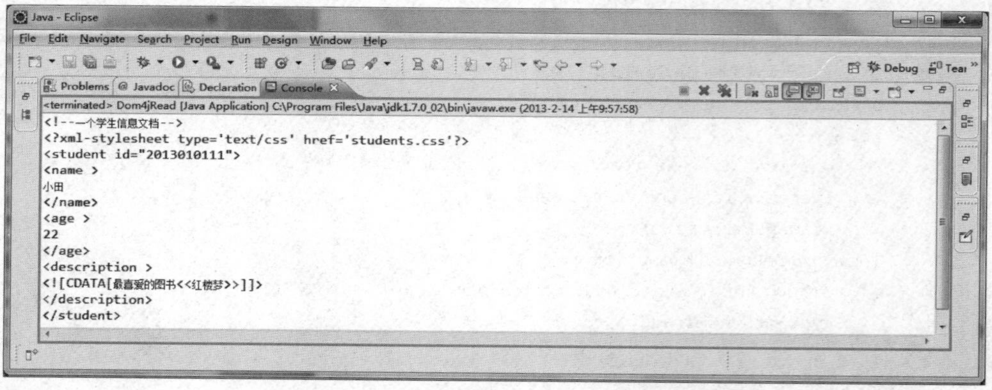

```
<!--一个学生信息文档-->
<?xml-stylesheet type='text/css' href='students.css'?>
<student id="2013010111">
<name >
小田
</name>
<age >
22
</age>
<description >
<![CDATA[最喜爱的图书<<红楼梦>>]]>
</description>
</student>
```

图 13-2 DOM4J 解析 XML 文档的执行结果

DOM4J 还支持访问者模式,程序员可以通过该模式访问 XML 文档。该 API 中提供了 Visitor 接口,该接口能够遍历文档中所有的内容并以不同方法处理不同的结点内容,接口方法见表 13-3。

表 13-3 Visitor 接口方法描述

方 法 名	描 述
public void visit(Document arg0)	当访问文档根结点时调用该方法
public void visit(DocumentType arg0)	当访问 DTD 内容时调用该方法
public void visit(Element arg0)	当访问元素结点时调用该方法
public void visit(Attribute arg0)	当访问属性结点时调用该方法
public void visit(CDATA arg0)	当访问 CDATA 结点时调用该方法
public void visit(Comment arg0)	当访问注释结点时调用该方法
public void visit(Entity arg0)	当访问实体结点时调用该方法
public void visit(Namespace arg0)	当访问命名空间结点时调用该方法
public void visit(ProcessingInstruction arg0)	当访问处理指令时调用该方法
public void visit(Text arg0)	当访问文本结点时调用该方法

在实际应用中不可能总使用 visit 方法,org.dom4j.VisitorSupport 类实现了 Visitor 接口,提供了这些方法的空实现。因此,在实际编程时多使用继承类 org.dom4j.VisitorSupport。下面使用 Visitor 来遍历 XML 文档,具体示例见代码 13-8。

代码 13-8 使用 DOM4J 的 Vistor 解析 XML 文档

```java
import java.io.File;
import java.util.List;

import org.dom4j.Attribute;
import org.dom4j.CDATA;
import org.dom4j.Comment;
import org.dom4j.Document;
import org.dom4j.DocumentException;
```

```java
import org.dom4j.Element;
import org.dom4j.ProcessingInstruction;
import org.dom4j.Text;
import org.dom4j.VisitorSupport;
import org.dom4j.io.SAXReader;

public class DOM4JReadVisitor {
    public static void main(String[] args) {
        SAXReader sa = new SAXReader();
        try {
            Document doc = sa.read(new File("student.xml"));
            doc.accept(new MyVisitorSupport());
        } catch (DocumentException e) {
            //TODO Auto-generated catch block
            e.printStackTrace();
        }
    }
    //使用Vistor来遍历XML文档
    private static class MyVisitorSupport extends VisitorSupport{
        //如果获取的内容是属性
        @Override
        public void visit(Attribute node) {
            System.out.println(node.getName() + " = \"" + node.getValue() + "\"");
        }
        //如果获取的内容是元素
        @Override
        public void visit(Element node) {
            System.out.println("<" + node.getName() + "/>");
        }
        //如果获取的内容是处理指令
        @Override
        public void visit(ProcessingInstruction node) {
            System.out.println("<?" + node.getTarget() + " " + node.getText() + "?>");
        }
        //如果获取的内容是CDATA
        @Override
        public void visit(CDATA node) {
            //TODO Auto-generated method stub
            System.out.println("<![CDATA[" + node.getText() + "]]>");
        }
        //如果获取的内容是注释
        @Override
        public void visit(Comment node) {
            //TODO Auto-generated method stub
            System.out.println("<!-- " + node.getText() + " -->");
        }
        //如果获取的内容是文本
        @Override
        public void visit(Text node) {
```

```
            if(node.getText().trim().equals("") == false)
                System.out.println(node.getText());
        }
    }
}
```

执行结果如图 13-3 所示。

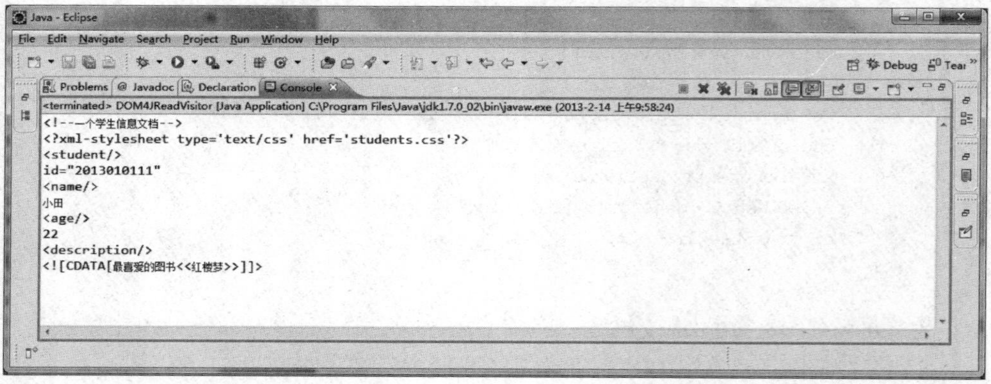

图 13-3　DOM4J 使用 Vistor 解析 XML 文档的执行结果

13.3.2　使用 DOM4J 创建 XML 文档

使用 DOM4J 创建 XML 文档非常容易，该接口中提供了 DocumentHelper 类和 DocumentFactory 类，这两个类提供的方法能够帮助程序员轻松创建所需要的结点。DocumentHelper 类即文档对象的帮助类，DocumentFactory 是一个工厂类，也可以帮助程序员创建各种类型的对象。以下代码是使用 DocumentHelper 类实现的，也可以替换成 DocumentFactory 类来实现。

本节中创建的 XML 文档的示例见代码 13-9 和代码 13-10。

代码 13-9　输出的 XML 文档代码

```
<?xml version = "1.0" encoding = "gb2312"?>

<!-- 一个学生信息文档 --><?xml-stylesheet type = 'text/xsl' href = 'students.xsl'?>

<student>
    <name>小田</name>
    <age>23</age>
    <description><![CDATA[最喜爱的图书<<红楼梦>>]]></description>
</student>
```

代码 13-10　使用 DOM4J 创建 XML 文档

```
import java.io.FileWriter;
import java.io.IOException;
```

```java
import java.io.UnsupportedEncodingException;

import org.dom4j.Document;
import org.dom4j.DocumentHelper;
import org.dom4j.Element;
import org.dom4j.io.OutputFormat;
import org.dom4j.io.XMLWriter;

public class Dom4jWrite {

    public static void main(String[] args) {
        //构造一个空的 Document 对象
        Document doc = DocumentHelper.createDocument();
        //添加注释
        doc.addComment("一个学生信息文档");
        //添加处理指令结点
        doc.addProcessingInstruction("xml-stylesheet", "type = 'text/xsl' href = 'students.xsl'");
        //添加根元素 student,并在根元素下添加子元素
        Element root = doc.addElement("student");
        Element eltName = root.addElement("name");
        Element eltAge = root.addElement("age");
        Element eltDescrip = root.addElement("description");
        //为元素设置文本内容
        eltName.setText("小田");
        eltAge.setText("23");
        eltDescrip.add(DocumentHelper.createCDATA("最喜爱的图书<<红楼梦>>"));

        //格式化输出
        OutputFormat outFmt = new OutputFormat("    ",true);
        outFmt.setEncoding("gb2312");
        try {
            //XMLWriter xmlWriter = new XMLWriter(outFmt);
            //输出到文件
            FileWriter fw = new FileWriter("dom4jtest.xml");
            XMLWriter xmlWriter = new XMLWriter(fw,outFmt);
            xmlWriter.write(doc);
            fw.close();
        } catch (UnsupportedEncodingException e) {
            //TODO Auto-generated catch block
            e.printStackTrace();
        } catch (IOException e) {
            //TODO Auto-generated catch block
            e.printStackTrace();
        }
    }
}
```

使用 DOM4J 创建 XML 文档分为 3 个步骤：①创建一个空的 Document 对象；②在内存中根据实际需求构建一个文档树,在构建文档树时,编程人员需要注意文档树的结构层次

关系;③将内存中的文档树输出为一个 XML 文档。对于文档的输出格式设定案例中使用了 OutputFormat 来格式化输出文档,使输出的 XML 文档格式良好。

13.3.3 使用 DOM4J 修改 XML 文档

本节案例中需要将代码 13-9 中的 XML 文档内容进行修改,见代码 13-11。

代码 13-11 修改后的 XML 文档内容

```
<?xml version = "1.0" encoding = "gb2312"?>

<!-- 一个学生信息文档 --><?xml - stylesheet type = 'text/css' href = 'students.css'?>

< student id = "2013010111">
    < name >小田</name >
    < age > 23 </age >
    < sex >女</sex >
</student >
```

对修改前后的文件比较可知,需要将元素 age 的值修改为 23,增加一个元素 sex,值为女,并将 description 元素删除。实现该功能的 Java 代码见代码 13-12。

代码 13-12 使用 DOM4J 修改 XML 文档

```java
import java.io.File;
import java.io.FileWriter;
import java.io.IOException;
import java.io.UnsupportedEncodingException;
import java.util.Iterator;

import org.dom4j.Document;
import org.dom4j.DocumentException;
import org.dom4j.Element;
import org.dom4j.io.OutputFormat;
import org.dom4j.io.SAXReader;
import org.dom4j.io.XMLWriter;

public class Dom4jModify {

    public static void main(String[] args) {
        SAXReader sr = new SAXReader();
        //忽略标签与标签之间的空白
        sr.setStripWhitespaceText(true);
        //将相邻元素的内容合并处理
        sr.setMergeAdjacentText(true);
        //读取 XML 文档
        try {
```

```java
            Document doc = sr.read(new File("student.xml"));
            Element root = doc.getRootElement();
            Element deleteElt = null;
            Iterator its = root.nodeIterator();
            while(its.hasNext()){
                Object temp = its.next();
                if(temp instanceof Element){
                    Element elt = (Element)temp;
                    if(elt.getName().equals("description")){
                        deleteElt = elt;
                    }else if(elt.getName().equals("age")){
                        //修改元素内容
                        elt.setText("23");
                    }
                }
            }
            //删除元素
            root.remove(deleteElt);
            //增加元素
            Element sex = root.addElement("sex");
            sex.setText("女");

        //格式化输出
        OutputFormat outFmt = new OutputFormat("    ",true,"gb2312");
            //输出到文件
            FileWriter fw = new FileWriter("studentnew.xml");
            XMLWriter xmlWriter = new XMLWriter(fw,outFmt);
            xmlWriter.write(doc);
            fw.close();
        } catch (UnsupportedEncodingException e) {
            //TODO Auto-generated catch block
            e.printStackTrace();
        } catch (IOException e) {
            //TODO Auto-generated catch block
            e.printStackTrace();
        } catch (DocumentException e) {
            //TODO Auto-generated catch block
            e.printStackTrace();
        }
    }
}
```

实现 XML 文件修改包括 3 个步骤：①读取 XML 文件；②在内存中根据实际要求修改 XML 文件的内容；③将修改后的内容输出。文件的读取和输出在前面章节中已经使用过，关于修改 XML 文件的内容使用删除元素 remove、增加内容 addElement、设置文本内容 setText 等方法。

13.4 本章小结

JDOM 是一个开源项目,它基于树形结构,利用纯 Java 技术对 XML 文档实现解析、生成等多种操作。JDOM 是基于 Java 语言的,它利用 Java 语言的众多特性,包括方法重载、集合和反射等。在 JDOM API 中以类为主,目的是在直接、简单、高效的前提下,实现对 XML 文档的解析、生成和修改等操作,其缺点是限制了它的灵活性。DOM4J 是来源于 JDOM 的,JDOM API 的设计是以类为主的,DOM4J 的设计以接口为主,无论是用 DOM4J 还是用 JDOM 进行编程差别较小,只是在具体方法上略有不同。DOM4J 相对 JDOM 而言使用起来更加灵活。

习题 13

分别使用 JDOM 和 DOM4J 实现对以下 XML 文件的修改。

修改前的 XML 文档代码:

```xml
<?xml version = "1.0" encoding = "UTF-8"?>
<product>
    <name>xx 新款皮鞋</name>
    <price>189</price>
    <num>500</num>
</product>
```

修改后的 XML 文档代码:

```xml
<?xml version = "1.0" encoding = "UTF-8"?>
<product>
    <name>xx 新款皮鞋</name>
    <price>300</price>
    <num>500</num>
    <description>一款复古又时尚的新概念皮鞋</description>
</product>
```

参 考 文 献

[1] 张欣毅. XML 简明教程[M]. 北京：清华大学出版社，2009.
[2] 孙鑫. Java Web 开发详解：XML＋DTD＋XML Schema XSLT＋Servlet3.0＋JSP2.2 深入剖析与实例应用[M]. 北京：电子工业出版社，2012.

图书资源支持

感谢您一直以来对清华版图书的支持和爱护。为了配合本书的使用,本书提供配套的资源,有需求的读者请扫描下方的"书圈"微信公众号二维码,在图书专区下载,也可以拨打电话或发送电子邮件咨询。

如果您在使用本书的过程中遇到了什么问题,或者有相关图书出版计划,也请您发邮件告诉我们,以便我们更好地为您服务。

我们的联系方式:

地　　址:北京海淀区双清路学研大厦 A 座 707

邮　　编:100084

电　　话:010－62770175－4604

资源下载:http://www.tup.com.cn

电子邮件:weijj@tup.tsinghua.edu.cn

QQ:883604(请写明您的单位和姓名)

书圈

用微信扫一扫右边的二维码,即可关注清华大学出版社公众号"书圈"。